工信精品**软件技术**系列教材

U0647189

鸿蒙应用开发
案例实战

（ArkTS版）（AI助学）微课版

叶奇江 韦海清◎主编

关婷婷 李涛 周成纲 鲁作勋◎副主编　　傅彬◎主审

人民邮电出版社
北京

图书在版编目（CIP）数据

鸿蒙应用开发案例实战：ArkTS 版：AI 助学：微课版 / 叶奇江，韦海清主编. -- 北京：人民邮电出版社，2025. --（工信精品软件技术系列教材）. -- ISBN 978-7-115-67605-4

Ⅰ. TN929.53

中国国家版本馆 CIP 数据核字第 20254JJ091 号

内 容 提 要

　　本书深入浅出地介绍了鸿蒙应用开发的基础知识、核心技术和实战案例，旨在帮助读者掌握鸿蒙应用开发的全流程。全书共 7 个项目，分别为初探 HarmonyOS 开发——个性化设置应用、夯实 ArkTS 语言基础——学生成绩管理系统、深入 ArkTS 高级特性——模拟田忌赛马、参透 ArkUI 开发智慧——字号字体适老化、把握组件通用信息——随手而动的小球、精通 ArkUI 组件构建——模仿美团 App 消息列表页面、融会贯通——七彩天气 App 开发之旅。每个项目都配有"技能提升"模块，帮助读者巩固所学的内容。每个项目还配有"AIGC 实验室"模块，帮助读者提高开发效率。

　　本书可以作为高职高专、职业本科、应用型本科等院校计算机相关专业鸿蒙应用开发课程的教材，也可以作为鸿蒙应用开发培训班的教材，同时还适合有一定编程基础的开发者自学使用。

◆ 主　　编　叶奇江　韦海清

　　副 主 编　关婷婷　李　涛　周成纲　鲁作勋

　　责任编辑　王照玉

　　责任印制　王　郁　焦志炜

◆ 人民邮电出版社出版发行　　北京市丰台区成寿寺路 11 号

　　邮编　100164　　电子邮件　315@ptpress.com.cn

　　网址　https://www.ptpress.com.cn

　　三河市君旺印务有限公司印刷

◆ 开本：787×1092　1/16

　　印张：17.25　　　　　　　　　　　　　　　2025 年 8 月第 1 版

　　字数：499 千字　　　　　　　　　　　　2025 年 8 月河北第 1 次印刷

定价：69.80 元

读者服务热线：(010)81055256　印装质量热线：(010)81055316

反盗版热线：(010)81055315

前言

一、出版背景

随着鸿蒙操作系统（HarmonyOS）的不断发展与完善，其在智能设备领域的应用越来越广泛，为开发者提供了全新的技术生态和广阔的发展空间。鸿蒙应用开发作为连接操作系统与用户的重要桥梁，正逐渐成为计算机相关专业的重要课程内容。然而，目前市场上此类教材相对较少，且多以理论为主，缺乏系统性、实践性和针对性。为满足高职高专、职业本科、应用型本科等院校以及各类培训机构的教学需求，同时为广大开发者提供一本实用性强的鸿蒙应用开发教材，编者精心编写了本书。

本书以项目驱动的方式，结合实际开发案例，深入浅出地介绍了鸿蒙应用开发的基础知识、核心技术和实战案例，旨在帮助读者快速掌握鸿蒙应用开发的全流程，培养读者的实践能力和创新思维。

二、本书结构

本书共 7 个项目，每个项目围绕一个具体的应用场景展开，涵盖了从基础开发到综合应用的各个方面，具体结构如下。

项目 1：初探 HarmonyOS 开发——个性化设置应用

带领读者初步了解鸿蒙操作系统的发展史、核心技术理念，以及开发环境的搭建和基本操作。通过学习安装 DevEco Studio、创建和运行工程、完成个性化设置应用综合案例等内容，读者可以快速熟悉鸿蒙应用开发的基本流程。

项目 2：夯实 ArkTS 语言基础——学生成绩管理系统

聚焦 ArkTS 语言的基础语法，系统讲解变量、常量、类型、运算符、控制语句、函数等基础知识，通过学生成绩管理系统综合案例，帮助读者为后续的高级开发打下坚实基础。

项目 3：深入 ArkTS 高级特性——模拟田忌赛马

深入讲解 ArkTS 语言的高级特性，包括面向对象、类、接口、特殊操作符、异步执行以及导入和导出模块等内容。通过模拟田忌赛马综合案例，读者可以掌握运用高级特性解决复杂问题的方法。

项目 4：参透 ArkUI 开发智慧——字号字体适老化

围绕 ArkUI 开发的基本概念、像素单位、应用资源管理与访问展开，通过字号字体适老化综合案例，帮助读者设计美观、易用的用户界面。

项目 5：把握组件通用信息——随手而动的小球

重点讲解鸿蒙应用开发中组件的常见属性和手势事件，通过随手而动的小球综合案例，帮助读者掌握组件的尺寸、边框、背景、动态交互等属性的使用方法，以及如何绑定和处理手势事件。

项目 6：精通 ArkUI 组件构建——模仿美团 App 消息列表页面

通过模仿美团 App 消息列表页面综合案例，深入讲解容器组件的布局技巧和基础组件的使用方法，包括线性布局、弹性布局、层叠布局等容器组件，以及文本、图片、按钮等基础组件的开发实践。

项目 7：融会贯通——七彩天气 App 开发之旅

通过开发一个完整的七彩天气 App，整合与应用前 6 个项目所学的知识。从工程搭建、页面设计、网络通信、数据共享到应用的打包发布，读者可以经历完整的鸿蒙应用开发流程，全面提升开发能力。

三、本书特色

1. 春风化雨，立德树人

本书将素质培养元素贯穿每一个项目中，将编程教育与育人目标相结合，可以培养学生的逻辑思维、创新能力。本书还融入了传统文化、历史智慧和当代科技伦理相关内容，引导学生树立正确的价值观和职业素养。例如，在"编程育人"小栏目中，通过将编程知识与素质教育有机结合，巧妙地将技术问题映射到素质培养层面；又如，在各种综合案例中（如"模拟田忌赛马"），不仅教授学生编程技巧，还通过故事背景促进学生逻辑思维策略的层级化建构。

2. 校企双元，项目驱动

本书采用校企双元合作模式，结合高校教学与企业实际需求，以真实项目案例驱动教学。本书编写团队不仅有经验丰富的一线教师，还有在上市 IT 企业工作 10 余年的开发者。结构多元的编写团队确保了教材内容既符合教学规律，又贴近企业实际需求。通过实战项目，学生不仅能够掌握鸿蒙应用开发的技术细节，还能理解鸿蒙系统如何通过技术创新推动新质生产力的发展。本书引入真实项目案例和项目流程，模拟企业开发环境，让学生在实践中体验从需求分析到项目交付的全过程。

3．智慧赋能，平台支撑

本书以"智慧赋能"为核心理念，依托超星在线教学平台，促进教学相长。本书通过丰富的在线资源和互动工具助力学生高效学习。配套的在线教学平台提供了详细的视频教程、PPT 课件和在线答疑功能。同时，平台为教师提供智能备课工具、教学数据分析和实时互动功能，助力教师精准教学、高效管理课堂、提升教学质量。本书中还嵌入二维码，学生扫码即可观看教学视频，实现"线上+线下"灵活学习，提升互动性和个性化体验。

4．AI 助学，智启未来

本书构建了"AIGC 全链融合"教学模式，将人工智能生成内容（Artificial Intelligence Generated Content，AIGC）技术深度融入鸿蒙开发流程。在每个项目中设置"AIGC 实验室"模块，讲解智能编程助手调优代码、代码自动生成等内容，帮助学生掌握人工智能（Artificial Intelligence，AI）时代开发者的核心素养。

四、教学建议

在使用本书教学时，建议采取理实一体的教学模式，教学学时建议为 64 学时，各项目学时分配可参考下表。

项目	时长/学时
项目 1：初探 HarmonyOS 开发——个性化设置应用	2
项目 2：夯实 ArkTS 语言基础——学生成绩管理系统	6
项目 3：深入 ArkTS 高级特性——模拟田忌赛马	10
项目 4：参透 ArkUI 开发智慧——字号字体适老化	4
项目 5：把握组件通用信息——随手而动的小球	10
项目 6：精通 ArkUI 组件构建——模仿美团 App 消息列表页面	12
项目 7：融会贯通——七彩天气 App 开发之旅	20
总计	64

本书编写成员来自浙江、广西、湖北、山西等地的高校，包括全国职业院校技能大赛专家、省教师教学创新团队成员，以及拥有丰富 IT 企业工作经验的双师型教师。叶奇江、韦海清担任本书主编，关婷婷、李涛、周成纲、鲁作勋担任副主编，傅彬担任主审。叶奇江编写了项目 1 和项目 7，周成纲编写了项目 2，李涛编写了项目 3，鲁作勋编写了项目 4，关婷婷编写了项目 5，韦海清编写了项目 6，叶奇江负责统稿。在本书的编写过程中，编者得到了华为全球培训中心鸿蒙课程架构师赵宇、华为-乌镇公共实训基地资深讲师杨爱学的全程指导，通过定期与两位专家研讨，不断完善书稿内容，同时编者的学生楼文瑀、蒋伟豪、卢泓等对本书提出了宝贵的意见，在此一并表示感谢。

本书中所涉及的功能说明及操作界面均以完稿时的版本为准。由于信息技术发展迅速，各类工具持续迭代与更新，希望读者在掌握基础方法后，可举一反三，实现触类旁通、融会贯通的学习效果。

由于编者水平有限，书中可能存在不足之处，欢迎读者批评指正，编者邮箱为 yqjroy@foxmail.com。编者期待本书能够为鸿蒙应用开发者提供有力的支持，推动信创产业的发展！

编者
2025 年 4 月

在线教学平台

目录

项目 7

融会贯通——七彩天气 App 开发之旅·········· 184

项目1
初探HarmonyOS开发
——个性化设置应用

01

【项目引言】

在物联网设备激增与跨端互联需求增长的背景下，华为推出自主研发的鸿蒙（HarmonyOS）操作系统，以支持多终端协同、构建万物互联生态为目标，通过分布式架构打破设备形态壁垒，实现流畅安全的无缝协作体验。这一面向未来的操作系统不仅为开发者提供跨平台开发路径和技术革新机遇，更以重构设备协同逻辑的思维方式，推动智能终端生态向高效互联的维度演进。

【学习目标】

本项目主要内容包括HarmonyOS的发展史，DevEco Studio集成开发环境的下载和安装，HarmonyOS工程的创建与运行，以及HarmonyOS工程目录结构的介绍。通过本项目的学习，应该达到以下目标。

【知识目标】
➢ 了解HarmonyOS的基本概念和发展历程。
➢ 熟悉HarmonyOS（ArkTS）的工程目录结构。
➢ 熟悉DevEco Studio的各个功能区域。

【能力目标】
➢ 能够安装DevEco Studio。
➢ 能够创建鸿蒙应用，并在模拟器或真机上运行应用。

【素养目标】
➢ 培养居安思危的意识，学会提前谋划和布局，以应对未来可能出现的挑战。
➢ 树立法律意识，尊重知识产权、数据保护和隐私权，确保软件开发的合规性。
➢ 培养团队协作精神，理解在专业领域内追求卓越和在团队中寻求共赢的重要性。

【思维导图】

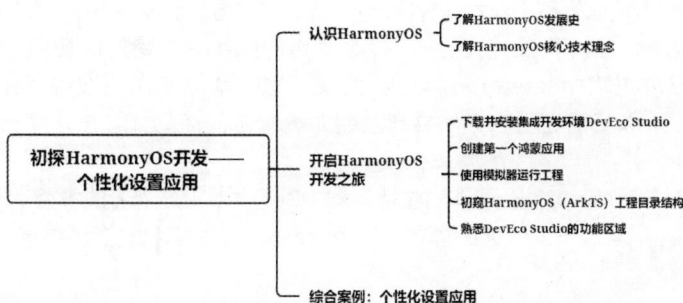

【学习任务】

任务 1.1 认识 HarmonyOS

HarmonyOS 即鸿蒙操作系统，它是一个面向全场景智慧生活方式的分布式操作系统，由华为研发。在传统的单设备系统能力的基础上，HarmonyOS 提出了基于同一套系统能力、适配多种终端设备的分布式理念，能够支持手机、平板计算机、智能穿戴设备、智慧屏、车载终端等多种终端设备，提供全场景（移动办公、运动健康、社交通信、媒体娱乐等）业务能力。

1.1.1 了解 HarmonyOS 发展史

图 1.1 展示了 HarmonyOS 的发展历程。2019 年 8 月，HarmonyOS 开启了它在技术创新产业发展中的新篇章。这不仅标志着华为在自主研发道路上迈出了坚实的一步，也为我国乃至全球的科技生态注入了新的活力和可能性。HarmonyOS 推出时间不长，但其每个发展节点都至关重要。

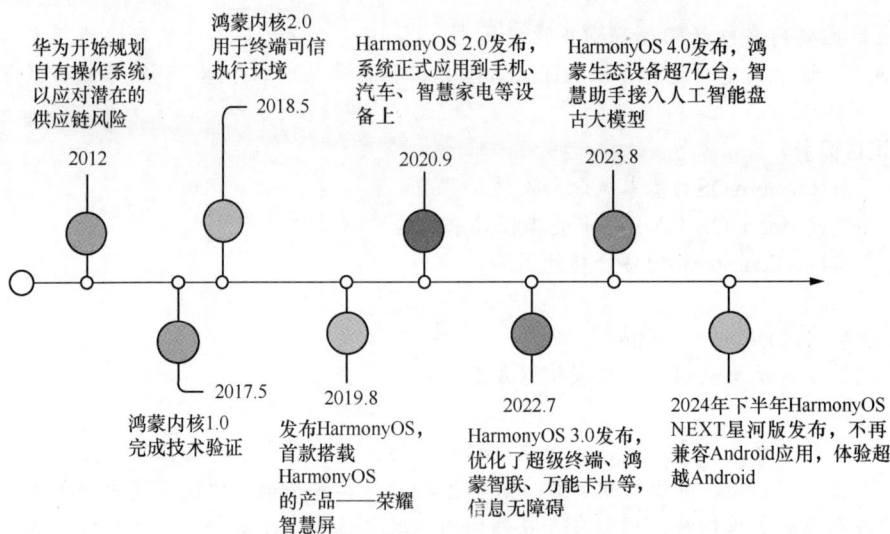

图 1.1 HarmonyOS 的发展历程

一开始 HarmonyOS 是兼容 Android 应用的，但是为了更好地发挥 HarmonyOS 的优势，在 2024 年下半年，华为发布 HarmonyOS NEXT，不再兼容 Android 应用，真正进入万物互联发展时代。因此，其编程语言也从一开始使用的 Java，变为现在自己专用的编程语言 ArkTS。在这一发展过程中，HarmonyOS 解决了以往移动应用开发中存在的四大难题：连接步骤复杂、数据难以互通、生态无法共享、能力难以协同。图 1.2 展示了传统移动应用开发中的痛点。

对消费者而言，HarmonyOS 能够对生活场景中的各类终端进行能力整合，形成"One Super Device"（超级终端），实现不同终端设备之间的极速连接、能力互助、资源共享，匹配合适的设备，提供流畅的全场景体验。

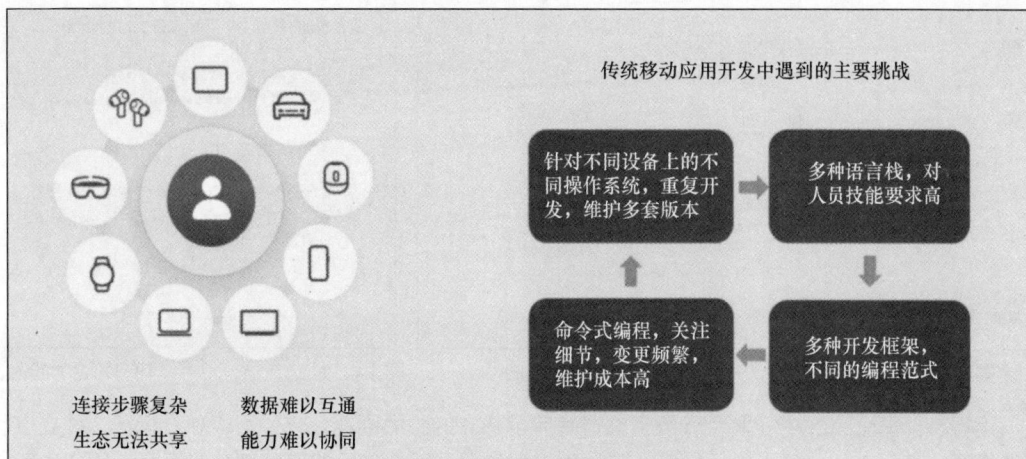

图 1.2 传统移动应用开发中的痛点

┃ 编程育人 ┃

未雨绸缪

HarmonyOS 是华为众多操作系统中的一个，研发 HarmonyOS 是在华为如日中天之时展开的。由此可见，从国家到企业，乃至每一个个体，都要有居安思危的意识，提前谋划、提前布局，以应对未来可能出现的挑战。

1.1.2 了解 HarmonyOS 核心技术理念

了解 HarmonyOS 的核心技术理念，对于开发者深入学习 HarmonyOS 应用开发，有着重要的作用。HarmonyOS 的核心技术理念可以用 24 个字来概括：一次开发，多端部署；可分可合，自由流转；统一生态，原生智能。

1. 一次开发，多端部署

"一次开发，多端部署"代表了软件开发的一种新范式，它允许开发者利用统一的代码库，为不同平台和设备创建应用，从而极大地提高开发效率，降低维护成本，并确保用户体验的一致性。这一理念的实现依赖于先进的跨平台技术、灵活的架构设计，以及对用户需求的深刻理解。HarmonyOS 中"一次开发，多端部署"的理念如图 1.3 所示。一次开发后，在工程级别上，一套代码可以多端部署；在功能级别上，同一特性可以多端运行；在界面级别上，一套界面可以多端适配。HarmonyOS 正是在这种理念的指引下诞生并不断完善的，这可以极大地降低鸿蒙应用级产品的开发门槛，从而提升开发效率。

2. 可分可合，自由流转

"可分可合"的理念在程序的不同状态下都体现得淋漓尽致，它允许开发者以极高的灵活性来构建和部署应用。HarmonyOS 中"可分可合"的理念如图 1.4 所示。

开发态：开发者通过对业务逻辑进行细致的解耦，将复杂的应用分解为多个模块。每个模块负责一部分具体的功能，这样做不仅有助于提高代码的可维护性，也使得应用更加模块化。

部署态：开发者可根据用户需求和场景，将这些解耦的模块自由组合成不同的 App Pack。每个 App Pack 都拥有独立的包名，并可以作为独立的单元进行上架和分发。这种灵活性意味着用户可以根据自己的需求下载和安装特定的模块，从而节省存储空间并减少等待时间。

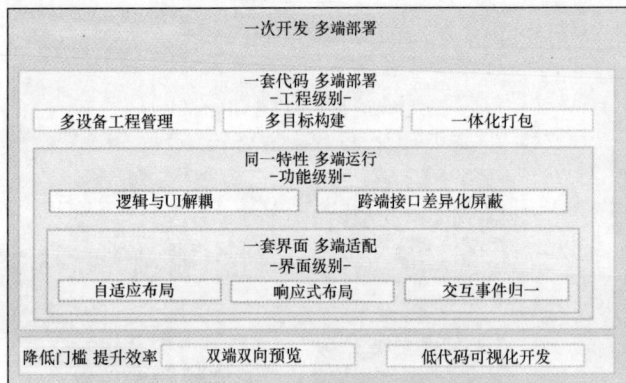

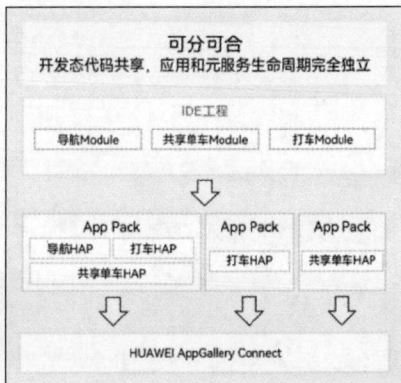

图 1.3　HarmonyOS 中"一次开发，多端部署"的理念　　图 1.4　HarmonyOS 中"可分可合"的理念

运行态：每个 App Pack 和元服务都具有完全独立的生命周期。它们可以独立运行、独立接收系统资源，甚至在后台独立执行任务。这种独立性确保了即便应用的某些部分在运行，用户也可以根据需要启用或停用其他部分，从而实现系统资源的最优利用和用户体验的个性化定制。

HarmonyOS 提供的"自由流转"是一项创新性交互设计，它突破了传统操作系统的局限，使得开发者可以方便地开发跨越多个设备的应用，用户也能够方便地使用这些应用。"自由流转"可分为跨端迁移和多端协调两种情况，它们分别强调时间上的串行交互和时间上的并行交互。HarmonyOS 中"自由流转"的理念如图 1.5 所示。

跨端迁移：在跨端迁移的情况下，用户的任务和操作可以在不同设备间无缝传递，就像在时间上连续的序列。例如，用户在智能手机上浏览网页，随后可以在计算机上打开相同的页面，继续阅读。这种串行交互确保了用户操作的连贯性，即使在不同设备间切换，也能保持任务的连续性和完整性。

多端协调：与跨端迁移的连续性不同，多端协调强调的是多个设备在时间上的并行工作。在这种情况下，每个设备都可以发挥其独特的功能，多个设备共同完成一个复杂的任务。例如，在家庭健身场景中，智能手表监测用户的心率，智能电视播放教学视频，智能手机提供个性化的健身计划，这些设备并行工作，为用户提供全面、高效的健身体验。

"自由流转"不仅是技术上的突破，还是一座由单设备通往多设备的桥梁。它为开发者提供了从传统应用开发过渡到多设备应用生态的路径，推动了整个行业的创新和发展。

| 编程育人 |

众志成城，革故鼎新

"可分可合"的理念启发我们，个体要在专业领域内追求卓越，同时要在团队中寻求协作与共赢。"自由流转"的理念则要求我们具备快速适应变化的能力，这不仅是技术层面的要求，也是面对未来挑战时不可或缺的素质。

3. 统一生态，原生智能

HarmonyOS 支持业界主流跨平台开发框架，通过多层次的开放能力提供统一接入标准，实现第三方框架快速接入。主流跨平台开发框架已有版本正在适配 HarmonyOS，基于这些框架开发的应用可以以较低成本完成迁移。HarmonyOS 中"统一生态"的理念如图 1.6 所示。

HarmonyOS 内置强大的人工智能（Artificial Intelligence，AI）能力，面向 HarmonyOS 生态应用的开发，通过不同层次的 AI 能力开放，满足开发者在不同开发场景下的需求，降低应用的开发门槛，帮助开发者快速实现应用智能化。HarmonyOS 中"原生智能"的理念如图 1.7 所示。

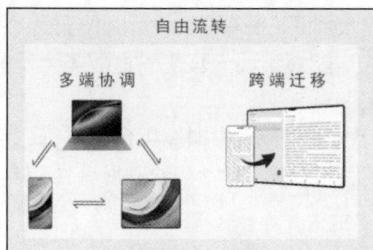

图 1.5　HarmonyOS 中"自由流转"的理念　　图 1.6　HarmonyOS 中"统一生态"的理念

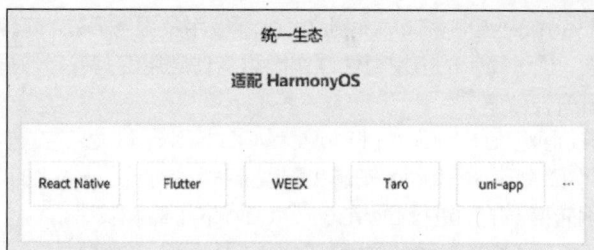

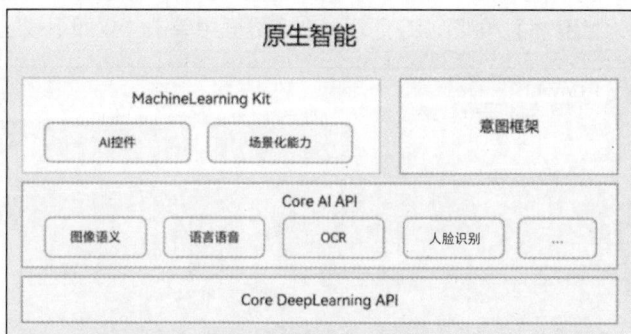

图 1.7　HarmonyOS 中"原生智能"的理念

MachineLearning Kit：提供 AI 组件，使系统组件融合文字识别等 AI 能力；提供场景化能力，包括通用卡证识别、实时语音识别等。

Core AI API：提供图像语义、语言语音等能力。

Core DeepLearning API：提供高性能低功率的端侧推理能力和端侧学习环境。

意图框架：提供了 HarmonyOS 系统级的意图标准体系，通过多维系统感知大模型的能力，构建全局意图范式，实现对用户意图的理解，并及时准确地将用户需求传递给生态伙伴，匹配合适的服务，为用户提供多模态、场景化的进阶场景体验。

任务 1.2　开启 HarmonyOS 开发之旅

在进行 HarmonyOS 开发之前，首先需要完成一些基础准备工作。

成为华为开发者是开启 HarmonyOS 开发之旅的钥匙。通过注册华为账号，获得访问华为开发者联盟的权限，这是获取 HarmonyOS 资源、工具和支持的第一步。

成为华为开发者后，进入集成开发环境（Integrated Development Environment，IDE）——DevEco Studio，这是华为为 HarmonyOS 应用开发量身打造的一站式开发工具。

▌ 编程育人 ▌

以德立身，以法为纲

开发者应尊重知识产权、数据保护和隐私权，在创新的同时，不忘合规性。例如，在设计应用时，必须确保用户数据的处理符合《中华人民共和国个人信息保护法》等法律法规，以保护用户权益并规避法律风险。

1.2.1　下载并安装集成开发环境 DevEco Studio

工欲善其事，必先利其器。DevEco Studio 是华为推出的面向全场景多设备的一站式 IDE，支持 HarmonyOS 和 OpenHarmony 应用及服务开发。它基于 IntelliJ IDEA Community 开源版本开发，通过简单的拖拽组件操作即可实现应用的跨设备协同开发，能够实现一套代码适配多个设备，提升开发效率。

DevEco Studio 对 HarmonyOS SDK、Node.js、Hvigor、OHPM、模拟器平台等进行打包，简化 DevEco Studio 安装和配置流程，并提供一体化的历史工程迁移功能，帮助开发者快速完成工程转换。下面进行 DevEco Studio 的下载和安装。

1. 下载 DevEco Studio

先登录华为开发者官网主页，然后选择"产品→鸿蒙→DevEco Studio"选项，如图 1.8 所示，进入 DevEco Studio 介绍界面，如图 1.9 所示，在该界面中单击"立即下载"按钮。

图 1.8　选择"产品→鸿蒙→DevEco Studio"选项

图 1.9　DevEco Studio 介绍界面

DevEco Studio 下载界面如图 1.10 所示。下载 DevEco Studio 时有"最新工具"和"所有工具"可供选择，一般情况下选择"最新工具"即可。华为为开发者提供了 Windows、Mac(x86)、Mac(ARM) 3 个版本的安装包，本书使用 Windows 版本，单击对应的下载链接，下载安装包。

2. 安装 DevEco Studio

双击下载的 deveco-studio.exe 安装包，如图 1.11 所示，进入安装程序引导界面，如图 1.12 所示，单击"下一步"按钮。

图 1.10　DevEco Studio 下载界面

在选择安装位置时，需要注意安装目录不能包含任何中文字符，更换安装目录如图 1.13 所示，单击"下一步"按钮。

图 1.11　deveco-studio.exe 安装包

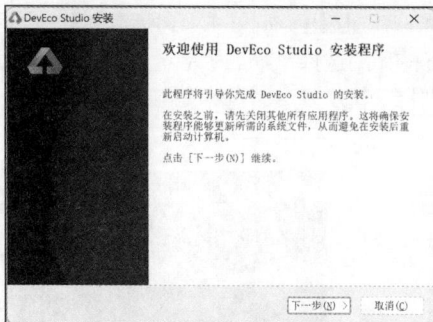

图 1.12　安装程序引导界面

安装选项如图 1.14 所示，默认只勾选了 "Set 'HDC_SERVER_PORT' 65037" 复选框，为了后续开发方便，这里把所有复选框都勾选上。其中，用于更新 PATH 变量的设置在完成 DevEco Studio 安装并重启计算机之后才会生效。

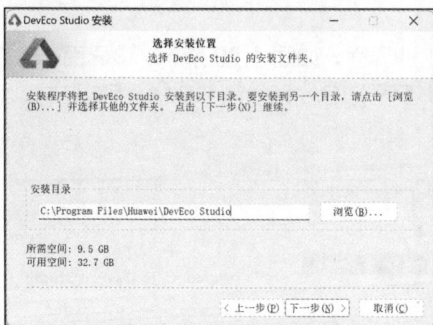

图 1.13　更换安装目录

图 1.14　安装选项

DevEco Studio 正在安装，如图 1.15 所示。在此过程中，不要对计算机进行其他操作，以免安装失败。

进入图 1.16 所示的安装程序结束界面，代表已经在计算机上成功安装了 DevEco Studio。

图 1.15　DevEco Studio 正在安装

图 1.16　安装程序结束界面

1.2.2　创建第一个鸿蒙应用

完成 DevEco Studio 安装之后，开始创建第一个鸿蒙应用。

1.　打开 DevEco Studio

在重启计算机之后，双击桌面上的 DevEco Studio 快捷方式，如图 1.17 所示。

首次进入 DevEco Studio 时，用户需要选中 "Config or installation directory" 或 "Do not import settings"单选按钮，如图 1.18 所示。第一个单选按钮用于导入已有的配置，适合二次安装 DevEco Studio 的用户选择；第二个单选按钮代表不导入任何已有配置，适合第一次使用 DevEco Studio 的用户选择。首次安装时选中第二个单选按钮即可，单击"OK"按钮，进入开发条款界面。

图 1.17　DevEco Studio
快捷方式

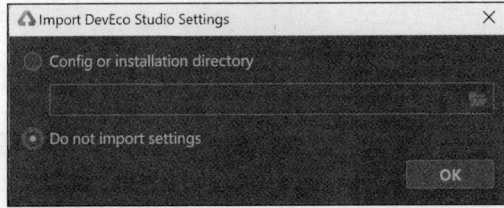

图 1.18　选中"Config or installation directory"
或"Do not import settings"单选按钮

创建第一个鸿蒙
应用

开发条款界面如图 1.19 所示，单击"Agree"按钮，即代表同意使用 DevEco Studio 进行鸿蒙应用的开发。

2. 创建工程

在同意开发条款之后，进入 DevEco Studio 欢迎界面，如图 1.20 所示，该界面包含 3 个主要功能：Create Project（创建工程）、Open...（打开工程）、Get from VCS（从版本控制系统获取）。这里单击"Create Project"按钮，进行工程创建。

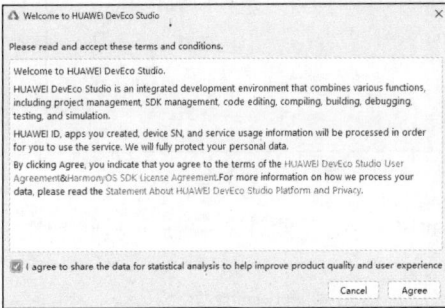

图 1.19　开发条款界面

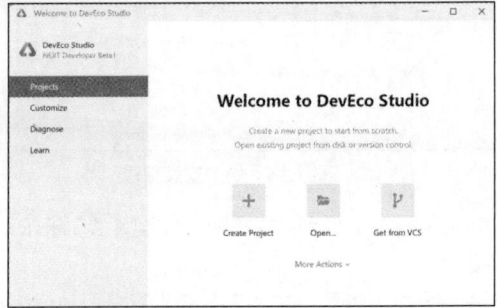

图 1.20　DevEco Studio 欢迎界面

在图 1.21 所示的工程创建界面中，DevEco Studio 把模板分为了两类，分别为"Application"（应用）和"Atomic Service"（元服务）。默认选择 Application 下的 Empty Ability 模板进行创建，该模板适合用来创建手机、平板计算机、2in1、车载终端等设备上的应用。单击"Next"按钮，进入工程配置界面。

工程配置界面如图 1.22 所示，其可配置项的说明如下。

（1）Project name：工程名，创建在本地的文件夹名，用于存放工程中的所有文件，注意文件夹名不要包含中文字符。

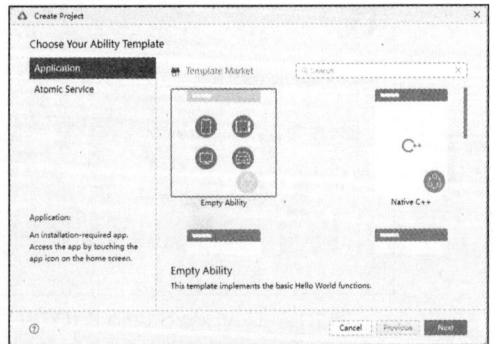

图 1.21　工程创建界面

（2）Bundle name：包名，包名是应用的唯一标识，是应用上架的身份证明，通常采用反转域名作为前缀，采用应用名来结束整个包名。

（3）Save location：保存位置，用来保存当前工程的文件夹，路径不能包含中文字符。

（4）Compatible SDK：兼容的 SDK 版本，可以在其下拉列表中选择对应的版本。

（5）Module name：模块名称，应用经过迭代升级，会变得越来越庞大，按模块开发是提升应用编译、运行速度的首选解决方式。DevEco Studio 中新创建的模块默认命名为"entry"，意为应用入口。

（6）Device type：设备类型，这里可以根据应用的需要自行勾选相应复选框，勾选的设备类型越多，最后得到的编译产物的体积就越大。

单击"Finish"按钮后，系统自动生成工程代码并进行编译，如图 1.23 所示。在后面的学习过程中，需要关注 DevEco Studio 下方的 Build 窗口。

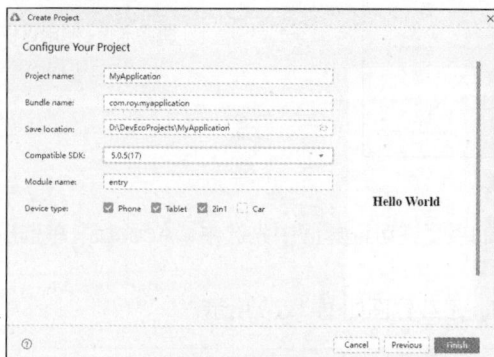

图 1.22　工程配置界面

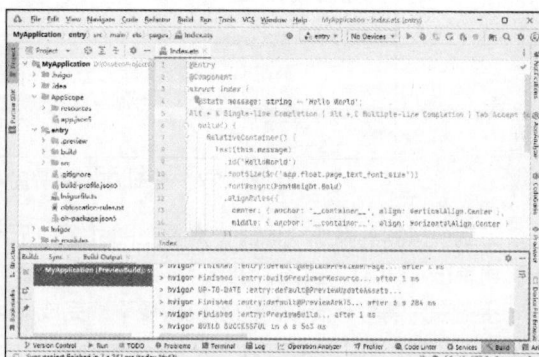

图 1.23　自动生成工程代码并进行编译

1.2.3　使用模拟器运行工程

模拟器是鸿蒙应用开发的一个重要工具，它允许开发者在没有真机的情况下，模拟真机的环境，进行应用的调试和性能测试。

1. 下载模拟器

要运行刚刚创建的工程，需要单击 DevEco Studio 工具栏中的运行按钮，由于运行按钮左侧显示"No Devices"（无可用设备），如图 1.24 所示，需要创建模拟器。

图 1.24　运行按钮左侧显示"No Devices"

单击"No Devices"下拉按钮，在下拉列表中选择"Device Manager"选项，如图 1.25 所示。

在进入的设备管理器界面中，左侧列表显示的是具体的设备类型，右侧列表显示的是本地已创建的模拟器。目前还未创建模拟器，因此右侧列表为空。在左侧列表中选择"Phone"选项，单击右下角的"New Emulator"按钮，新建模拟器，如图 1.26 所示，进入选择虚拟设备界面。

图 1.25　选择"Device Manager"选项

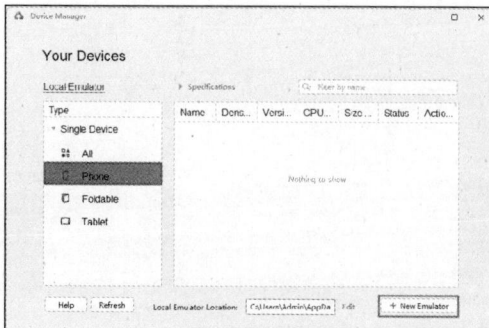

图 1.26　新建模拟器

在图 1.27 所示的选择虚拟设备界面中，如果左下角出现"Download the system image first."提示，则需要单击"Actions"栏中的下载图标，下载模拟器的系统映像。

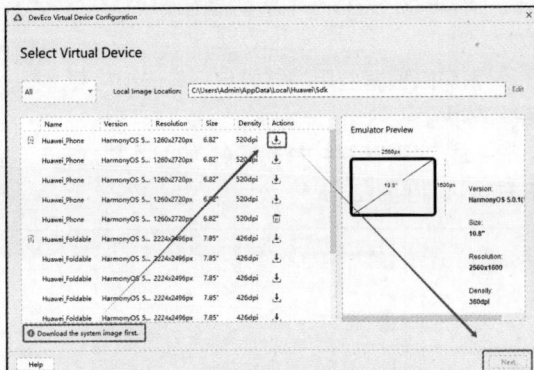

图 1.27　选择虚拟设备界面

电子活页-使用真机
运行工程

下载模拟器的系统映像时，需要在图 1.28 所示的接受许可证界面中先选中"Accept"单选按钮，再单击"Next"按钮，进入下载界面。

接下来只需等待模拟器的系统映像下载完成即可，下载界面如图 1.29 所示。

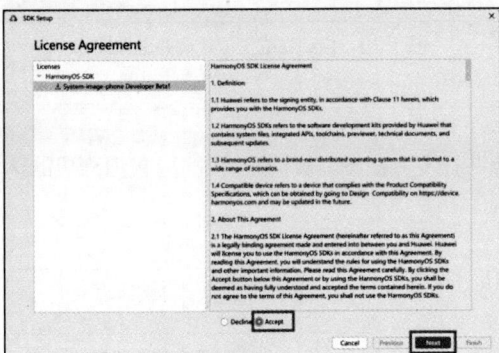

图 1.28　接受许可证界面

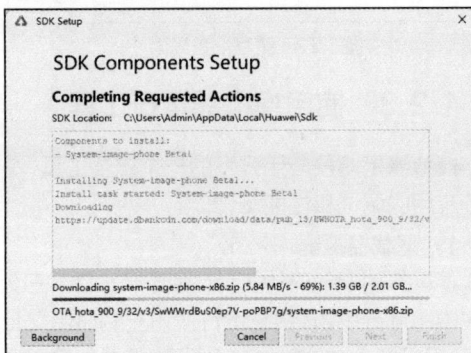

图 1.29　下载界面

下载完成后单击"Next"按钮，即可进行模拟器名称、RAM、ROM 的配置，配置完成后单击"Finish"按钮，完成模拟器的创建。模拟器参数配置如图 1.30 所示。

新创建的模拟器显示在模拟器列表中，如图 1.31 所示。

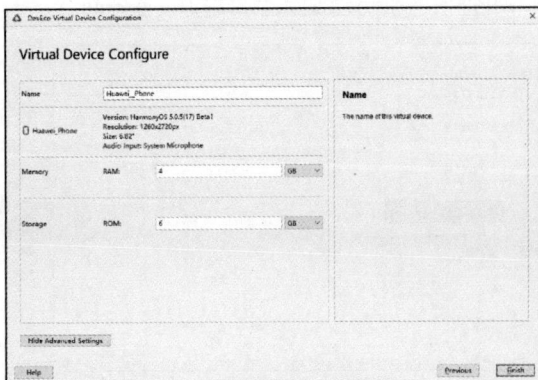

图 1.30　模拟器参数配置

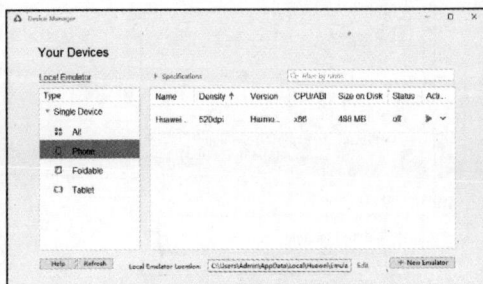

图 1.31　模拟器列表

2. 运行工程

在运行工程之前，需要先打开模拟器。在设备管理器界面中，选择刚才创建的模拟器，单击运行按钮，计算机默认不开启 Hyper-V，因此会出现图 1.32 所示的未开启 Hyper-V 导致的错误。单击"查看处理指导"链接，查看解决方法。

开启模拟器之后，可以发现 DevEco Studio 工具栏中的运行按钮左侧显示"Huawei_Phone"，单击运行按钮，即可运行工程，如图 1.33 所示。

图 1.32　未开启 Hyper-V 导致的错误

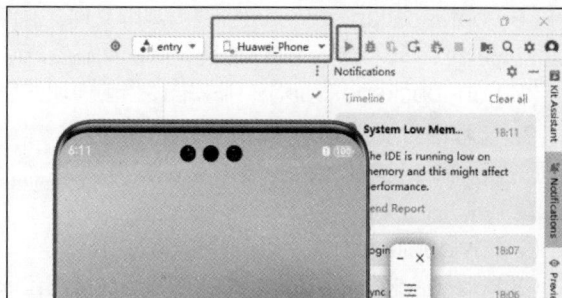

图 1.33　运行工程

在编译完成后，模拟器会自动打开应用，进入图 1.34 所示的"Hello World"界面。

1.2.4　初窥 HarmonyOS（ArkTS）工程目录结构

在运行第一个 HarmonyOS 应用之后，回过头看一下工程目录中各个文件夹及文件的作用，工程目录如图 1.35 所示。下面介绍几个关键的目录。

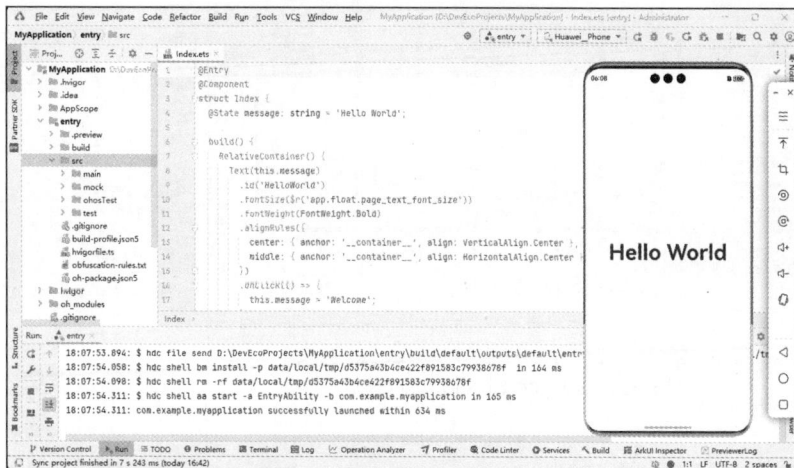

图 1.34　"Hello World"界面

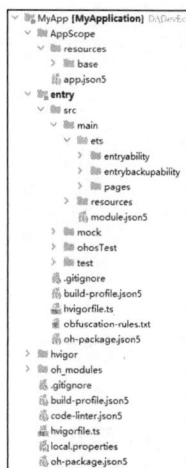

图 1.35　工程目录

1. AppScope 目录

app.json5：应用的全局配置信息。

2. entry 目录

（1）src/main/ets：用于存放 ArkTS 源代码。

entryability：应用/服务的入口。

entrybackupability：为应用提供备份恢复能力。

pages：应用/服务包含的页面。

（2）src/main/resources：用于存放应用/服务用到的资源文件，如图片、视频、字符串等。

关于资源文件的内容详见任务 4.3。

（3）src/main/module.json5：模块配置文件，主要包含 HAP（Harmony Ability Package）的配置信息、应用/服务在具体设备上的配置信息，以及应用/服务的全局配置信息。

（4）build-profile.json5：当前的模块编译信息配置项，包括 buildOption（构建配置信息）、targets（配置多目标产物）等。

（5）hvigorfile.ts：模块级编译构建任务脚本。

（6）obfuscation-rules.txt：混淆规则文件。混淆开启后，在使用 release 模式进行编译时，会对代码进行编译、混淆及压缩处理，保护代码资产。

（7）oh-package.json5：用来描述当前模块的包名、版本、入口文件和依赖等信息。

3. 工程根目录

（1）build-profile.json5：应用级配置信息，包括 signingConfigs（签名配置）、products（产品配置）等。

（2）hvigorfile.ts：应用级编译构建任务脚本。

（3）oh-package.json5：主要用来描述全局包依赖信息。

1.2.5　熟悉 DevEco Studio 的功能区域

读者在前面已经学习了如何创建一个 HarmonyOS 应用，接下来了解 DevEco Studio 一些常用的功能。DevEco Studio 的工作界面可以划分为 6 个功能区域，DevEco Studio 功能区域如图 1.36 所示。注意：各个功能区域中的功能可能会随着 DevEco Studio 版本的不同而有所变化。

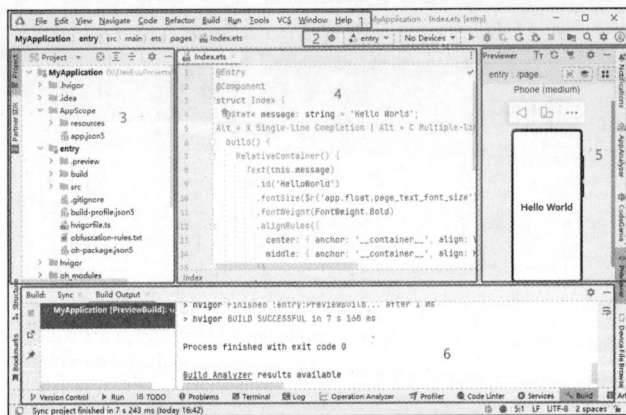

图 1.36　DevEco Studio 功能区域

1. 菜单栏

菜单栏如图 1.37 所示，通常包含以下部分。

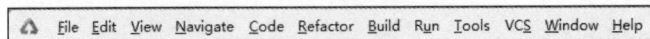

图 1.37　菜单栏

（1）File（文件）：包括创建、打开、关闭、保存和导入工程等文件操作。

（2）Edit（编辑）：包含撤销、重做、剪切、复制、粘贴、查找和替换等基本编辑操作。

（3）View（视图）：可以切换不同的视图，如代码视图、设计视图、拆分视图等。

（4）Navigate（导航）：快速跳转到类、文件、符号等，以及查看工程的导航结构。

（5）Code（代码）：提供代码片段、自动生成代码、代码格式化等功能。

（6）Refactor（重构）：允许开发者在不改变代码外在行为的前提下，修改和改进代码的结构。

这有助于提高代码的可读性、可维护性和性能。

（7）Build（**构建**）：用于构建工程，包括清理、编译、打包等操作。

（8）Run（**运行**）：启动和停止应用，以及进行运行/调试配置。

（9）Tools（**工具**）：集成了各种工具，如第三方 SDK、应用分析器、设备管理等。

（10）VCS（**版本控制系统**）：与版本控制相关的操作集合，它允许开发者与本地或远程的代码仓库进行交互。

（11）Window（**窗口**）：管理 IDE 中的窗口布局，包括打开的编辑器、视图和工具窗口等。

（12）Help（**帮助**）：提供对 DevEco Studio 和 HarmonyOS 开发的帮助文档、在线支持等。

2．工具栏

工具栏通常包含以下功能。

（1）Product（**产品**）：与配置产品构建相关。

（2）Select Run/Debug Configuration（**选择运行/调试配置**）：允许选择或修改应用的运行/调试配置，如选择不同的启动模块或服务等。

（3）Devices（**设备**）：管理和查看连接的设备，用于应用的部署和测试。

（4）Run（**运行**）：启动应用，但不进入调试模式。

（5）Debug（**调试**）：启动应用，并允许使用调试工具，如设置断点、单步执行等。

（6）Apply Changes（**应用更改**）：在开发过程中，如果更改了界面布局，那么通过此功能可以立即更新应用界面，而不需要重新编译和部署应用。

（7）Attach Debug to Process（**附加调试到进程**）：允许 IDE 附加到一个已经运行的进程进行调试，这在需要调试正在运行的应用时非常有用。

（8）Project Structure（**工程结构**）：允许查看和管理工程的模块、依赖、SDK 等结构信息。

（9）Search Everywhere（**到处搜索**）：可以在整个工程中搜索类、文件、符号等。

（10）IDE and Project Settings（**IDE 和工程设置**）：允许访问和修改 IDE 的全局设置，以及特定工程的配置。

3．左侧边栏

左侧边栏主要包含工程视图和第三方 SDK 视图。

（1）Project（**工程视图**）：图 1.38 展示的是工程视图，它显示了当前打开工程的文件和文件夹结构。开发者可以通过这个视图浏览代码库、资源文件、配置文件等。通常开发者可以在这个区域中进行文件的相关操作，如打开、编辑、删除、重命名等。

（2）Partner SDK（**第三方 SDK 视图**）：图 1.39 展示的是第三方 SDK 视图，其包含其他厂商提供的鸿蒙软件开发套件，用于帮助开发者快速集成第三方服务。

图 1.38　工程视图

图 1.39　第三方 SDK 视图

4. 代码编辑区

图 1.40 展示的代码编辑区是 DevEco Studio 的核心部分，它占据 DevEco Studio 界面的中心位置，用于查看和编辑代码文件。

以下是代码编辑区的一些关键特点和功能。

（1）**代码编辑**：提供基本的文本编辑功能，包括撤销、重做、剪切、复制、粘贴等。

（2）**语法高亮**：根据代码的不同元素（如关键字、变量、函数等）显示不同的颜色和样式。

（3）**代码补全**：根据已有代码上下文自动提供代码建议并自动完成代码。

（4）**代码折叠**：允许开发者折叠或展开代码块，以便查看和导航。

（5）**查找和替换**：提供全局或当前文件内的查找功能，并允许替换文本。

（6）**导航栏**：显示当前文件的概览，并允许快速跳转到文件的不同部分。

（7）**行号显示**：显示每一行的行号，方便引用和调试。

（8）**代码历史**：允许查看文件的修改历史和版本控制信息。

（9）**断点设置**：在调试模式下，可以在代码行号旁边设置断点。

（10）**实时代码分析**：检查代码质量，实时提示潜在的错误和改进建议。

5. 右侧边栏

右侧边栏主要包含辅助开发的工具和功能，帮助开发者更高效地进行工作。

（1）Previewer（**预览器**）：用于实时预览应用界面和布局，预览器如图 1.41 所示。预览器界面上方有 3 个按钮，分别用于展示组件树、实时刷新预览效果和开启/关闭实时刷新。

在开发过程中，开发者更改代码后，只要保存文件，或者单击图 1.41 中的刷新按钮，或者重新进入预览器界面，就可以即时看到代码更改对用户界面（User Interface，UI）的影响。对于 HarmonyOS 应用开发，预览器可支持多种设备类型和屏幕尺寸的实时预览。需要注意的是，只有被 @Entry 或 @Preview 装饰的组件才可以进行预览。

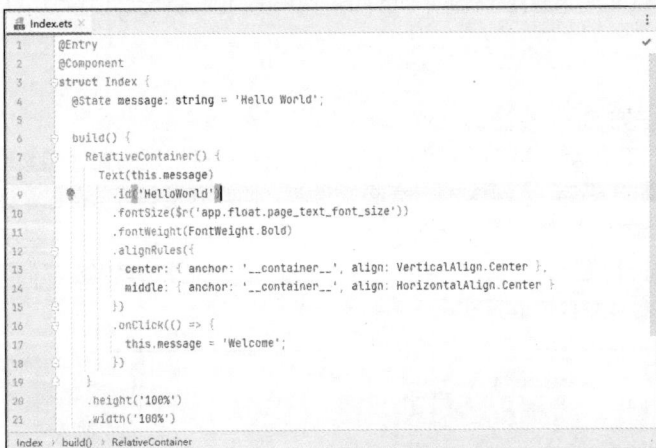

图 1.40　代码编辑区

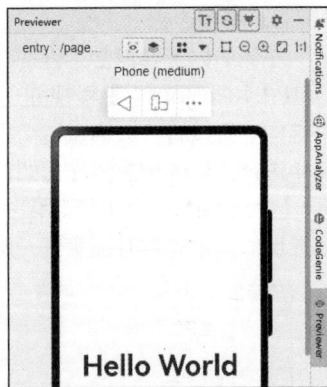

图 1.41　预览器

预览器中的组件树功能如图 1.42 所示，可用于准确定位组件代码。单击图 1.42 中②或③中的组件，其他区域将实时改变，显示当前选中的组件，这极大地方便了代码的调试。

当预览器出错、无法刷新预览效果时，可以关闭并重新打开预览器。

（2）Notifications（**通知**）：显示来自 IDE 或构建系统的通知，包括错误、警告、提示等。这些通知有助于开发者快速了解当前任务的状态或需要关注的问题。

（3）Device File Browser（**设备文件浏览器**）：用于显示设备上的文件、查看相关文件的信息，当没有设备运行时，无法查看相关文件的信息，设备文件浏览器如图 1.43 所示。

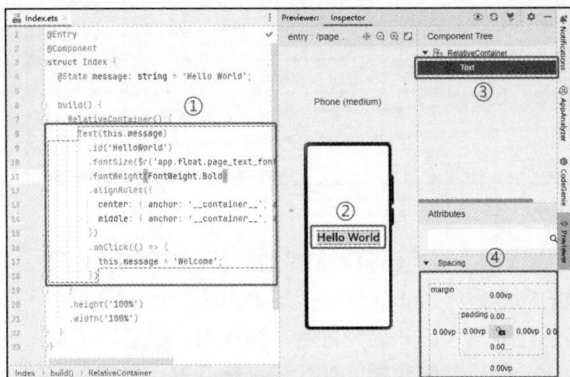

图 1.42　预览器中的组件树功能

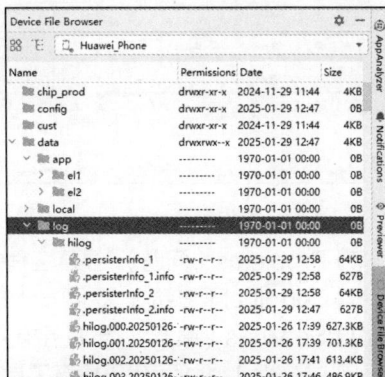

图 1.43　设备文件浏览器

6. 底部面板

图 1.44 所示的底部面板为开发者提供了全面的开发支持。从代码编写、性能分析到版本控制和问题解决，通过底部面板中的工具，开发者可以更加高效地进行开发工作，及时发现并解决问题，优化应用性能和用户体验。

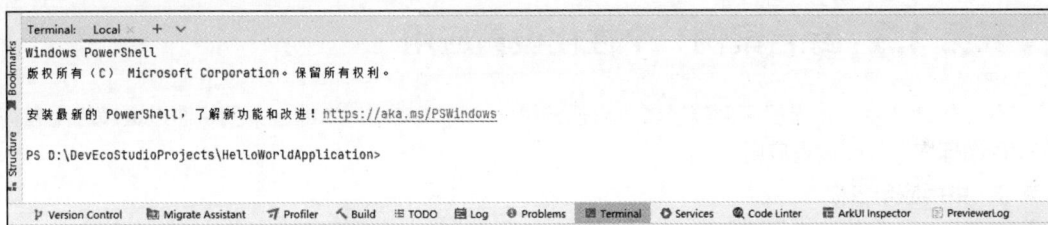

图 1.44　底部面板

（1）Version Control（版本控制）：显示版本控制系统的状态，如 Git 分支信息，以及变更、提交、合并等操作的界面。

（2）Migrate Assistant（迁移助手）：帮助开发者将工程迁移到新的开发环境或更新现有工程以适应新的开发标准。

（3）Profiler（性能分析器）：提供应用性能分析工具，帮助开发者识别性能瓶颈，分析中央处理器（Central Processing Unit，CPU）、内存、网络等使用情况。

（4）Build（构建）：显示构建过程中的状态信息，包括构建进度、成功或错误信息，以及构建操作的控制按钮等。

（5）TODO（待办事项）：列出代码中的待办事项注释，方便开发者跟踪和管理未来的开发任务。在代码中使用"// TODO"记录待办事项，可以让开发者快速地定位尚未完成的代码，待办事项的使用如图 1.45 所示。

（6）Log（日志）：显示应用运行时输出的日志，包括错误、警告、信息等，帮助开发者监控应用状态，日志的使用如图 1.46 所示。图 1.46 中框出的 5 个区域分别用来选择设备、选择过滤器、选择应用、指定日志等级、搜索特定字符串等。

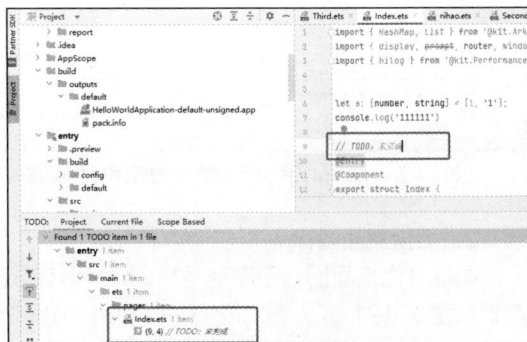

图 1.45　待办事项的使用

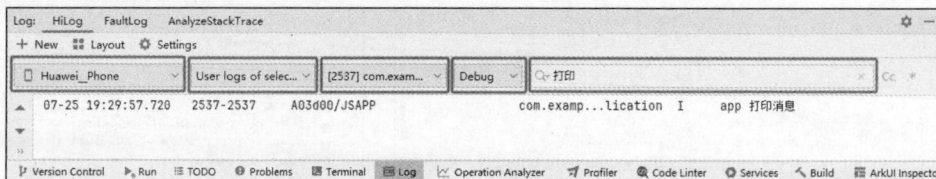

图 1.46　日志的使用

（7）Problems（问题）：显示工程中的编译错误、代码警告和其他问题，方便快速定位。

（8）Terminal（终端）：提供一个内嵌的命令行终端，允许在 IDE 内执行 shell 命令。

（9）Services（服务）：与服务相关的配置或日志，如后台任务、通知服务等。

（10）Code Linter（代码检查工具）：显示代码检查结果，如代码风格问题、潜在漏洞等。

（11）ArkUI Inspector（ArkUI 检查器）：针对在模拟器或真机上运行的 HarmonyOS 应用进行界面检查，帮助开发者调试和优化 UI 代码。其功能与右侧边栏中的预览器相似，只不过 ArkUI 检查器提供的是运行时检查，而预览器提供的是开发时检查。

（12）PreviewerLog（预览器日志）：实时显示预览器日志信息，有助于开发者在预览应用时进行监控和调试。

任务 1.3　综合案例：个性化设置应用

在任务 1.2 中，读者已经创建了属于自己的第一个鸿蒙应用。本综合案例将通过更换应用名称和桌面图标来个性化设置应用。

1. 更换应用名称

在工程中，要修改应用的名称，可以在 entry/src/main 目录下找到 module.json5 文件，在 abilities 节点下找到 name 为 EntryAbility 的入口文件配置，在其中找到 label 节点，对应的值即为应用的名称，module.json5 文件中的应用名称配置如图 1.47 所示。按住 Ctrl 键，将鼠标指针移动到"$string:EntryAbility_label"上，待鼠标指针变为手形时，单击鼠标左键进入 string.json 文件，在其中修改对应的 value 值即可修改应用名称。例如，将其修改为"去旅行"后，重新运行工程，桌面上的应用名称也将变为"去旅行"，如图 1.48 所示。

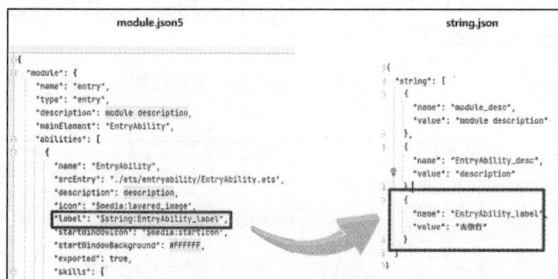

图 1.47　module.json5 文件中的应用名称配置　　图 1.48　应用名称变为"去旅行"

2. 更换桌面图标

图标分为桌面图标和启动图标。继续编辑 module.json5 文件，module.json5 文件中的图标配置如图 1.49 所示，图 1.49 中的 icon 节点和 startWindowIcon 节点分别表示桌面图标和启动图标。将事先准备好的两张图片分别命名为 app_icon.png 和 startIcon.png。将 app_icon.png 放到 AppScope/resources/base/media 目录下，将 startIcon.png 放到 entry/src/main/resources/base/media 目录下。

配置上述图片后，再次运行工程。桌面上将出现桌面图标，在应用启动的一瞬间，启动图标将出现在应用界面中心，桌面图标和启动图标如图 1.50 所示。

```
"abilities": [
  {
    "name": "EntryAbility",
    "srcEntry": "./ets/entryability/EntryAbility.ets",
    "description": description,
    "icon": "$media:app_icon",
    "label": 去旅行,
    "startWindowIcon": "$media:startIcon",
    "startWindowBackground": #FFFFFF,
    "exported": true,
    "skills": [
```

图 1.49　module.json5 文件中的图标配置　　　　图 1.50　桌面图标和启动图标

【项目小结】

本项目主要介绍了 HarmonyOS 的发展史、核心技术理念、集成开发环境 DevEco Studio，以及如何创建鸿蒙应用，让读者对鸿蒙开发有较为全面的了解，为后续的深入学习和实践打下坚实的基础，从而在鸿蒙生态中开发出具有创新性和实用性的应用。

【技能提升】

一、单选题

1. HarmonyOS 的设计理念是（　　　）。
   A. 单一设备操作　　　　B. 多设备协同　　　　C. 仅支持手机应用　　D. 仅限企业使用

2. HarmonyOS 的专用编程语言是（　　　）。
   A. Java　　　　　　　　B. C++　　　　　　　C. ArkTS　　　　　　D. JavaScript

二、填空题

1. DevEco Studio 是 HarmonyOS 的_____，提供了代码编辑、调试、编译和打包等功能。

2. 在使用 DevEco Studio 编写代码时，通过_____可以实时预览界面。

三、判断题

1. 工程名是一个应用的唯一标识。（　　　）

2. module.json5 文件的主要内容是当前模块的编译信息。（　　　）

3. 在 DevEco Studio 中，模拟器可以模拟真机的任何功能。（　　　）

四、简答题

1. 谈谈对 HarmonyOS 的理解。

2. 在计算机上完成 DevEco Studio 的安装，创建并运行自己的第一个鸿蒙应用。

【AIGC 实验室】CodeGenie + DeepSeek：双擎驱动 HarmonyOS 开发新范式

在 AI 原生开发范式重构全球 IDE 生态的进程中，随着 IntelliJ IDEA、VS Code 等主流工具持续升级智能化能力，华为 DevEco Studio 正式发布其战略级 AI 工程插件——CodeGenie 智能辅助开发助手。该助手提供鸿蒙知识智能问答、鸿蒙 ArkTS 代码补全/生成和万能卡片生成等功能，可以大大提升开发效率。同时，CodeGenie 集成了 DeepSeek 大模型技术底座，构建了"本地推

理 + 云端智脑"的双核架构，标志着鸿蒙生态迈入 AI 增强开发的新纪元。下面跟随步骤，一起来激活属于自己的 AI 开发助手吧！

1. 安装 Code Genie

选择 DevEco Studio 顶部菜单栏中的"File"→"Settings"选项，打开设置窗口，选择左侧栏中的"Plugins"选项，右侧会展示相关插件，包括 Marketplace（市场中的插件）和 Installed（本地已安装插件）。在"Plugins"下方的输入框中输入"code"，列表便会筛选出含有"code"内容的插件，如图 1.51 所示。选择"CodeGenie"选项，在进入的界面中单击"Sign in"按钮进行登录，如图 1.52 所示。本书以 CodeGenie v5.1.0.421 版本为例，演示 CodeGenie 辅助鸿蒙应用开发。

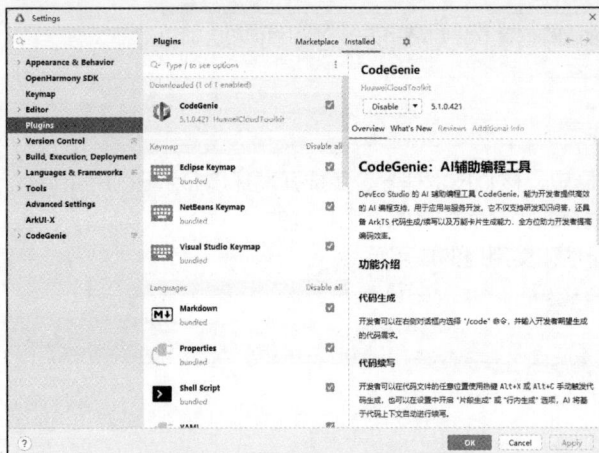

图 1.51　含有"code"内容的插件　　　　图 1.52　单击"Sign in"按钮

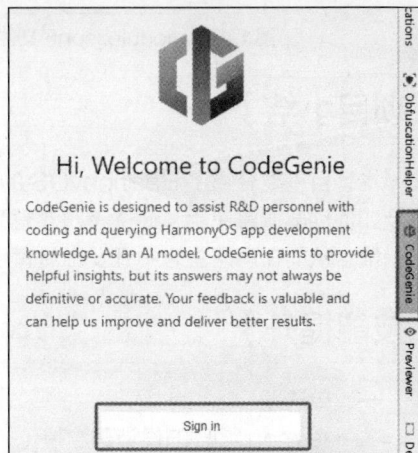

进入登录界面后，输入账号密码完成登录操作，系统将自动返回 DevEco Studio 的 CodeGenie，等待下一步操作。

图 1.53 所示的 CodeGenie 操作主界面主要分为 5 部分：功能选择、AI 智能体切换、新建对话、对话输入区、历史对话。

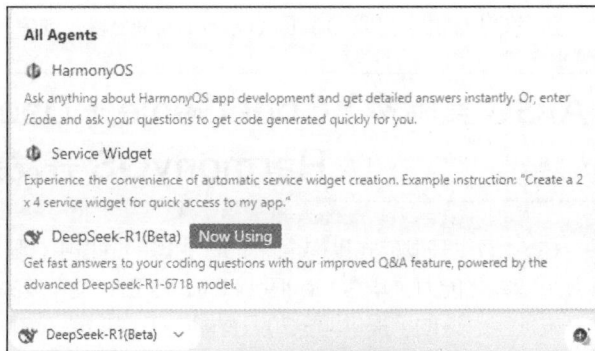

CodeGenie 目前提供了两种功能，分别为 Knowledge Q&A（知识问答）和 Generate Code（代码生成）。

AI 智能体切换如图 1.54 所示，目前提供的智能体有 HarmonyOS、Service Widget 和 DeepSeek。

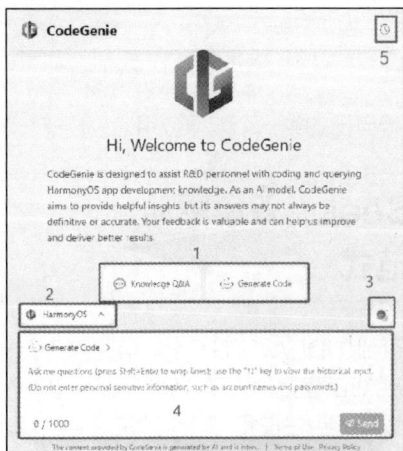

图 1.53　CodeGenie 操作主界面　　　　图 1.54　　AI 智能体切换

① 在 HarmonyOS 智能体中，可以询问任何关于 HarmonyOS App 开发的问题，或者提出问题让其生成代码。

② 在 Service Widget 智能体中，可以为应用快速地创建服务组件。

③ 在 DeepSeek 智能体中，基于 DeepSeek 改进的鸿蒙开发问答模型能快速准确地回答编码相关问题。

2. 使用示例

将智能体切换到"HarmonyOS"，在输入框中输入"我想更换鸿蒙 App（ArkTS 工程）的 entry 模块图标，我该如何更换？给出详细步骤。"，如图 1.55 所示，单击"Send"按钮。短暂等待后，将得到图 1.56 所示的答案，该答案与任务 1.3 的介绍基本一致。

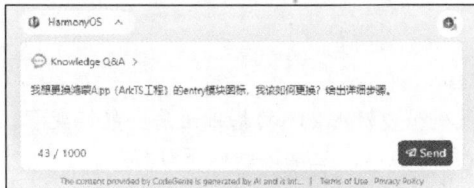

图 1.55　HarmonyOS 智能体提问　　　　图 1.56　HarmonyOS 智能体的答案

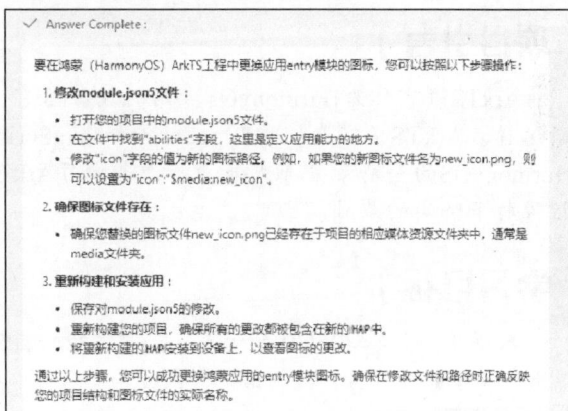

在提问时，提供足够详细的提示词能帮助智能体给出更加准确的答案。

【项目评价】

完成所有任务之后，请按照以下要求完成学习效果评价。

全班同学每 4 人一组，各组成员结合课前、课中和课后的学习情况，以及项目实训和项目考核情况，按照下表中的评价内容进行自评和互评（组内成员互相打分），并配合教师完成师评及总评。

评价类别	评价内容	分值	评价得分		
			自评	互评	师评
知识（50%）	了解 HarmonyOS 的基本概念和发展历程	10			
	熟悉 HarmonyOS（ArkTS）的工程目录结构	10			
	熟悉 DevEco Studio 的各个功能区域	20			
能力（30%）	能够安装 DevEco Studio	20			
	能够创建鸿蒙应用，并在模拟器或真机上运行应用	20			
素养（20%）	培养居安思危的意识，学会提前谋划和布局，以应对未来可能出现的挑战	5			
	树立法律意识，尊重知识产权、数据保护和隐私权，确保软件开发的合规性	5			
	培养团队协作精神，理解在专业领域内追求卓越和在团队中寻求共赢的重要性	10			
	合计	100			
总评	总评分=自评（20%）+互评（20%）+师评（60%）=	综合等级：	教师（签名）：		

注：综合等级可以为"优"（总评分≥90）、"良"（80≤总评分＜90）、"中"（60≤总评分＜80）、"差"（总评分＜60）。

项目2
夯实ArkTS语言基础
——学生成绩管理系统

02

【项目引言】

ArkTS语言作为HarmonyOS专用的编程语言，以其独特的优势和特性，成为开发者的新选择。ArkTS语言在继承TypeScript和JavaScript的基础上，进行了优化和扩展，以适应HarmonyOS的全场景分布式能力。读者学习ArkTS语言的基础语法可以为后续学习其高级特性打下坚实的基础。

【学习目标】

本项目主要介绍ArkTS的由来、如何编写ArkTS代码，以及ArkTS的基础语法，包括变量、常量、类型、运算符、控制语句、函数等。通过本项目的学习，应该达到以下目标。

【知识目标】

➢ 了解ArkTS的背景和发展历史。

➢ 理解变量、常量、类型系统。

➢ 掌握算术运算符、逻辑运算符、比较运算符、赋值运算符和位运算符的使用。

➢ 熟练掌握各种控制语句的使用。

➢ 理解函数的定义、参数的概念，以及如何编写和调用函数。

【能力目标】

➢ 能够使用ArkTS编写简单的程序。

➢ 能够运用控制语句和函数来解决实际编程问题，如数据处理、逻辑判断和循环操作等。

【素养目标】

➢ 培养良好的行为习惯。

➢ 培养独立思考、分析问题并做出合理判断的能力。

➢ 培养纪律性，能自觉遵守规范和规章制度。

【思维导图】

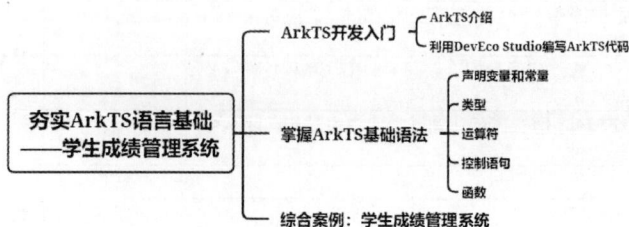

【学习任务】

任务 2.1　ArkTS 开发入门

本任务介绍 ArkTS 的由来及其演进方向，帮助读者对该语言形成整体认识，从而更好地理解其设计初衷、优势和未来的发展方向，进而更高效地在 DevEco Studio 中进行开发。

2.1.1　ArkTS 介绍

ArkTS 是华为 HarmonyOS 生态主力编程语言。把"ArkTS"这个单词进行拆分，可得到"Ark"和"TS"两个单词。Ark 意为方舟，即华为的"方舟计划"；TS 是 TypeScript 的缩写。

TypeScript 是微软公司开发的一门开源的编程语言。由于 JavaScript 语言本身的局限性，其难以胜任大型项目的开发和维护，微软公司开发了 TypeScript。TypeScript 在 JavaScript 的基础上添加了一些特性，包括类型批注、编译时类型检查等。

ArkTS 在诞生之初是完全兼容 TypeScript/JavaScript（TS/JS）的，但是随着版本的演进，ArkTS 去除了 TS/JS 中的一些过于灵活而影响开发正确性或者会给运行带来额外开销的特性。

在 HarmonyOS NEXT 版本中，ArkTS 进一步通过规范强化静态检查和分析，使得在程序运行之前的开发期能检测更多错误，提升代码健壮性，并实现更好的运行性能。同时，ArkTS 提供了声明式开发范式、状态管理支持等能力，让开发者可以以更简洁、更自然的方式开发高性能应用。

┃ 编程育人 ┃

青出于蓝而胜于蓝

在探索ArkTS的旅程中，我们追寻着前人的脚步，同时承载着超越前人的使命。正如ArkTS之于TypeScript、TypeScript之于JavaScript，每一代技术的革新都是对前一代技术的继承与超越。我们学习ArkTS，就是要理解它如何基于JavaScript和TypeScript，通过更严格的静态检查和分析，提升代码的健壮性，实现更佳的性能。

"青出于蓝而胜于蓝"，每一位学习者不仅要掌握基础知识，还要有勇气和智慧去创新，去探索未知。在学习ArkTS的基础语法时，我们可以使用声明式语法编写UI代码，这不仅仅是技术上的提升，更是思维方式上的革新。

2.1.2　利用 DevEco Studio 编写 ArkTS 代码

在本项目中，读者将开始学习 ArkTS 的基础语法，但是在哪编写、怎样编写 ArkTS 代码呢？读者在项目 1 中已经创建了第一个 HarmonyOS 应用，知道了 ArkTS 代码会被写在扩展名为".ets"的文件中。通过保存文件、单击刷新按钮或者重开预览器可以预览界面变化，这个过程实际上是编译器编译 ArkTS 代码的过程，编译完成后界面将对其进行展示。在.ets 文件中编写的任何新ArkTS 代码都可预览界面变化。

编写 ArkTS 代码示例如图 2.1 所示，在 Index.ets 文件的头部和尾部分别编写了一条输出语句，界面刷新的同时，底部的 Log 面板中输出了这两行内容。

在项目 2 和项目 3 的学习中，读者可选择在有@Entry 和@Component 标记的 struct 的前面或后面编写相应代码。

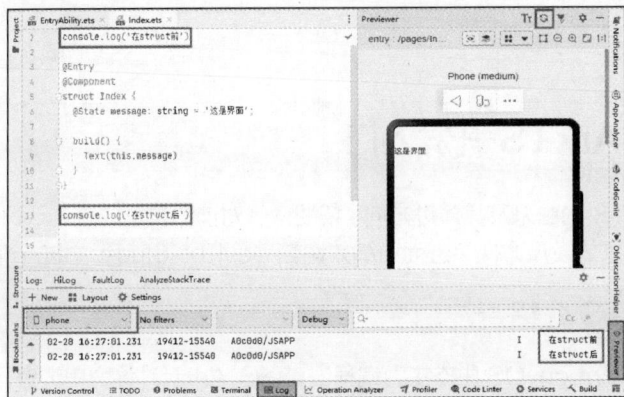

图 2.1　编写 ArkTS 代码示例

任务 2.2　掌握 ArkTS 基础语法

本任务将深入探讨 ArkTS 的基础语法，这些基础语法不仅是编程旅程的起点，更是构建高效、复杂且功能丰富的应用的坚实基础。通过本任务的学习，读者将在鸿蒙应用开发的道路上迈出坚实的一步！

2.2.1　声明变量和常量

在任何编程语言中，变量和常量都是存储数据的容器。变量允许存储、修改和检索程序运行时的数据，而常量用于保存那些不改变的数据。

1. 变量

变量，顾名思义，就是可以变的量。在 ArkTS 中，变量声明可以分为两种方式：局部声明变量和成员声明变量。

（1）局部声明变量是指以关键字 let 开头声明变量，可在文件中直接声明或在函数（function）中声明，格式如下。

```
let 变量名：类型 = 初始值；
```

（2）成员声明变量是指在结构体（struct）、类（class）、接口（interface）等内部声明变量，不需要关键字 let，格式如下。

```
变量名：类型 = 初始值；
```

以下代码展示了两种不同的变量声明方式。

```
/* 在文件中：局部声明变量 */
let hi: string = 'Hello'; // 声明变量 hi 为 string 类型，并初始化值'Hello'
hi = 'Hello, HarmonyOS'; // 为变量 hi 重新赋值'Hello,HarmonyOS'
hi = 1; // 引发编译错误。因为 hi 已经被定义为字符串，所以不能被赋值为数字

function sayHello(): string{
  /* 在函数中：局部声明变量 */
  let greeting: string = 'Hello, Huawei';
  greeting += ' HarmonyOS';
  return greeting;
}

class Country {
  constructor() {
  }
  /* 在类中：成员声明变量 */
  name: string = 'China';
}
```

2. 常量

常量就是保持不变的量，只能被赋值一次。和变量声明一样，常量声明也可以分为两种方式：局部声明常量和成员声明常量。

（1）局部声明常量是指以关键字 const 开头声明常量，在文件中直接声明或在函数中声明，格式如下。

```
const 常量名：类型 = 值；
```

（2）成员声明常量是指在 struct、class、interface 等内部声明常量，以关键字 readonly 开头进行声明，格式如下。

```
readonly 常量名：类型 = 值；
```

以下代码展示了两种不同的常量声明方式。

```
/* 在文件中：局部声明常量 */
const hi: string = 'hello'; // 定义常量 hi，值为 string 类型的'hello'
hi = 'Hello, HarmonyOS'; // 引发编译错误"Cannot assign to 'hi' because it is a
constant. <ArkTSCheck>"，这是因为 hi 被定义为常量，所以只能被赋值一次
function sayHello(): string {
  /* 在函数中：局部声明常量 */
  const greeting: string = 'Hello, Huawei';
  return greeting;
}
class Country {
  constructor() { }
  /* 在类中：成员声明常量 */
  readonly name: string = 'China';
}
```

3. 自动类型推断

前面定义变量和常量时都显式地定义了类型，这是因为 ArkTS 是一种静态类型语言，所有数据的类型都必须在编译时确定。然而，如果一个变量或常量的声明包含了初始值，那么开发者就不需要显式指定其类型，编译器会根据初始值自动推断出类型。

以下自动类型推断示例中，变量 hi 被自动推断为 string 类型，因此在被二次赋值为 1 时会出现编译错误；常量 PI 被自动推断为 number 类型。

```
let hi = 'hello';
hi = 1; // 此语句会报错，因为变量 hi 被自动推断为 string 类型
const PI = 3.14;
console.log(typeof PI) // 该语句用于输出常量 PI 的类型，将输出: number
```

2.2.2 类型

与在任何其他编程语言中一样，类型是程序设计的基础。它们定义了变量可以存储的数据的种类，从而决定了数据的存储方式、占用空间的大小，以及可以对数据执行的操作。ArkTS 作为 HarmonyOS 的主力编程语言，提供了一套丰富的类型系统，旨在支持高性能的应用开发。和其他很多编程语言一样，ArkTS 的类型可以分为基础类型和引用类型两类，ArkTS 类型系统如图 2.2 所示。

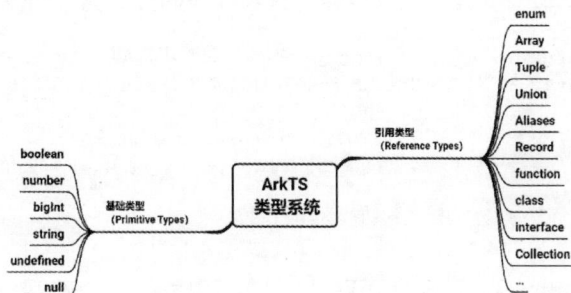

图 2.2　ArkTS 类型系统

基础类型和引用类型的区别如表 2.1 所示。

表 2.1　基础类型和引用类型的区别

类型	存储位置	赋值方式
基础类型	值存储在栈内存中	直接赋值，相当于多一份副本
引用类型	地址保存在栈内存中，通过该地址把值存储在堆内存中	赋的是地址，修改值会影响引用同一对象的变量

ArkTS 中常用类型介绍如下。

1. boolean 类型

boolean 表示布尔类型，由 true 和 false 两个布尔值组成。通常在条件语句中使用 boolean 类型的变量，以下代码分别展示了正确和错误地定义 boolean 类型变量的方式。

```
let x: boolean = true // 正确定义 boolean 类型的变量，值为 true
let y: boolean = 0 // 该定义将引发编译错误。因为 ArkTS 有严格的静态类型检查机制，数字无法被转换成布尔值
```

2. number 类型

在 ArkTS 中，所有数字，不管是整数还是小数，正数还是负数，都被当作是浮点数，这种类型叫作 number（数字）类型。number 类型除了支持十进制，还支持二进制、八进制、十六进制。number 类型中有 2 个比较特殊的值：NaN（非数字）和 Infinity（无穷）。而包装器类 Number 更加具体地提供了 MAX_VALUE（最大值）、MIN_VALUE（最小值，最接近于 0 的正数）、NaN（非数字）、NEGATIVE_INFINITY（负无穷）、POSITIVE_INFINITY（正无穷）。示例如下。

```
const PI: number = 3.1415926;
console.log('圆周率: ' + PI);
let decLiteral: number = 2024;
console.log('十进制数: ' + decLiteral);
let binaryLiteral: number = 0b11111101000; // 0b 或 0B 开头代表二进制
console.log('二进制数: ' + binaryLiteral);
let octalLiteral: number = 0o3750; // 0o 或 0O 开头代表八进制
console.log('八进制数: ' + octalLiteral);
let hexLiteral: number = 0x7e8; // 0x 或 0X 开头代表十六进制
console.log('十六进制数: ' + hexLiteral);
```

上述代码运行结果如图 2.3 所示。

```
I    圆周率: 3.1415926
I    十进制数: 2024
I    二进制数: 2024
I    八进制数: 2024
I    十六进制数: 2024
```

图 2.3　number 类型示例运行结果

3. bigInt 类型

number 类型能表示的最大整数为 $2^{53}-1$，可以写为 Number.MAX_SAFE_INTEGER，如果超过了这个界限，则可以用 bigInt 类型来表示。bigInt 类型可以表示任意大或任意小的整数，使用 bigInt 类型时，整数溢出的问题将不存在。要使用 bigInt 类型来表示大整数，有两种方式：一种方式是通过字面量，直接在数字末尾加字母"n"表示大整数类型；另一种方式是通过 bigInt 函数构造大整数类型。以下是一些使用 bigInt 类型的示例。

```
let bigNumber: bigInt = 12345678901234567890123456789012345678890n; // 通过字面量声明 bigInt 变量
let exp: bigInt = 5n ** 100n; // 以 bigInt 进行指数运算，不需要担心溢出
let big: bigInt = bigInt("12345678901234567890123456789012345678890"); // 通过 bigInt 函数进行构造
let small: bigInt = 12345678901234567890123456789012345678890n;
console.log(String(big === small)); // 输出: true。因为 big 和 small 的值相等，且类型相同，所以均为 bigInt
console.log(big.toString()); // 将 big 转换为字符串
```

4. string 类型

ArkTS 使用 string 表示字符串类型，可以使用双引号（"）或单引号（'）来包裹文本内容。在字符串中支持转义符的使用，如常见的"\n""\t"等；还支持使用占位符（${}），只不过此时字符

串需要使用反向单引号（`）包裹文本内容。示例如下。

```
let userName: string = "Alice"; // 使用双引号包裹文本内容
let age = 25;
let greeting = `Hello, my name is ${userName}. \n I am ${age} years old.`;
// 使用反向单引号表示的字符串，支持使用占位符。字符串中用"\n"进行换行
console.log(greeting);
```

上述代码运行结果如图 2.4 所示。

```
Hello, my name is Alice.
I am 25 years old.
```

图 2.4　string 类型示例运行结果

5. undefined 类型和 null 类型

undefined 表示未定义类型，是一个没有被设置值的变量的默认值。如果一个变量已被声明但未被初始化，则它的默认值就是 undefined。

null 表示空值。它常用于表示空对象或没有指向任何对象的指针。以下代码常用来判断字段值是否为 undefined 或 null。

```
if (result != null && result != undefined) {
    // 如果 result 值不为 null 且不为 undefined
}
```

6. enum 类型

enum 类型又称枚举类型，用于预先定义一组命名值，其中命名值又称为枚举值或枚举常量。使用枚举值时必须以枚举类型名称为前缀。示例如下。

```
enum ColorSet { Red , Green, Blue } // Red、Green 和 Blue 是枚举值
let c: ColorSet = ColorSet.Red;
console.log('', ColorSet.Red); // 输出: 0
console.log('', ColorSet.Green); // 输出: 1
console.log('', ColorSet.Blue); // 输出: 2
```

在定义枚举类型的时候，可以给每个枚举值指定值，通常使用数字进行指定。示例如下。

```
enum ColorSet { Red, Green = 3, Blue }
console.log('', ColorSet.Red.valueOf()); // 输出: 0
console.log('', ColorSet.Blue.valueOf()); // 输出: 4
```

7. Array 类型

Array 即数组，是一种用于存储多个相同类型数据的有序集合。

数组可由数组复合字面量（即用方括号括起来的包含零个或多个表达式的列表，其中每个表达式为数组中的一个元素）来赋值。数组的长度由数组中元素的个数来确定。数组中第一个元素的索引为 0，数组的长度属性为 length，所以数组的最大索引值比数组长度小 1。数组中的元素通过索引进行访问，形如：数组名[索引]。示例如下。

```
let animals: string[] = ['Tiger', 'Panda', 'Rabbit']; // 创建包含 3 个元素的数组
console.log("删除", animals.pop()); // 输出: 删除 Rabbit
console.log("数组新长度为", animals.length) // 输出: 数组新长度为 2
let yrd: Array<string> = ['上海', '江苏', '浙江'];
let num = yrd.push('安徽'); // 添加元素，返回添加元素后数组的长度
console.log('目前长三角省份数目为', num); // 输出: 目前长三角省份数目为 4
console.log('最后加入的省份是', yrd[yrd.length - 1]) // 输出: 最后加入的省份是安徽
```

8. Tuple 类型

前面定义数组时，我们已经知道数组只能包含一种类型的数据。试想一下，如果要定义一个数组，里面有 boolean、number、string 类型的数据，那么应该怎样编写？在早期版本的 ArkTS 中，由于其完全兼容 TypeScript，能使用 any[]或 unknown[]表示数组中的元素可以是任意类型。但是在最新版的 ArkTS 中，为了保证安全性及性能，已经禁止 any[]、unknown[]等不确定类型的使用。这时一种新的类型——Tuple（元组）为解决上述问题提供了新的思路。与 Array 类型定义时需要将类型写在"[]"前面不同，Tuple 类型定义时需要将类型写在"[]"内。示例如下。

```
let infoTuple: [string, number, boolean] = ['小红', 20, false]; // 元组中的类型顺序为 string、number、boolean
let infoTuple: [string, number, boolean] = ['小红', false, 20]; // 编译错误，定义的类型与实际类型顺序不匹配
```

元组仅在编译前加了一些限定，其本质是数组，因此数组的所有方法均可在元组上使用。对于元组来说，需要慎用方法，甚至建议不使用任何方法，因为使用这些方法会使元组绕过编译检查，可能造成元组定义类型与实际类型不一致而出错。

9. Union 类型

Tuple 类型严格约束实际参数顺序，使用 Union（联合）类型可以规避顺序限制的问题。Union 类型使用"|"来联合多个类型，"|"可以简单地理解为"或"，如"A | B | C"表示类型可以是 A、B、C 中的任一类型。示例如下。

```
let array: (boolean | string | number)[] = [true, '小明', 180]; // 定义一个数组，
数组中的元素类型可以是 boolean 类型，也可以是 string 类型，还可以是 number 类型
let nameOrAge: string | number = '小红'; // 定义一个变量，其类型可以是 string，也可
以是 number，初始值为字符串'小红'
nameOrAge = 20; // 重新赋值为数字 20
```

10. Aliases 类型

Aliases 类型又称别名类型，是一种为现有类型命名的机制，使类型定义更加清晰和易于理解。可使用关键字 type 创建类型别名。示例如下。

```
type Height = number; // 为基本类型定义别名
let tom: Height = 28; // 别名 Height 代表 number 类型
type StringOrNumber = string | number; // 为 Union 类型定义别名
let value: StringOrNumber = 'Hello'; // 别名 StringOrNumber 代表 Union 类型 string | number
value = 123;
```

11. Record 类型

Record 类型又称记录类型，它是一种包含多个字段的数据结构，使开发者可以像定义字典一样去定义数据。Record<K, T>构造了一个对象，该对象的键类型为 K，值类型为 T。键只能是字符串或数字，而值可以为任意类型的数据。

以下代码展示了如何定义 Record 类型数据，并对 Record 类型数据进行读取和赋值操作。

```
// 定义交通工具的碳排放系数，键类型为 string，值类型为 number
const emissionFactors: Record<string, number> = { // 各条记录需要被包裹在{  }中
    "car": 0.2, // 记录以键:值的形式书写，表示键和值一一对应
    "bus": 0.1,
    "bicycle": 0,
    "walking": 0
};
let distance = 10
let key = 'car'
emissionFactors[key] = 0.3 // 通过键修改某条记录的值：将汽车的碳排放系数改为 0.3
console.log(`${distance}千米路程，使用交通工具${key}，排放二氧化碳
${emissionFactors[key] * distance}千克`) // 通过键获取某条记录的值，输出：10 千米路程，使
用交通工具 car，排放二氧化碳 3 千克
```

要遍历 Record 类型数据中的字段，可以利用 Object.keys 方法返回 Record 中键的数组，然后使用 forEach 或其他循环进行遍历，代码如下。

```
// 定义历史事件时间线 Record，键类型为 number，值类型为 string
const historyTimeline: Record<number, string> = {
  1949: "中华人民共和国成立",
  1978: "改革开放春风吹遍神州大地",
  2008: "北京奥运会成功举办",
  2020: "全面建成小康社会"
}
Object.keys(historyTimeline).forEach((key) => {
  console.log(`在${key}年，${historyTimeline[key]}`)
})
```

上述代码运行结果如图 2.5 所示。

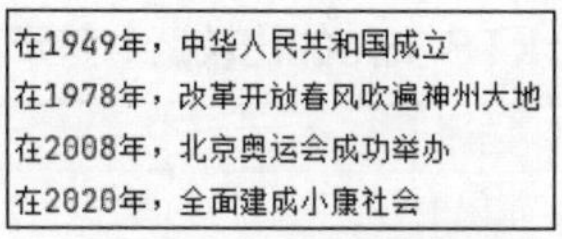

```
在1949年，中华人民共和国成立
在1978年，改革开放春风吹遍神州大地
在2008年，北京奥运会成功举办
在2020年，全面建成小康社会
```

图 2.5　Record 类型示例运行结果

编程育人

继往开来，砥砺前行

"历史事件时间线"的编程实践启发我们，铭记历史是为了更好地开创未来。正如代码中的每一个节点都承载着特定的意义，历史中的每一个事件都是国家发展的基石。我们不仅要学习技术，还要从历史中汲取力量，肩负起时代赋予的责任，为实现中华民族伟大复兴贡献力量。这不仅是技术人员的使命，还是每一位中华儿女的共同追求。

2.2.3　运算符

在任何编程语言中，运算符都是用于执行操作的基本元素。通过使用运算符，可以对数据进行算术运算、逻辑运算、比较运算、赋值运算、位运算等操作。ArkTS 中的运算符大致可以分为算术运算符、逻辑运算符、比较运算符、赋值运算符、位运算符等。

1. 算术运算符

ArkTS 支持的算术运算符及其功能描述如表 2.2 所示。这里假设变量 A 的值为 10，变量 B 的值为 20。

表 2.2　ArkTS 支持的算术运算符及其功能描述

运算符	描述	实例	运算符	描述	实例
+	两数相加	A+B 为 30	%	取模运算，整除后的余数	B%A 为 0
-	第一个数中减去第二个数	A-B 为-10	++	自增运算，整数值增加 1	A++为 11
*	两数相乘	A*B 为 200	--	自减运算，整数值减少 1	A--为 9
/	分子除以分母	B/A 为 2			

注意点　自增和自减运算看似只有一个步骤，但实际在操作过程中分为两个步骤。例如，b=a++ 表示先将 a 赋值给 b，再将 a 自身加 1，可拆分为 b=a 和 a=a+1；又如，b=++a 表示先将 a 自身加 1，再将 a 赋值给 b，可拆分为 a=a+1 和 b=a。

2. 逻辑运算符

ArkTS 支持的逻辑运算符及其功能描述如表 2.3 所示。这里假设变量 A 的值为布尔值 true，变量 B 的值为布尔值 false。

表 2.3　ArkTS 支持的逻辑运算符及其功能描述

运算符	描述	实例
&&	逻辑与运算符。如果两个操作数都为真，则条件为真	A && B 为 false
||	逻辑或运算符。如果两个操作数中有任意一个为真，则条件为真	A || B 为 true
!	逻辑非运算符，用来逆转操作数的逻辑状态。如果条件为真，则逻辑非运算符将使其变为假	!(A && B)为 true

3. 比较运算符

ArkTS 支持的比较运算符及其功能描述如表 2.4 所示。这里假设变量 A 的值为 10，变量 B 的值为 20。

表 2.4　ArkTS 支持的比较运算符及其功能描述

运算符	描述	实例
==	检查两个操作数的值是否相等，如果相等，则条件为真	A == B 为 false
!=	检查两个操作数的值是否相等，如果不相等，则条件为真	A != B 为 true
>	检查左操作数的值是否大于右操作数的值，如果是，则条件为真	A > B 为 false
<	检查左操作数的值是否小于右操作数的值，如果是，则条件为真	A < B 为 true
>=	检查左操作数的值是否大于或等于右操作数的值，如果是，则条件为真	A >= B 为 false
<=	检查左操作数的值是否小于或等于右操作数的值，如果是，则条件为真	A <= B 为 true
===	检查两个操作数的值和类型是否都相等，如果都相等，则条件为真	A === B – 10 为 true

4. 赋值运算符

ArkTS 支持的赋值运算符及其功能描述如表 2.5 所示。

表 2.5　ArkTS 支持的赋值运算符及其功能描述

运算符	描述	实例
=	赋值运算符，将右操作数的值赋给左操作数	C = A + B 相当于把 A + B 的值赋给 C
+=	加等运算符，将右操作数加上左操作数的结果赋给左操作数	C += A 相当于 C = C + A
-=	减等运算符，将左操作数减去右操作数的结果赋给左操作数	C -= A 相当于 C = C - A
*=	乘等运算符，将右操作数乘以左操作数的结果赋给左操作数	C *= A 相当于 C = C * A
/=	除等运算符，将左操作数除以右操作数的结果赋给左操作数	C /= A 相当于 C = C / A
%=	模等运算符，将左操作数用右操作数取模，并将结果赋给左操作数	C %= A 相当于 C = C % A

5. 位运算符

位运算符作用于位，并逐位执行操作。位运算的真值表如表 2.6 所示。

表 2.6　位运算的真值表

p	q	p & q	p | q	p ^ q
0	0	0	0	0
0	1	0	1	1
1	1	1	1	0
1	0	0	1	1

ArkTS 支持的位运算符及其功能描述如表 2.7 所示。这里假设 A 的值为 60，B 的值为 13。

表 2.7　ArkTS 支持的位运算符及其功能描述

运算符	描述	实例
&	按位与，只有当两个相应位都为 1 时，结果位才为 1	A & B 将得到 12，即 0000 1100
|	按位或，只要两个相应位中有一个为 1，结果位就为 1	A | B 将得到 61，即 0011 1101
^	按位异或，当两个相应位不同时，结果位为 1	A ^ B 将得到 49，即 0011 0001

假设 A = 60、B = 13，现在以二进制格式表示 A 和 B，位运算示意如图 2.6 所示。

A = 0011 1100	A = 0011 1100	A = 0011 1100
B = 0000 1101	B = 0000 1101	B = 0000 1101
A&B = 0000 1100	A|B = 0011 1101	A^B = 0011 0001

图 2.6　位运算示意

2.2.4 控制语句

控制语句是编程语言中用于控制程序执行流程的关键。它允许程序员根据特定的条件决定程序的执行路径，从而实现更复杂和灵活的逻辑。

控制语句

1. if 语句

if 语句用于根据逻辑条件执行不同语句。当逻辑条件为真时，执行对应的一组语句，否则执行另一组语句（如果有）。else 部分也可能包含 if 语句。

if 语句的格式如下。

```
if (条件 1) {
    // 如果条件 1 成立，则执行此花括号内的语句
} else if (条件 2) {
    // 如果条件 2 成立，则执行此花括号内的语句
} else {
    // 否则执行此花括号内的语句
}
```

当然，上述格式并不是固定的，在实际的使用中可以没有 else if 语句或 else 语句，也可以有多个 else if 语句。示例如下。

```
let num: number = 10;
if (num % 2 == 0) {
    console.log(`${num}是偶数`);
} else {
    console.log(`${num}是奇数`);
}
```

上述代码中，由于 num 的值为 10，对 2 取模之后值为 0，将输出：10 是偶数。

2. switch 语句

switch 语句用来执行与表达式的值匹配的语句。如果表达式的值等于某个标定的值，则执行相应的语句。如果没有任何一个标定值与表达式的值相匹配，并且 switch 语句包含 default 子句，则程序会执行 default 子句对应的语句。每个语句都以 break 结束，用于跳出当前 switch 语句。

switch 语句的格式如下。

```
switch (表达式) {
    case 值 1: // 如果表达式与值 1 匹配，则执行下面的语句
        // 语句
        break;
    case 值 2:
    case 值 3: // 如果表达式与值 2 或值 3 匹配，则执行下面的语句
        // 语句
        break;
    default: // 如果表达式与前面的值均不匹配，则执行默认语句
        // 默认语句
        break;
}
```

以下代码展示了如何利用 switch 语句将分数转换为对应等级。

```
let score = 75;
switch (Math.floor(score / 10)) { // 先除以 10，再向下取整，用于获取数据的十位上的数字
    case 9:
        console.log('优秀');
        break;
    case 8:
        console.log('良好');
        break;
    case 7:
    case 6:
        console.log('及格');
```

```
        break;
    default:
        console.log('未知', score / 10);
        break;
}
```

上述代码中，score 除以 10 的结果为 7.5，7.5 向下取整得到整数 7，最终将输出"及格"二字。

3. 三元表达式

三元表达式由表达式 A 的布尔值来决定返回结果 B 和 C 中的哪一个。如果 A 的结果为 true，则取结果 B 作为整个三元表达式的结果值，否则取结果 C。

A 表达式 ? 结果 B ：结果 C // 可以简单地记作：若 **A** 则 **B**，否则 **C**

三元表达式常用于为其他变量赋值。

```
let age = 20;
let level = age >= 18 ? '成年' : '未成年';
console.log(level); // 输出: 成年
```

4. for 语句

for 语句是循环语句的一种，它会被重复执行，直至循环条件不成立时结束。

for 语句的执行流程如下。

（1）执行变量初始化表达式（如果有）。此表达式通常初始化一个或多个循环计数器。

（2）执行条件判断表达式。如果它的值为真值（转换后为 true 的值），则执行循环体中的语句；如果它的值为假值（转换后为 false 的值），则 for 循环终止。

（3）执行循环体中的语句。

（4）执行变量更新表达式（如果有）。

（5）回到步骤（2）。

for 语句的格式如下。

```
for ([变量初始化表达式]; [条件判断表达式]; [变量更新表达式]) {
    // 执行语句
}
```

以下代码展示了如何计算 1～100 中所有整数之和。

```
let sum = 0;
for (let i=0; i<101; i++) {
  sum += i;
}
console.log('1 + 2 + ... + 99 + 100 =', sum); // 输出: 1 + 2 + ... + 99 + 100 = 5050
```

5. for ... of 语句

for...of 语句是一种用于遍历可迭代对象（如数组、字符串、Set、Map 等）的迭代循环结构语句。for...of 语句会返回每个迭代项的值，并且可以用于任何实现了迭代器接口的对象。

for...of 语句的格式如下。

```
for (let 变量 of 可迭代对象) {
    // 执行语句
}
```

以下是 for...of 语句的基本示例。

```
// 遍历数组
let numbers = [1, 2, 3, 4, 5];
for (let number of numbers) {
    console.log('' + number); // 输出: 1 2 3 4 5
}
// 遍历字符串
let str = "Hello";
for (let char of str) {
    console.log(char); // 输出: H e l l o
}
```

```
// 遍历 Set
let set = new Set(['a', 'b', 'c']);
for (let item of set) {
    console.log(item); // 输出: a b c
}
// 遍历 Map
let map = new Map([['key1', 'value1'], ['key2', 'value2']]);
for (let key of map.keys()) {
    console.log(key, map.get(key));  // 输出: key1 value1  key2 value2
}
// 使用 break 和 continue
for (let number of numbers) {
    if (number === 3) continue; // 如果数字是 3，则跳过当前循环的剩余代码
    console.log('' + number);
    if (number === 5) break; // 如果数字是 5，则退出循环
}
```

6. while 语句

while 语句是一种基本的循环控制结构语句，用于在满足特定条件时重复执行一段代码。只要条件为真，循环就会继续执行。一旦条件为假，循环就会终止，控制流跳出循环体，继续执行循环之后的代码。while 语句的格式如下。

```
while (条件) {
    // 如果条件成立，则执行花括号内的语句
}
```

以下是 while 语句的基本示例。

```
let i = 0;
// 当 i 小于 5 时，循环继续执行
while (i < 5) {
    console.log('' + i); // 输出当前 i 的值
    i++; // 每次循环后 i 的值增加 1
}
// 条件为 true，代表这段代码可能会被无限执行，直至遇到 break 语句
while (true) {
    console.log("Hello, World!");
    // 当 i 减到小于 0 时，停止循环
    if (i-- < 0) {
        break; // 利用 break 退出循环
    }
}
```

7. do...whlle 语句

do...while 语句是 while 语句的一个变体，它至少执行一次循环体，并根据条件是否为真来决定是否继续执行循环。

do...while 语句的格式如下。

```
do {
    // 先执行语句，再判断条件是否为真。若条件为真，则继续执行循环，否则结束循环
} while (条件)
```

在以下 do...while 示例中，循环体至少执行一次，之后会检查条件 j<3 是否为真，如果为真，则循环继续执行。

```
let j = 0;
do {
    console.log('' + j);
    j++;
} while (j < 3);
```

8. throw 语句和 try ... catch ... finally 语句

throw 语句和 try...catch...finally 语句是用于处理错误的两个关键概念，它们共同管理程序中的错误或异常情况。以下是它们的用法和特点。

（1）throw 语句

throw 语句用于处理代码在任何地方抛出的错误或异常。一旦执行 throw 语句，程序的控制流就会立即从 throw 所在的位置跳转到最近的 catch 语句，如果错误未被捕获，则程序将终止。

throw 语句可以抛出不同类型的错误，包括内置的错误类型（如 Error、TypeError、RangeError 等）或自定义错误对象。

```
throw new Error("错误或异常信息");
```

（2）try 语句

try 语句用于包裹可能抛出错误的代码。如果 try 语句中的代码在执行过程中没有发生错误，那么 try 语句之后的代码将继续执行；如果 try 语句中的代码抛出了错误，那么程序将不会执行 try 语句中剩余的代码，而是直接跳转到 catch 语句。

（3）catch 语句

catch 语句用于捕获 try 语句中抛出的错误。catch 语句可以访问一个参数，这个参数通常是 Error 对象的实例，包含了错误的详细信息。在 catch 语句中，可以记录错误、显示错误信息、执行清理操作等。

```
try {
    // 可能抛出错误的代码
} catch (e) {
    // 处理错误的代码
}
```

（4）finally 语句

finally 语句与 try...catch 语句一起使用，无论是否发生错误，finally 语句中的代码都会被执行。finally 语句通常用于执行必要的清理工作，如关闭文件流、释放资源等。

```
try {
    // 尝试执行的代码
} catch (e) {
    // 捕获并处理错误
} finally {
    // 无论是否发生错误都会执行的代码
}
```

【案例实战 2-1】使用控制语句完成垃圾自动分类功能。

```
// 定义一个包含不同类型垃圾的数组
let wastes: string[] = ['电池', '食物', '木凳']
// 遍历数组中的垃圾
for (let waste of wastes) {
  try {
    console.log("......开始垃圾分类......");
    let category = '' // 初始化分类结果变量
    // 使用数组的 includes 函数，判断垃圾类型并分类
    if (["纸张", "塑料", "玻璃", "金属"].includes(waste)) {
      category = "可回收"; // 如果是可回收垃圾
    } else if (["食物", "织物", "陶瓷"].includes(waste)) {
      category = "不可回收"; // 如果是不可回收垃圾
    } else if (["电池", "化学品", "药物"].includes(waste)) {
      category = "有害"; // 如果是有害垃圾
    } else {
      // 如果垃圾类型无效，则抛出错误
      throw new Error("无效的垃圾类型，请重新输入！");
    }
    // 输出分类结果
    console.log(`垃圾 "${waste}" 属于: ${category}`);
    // 模拟后续处理
    if (category === "可回收") {
      console.log("将垃圾送往回收处理中心。");
```

```
    } else if (category === "不可回收") {
      console.log("将垃圾送往填埋场。");
    } else if (category === "有害") {
      console.log("将垃圾送往特殊处理中心。");
    }
  } catch (error) {
    // 捕获并处理错误
    console.error(`分类失败: ${error.message}`);
    console.log("请检查输入的垃圾类型，确保分类准确! ");
  } finally {
    // 无论是否成功，都记录日志
    console.log("***************本次分类流程结束，已记录日志。***************")
  }
}
```

上述代码运行结果如图 2.7 所示。

```
......开始垃圾分类......
垃圾 "电池" 属于: 有害
将垃圾送往特殊处理中心。
***************本次分类流程结束，已记录日志。***************
......开始垃圾分类......
垃圾 "食物" 属于: 不可回收
将垃圾送往填埋场。
***************本次分类流程结束，已记录日志。***************
......开始垃圾分类......
分类失败: 无效的垃圾类型，请重新输入!
请检查输入的垃圾类型，确保分类准确!
***************本次分类流程结束，已记录日志。***************
```

图 2.7　垃圾分类示例运行结果

┃ 编程育人 ┃

防微杜渐，行稳致远

　　try...catch...finally语句的错误处理机制启发我们，在追求技术进步的同时，要注重细节，防范潜在的风险。正如代码中需要捕获和处理错误，我们在生活和工作中也应从小处着手，及时发现问题并解决。无论程序是否出错，finally语句中的代码都会被执行，这提醒我们，无论遇到什么情况，都要认真履行自己的职责，做到善始善终。

2.2.5　函数

　　函数是执行特定任务的代码块，它可以接收输入（参数）、处理数据，并在必要时返回输出（返回值）。函数可以减少代码冗余，实现代码复用，提高开发效率和代码的可维护性。

1. 函数的形式

　　函数按书写形式的不同，可以分为普通函数和箭头函数。

（1）普通函数

　　普通函数带有关键字 function，并且带有函数名称，函数的返回类型可写可不写。无返回值的函数可以不写返回类型或者写 void，有返回值的函数建议写上返回类型。有返回值的函数需要搭配使用关键字 return。

```
// 定义一个普通函数: sayHello1
// 该函数接收一个 string 类型的参数 name，并输出一条问候语
// 返回类型为 void，表示该函数没有返回值
function sayHello1(name: string): void {
  console.log(`Hello, ${name}!`);
}
// 定义一个普通函数: sayHello2
```

```
// 该函数接收一个 string 类型的参数 name，并输出一条问候语
// 未显式指定返回类型，ArkTS 会根据函数体推断返回类型为 void
function sayHello2(name: string) {
  console.log(`Hello, ${name}!`);
}
sayHello1("World"); // 调用函数 sayHello1，传入参数 "World"，输出: Hello, World!
sayHello2("World"); // 调用函数 sayHello2，传入参数 "World"，输出: Hello, World!

// 定义一个带返回值的普通函数: sum1
// 该函数接收两个 number 类型的参数 a 和 b，并返回它们的和
// 显式指定返回类型为 number
function sum1(a: number, b: number): number {
  return a + b; // 返回 a 和 b 的和
}
// 定义一个带返回值的普通函数: sum2
// 该函数接收两个 number 类型的参数 a 和 b，并返回它们的和
// 未显式指定返回类型，会根据 return 语句推断返回类型为 number
function sum2(a: number, b: number) {
  return a + b; // 返回 a 和 b 的和
}
// 使用函数返回值
console.log(`${sum1(5, 10)}`); // 使用函数 sum1 的返回值，输出: 15
console.log(`${sum2(5, 10)}`); // 使用函数 sum2 的返回值，输出: 15
```

（2）箭头函数

箭头函数是匿名函数的简写形式，用于函数表达式，它省略了关键字 function，适用于简单的逻辑和回调函数。此外，箭头函数还能自动绑定 this 上下文，免去了普通函数手动调用 bind 函数去绑定 this 上下文的麻烦，因此箭头函数在后续的学习中会经常被使用。示例如下。

```
// 使用箭头函数定义简洁的函数
let multiply1 = (x: number, y: number): number => x * y; // 写明返回类型的单行箭头函数
let multiply2 = (x: number, y: number) => x * y; // 不写明返回类型的单行箭头函数
  // 写明返回类型的基本箭头函数
let sum1 = (x: number, y: number): number => {
  return x + y;
}
  // 不写明返回类型的基本箭头函数
let sum2 = (x: number, y: number) => {
  return x + y;
}
// 调用箭头函数
console.log('', multiply1(3, 4)); // 输出: 12
console.log('', multiply2(3, 4)); // 输出: 12
console.log('', sum1(10, 20)); // 输出: 30
console.log('', sum2(10, 20)); // 输出: 30
```

2. 函数的参数

在定义函数时使用的参数被称为形式参数（形参），在调用函数时传入的参数被称为实际参数（实参）。函数的参数可以是可选的，也可以有默认值，还可以用剩余参数来接收任意数量的实参。

（1）可选参数

可选参数是指在调用函数时不一定要提供的参数。如果调用函数时没有提供实参，那么将默认为 undefined。可选参数的参数名后面需要加上问号（？）。注意，可选参数后面不能放置必需参数。示例如下。

```
// 参数 message 为必需参数，参数 optionalMessage 为可选参数
function showMessage(message: string, optionalMessage?: string): void {
  console.log(message);
  if (optionalMessage) {
    console.log(optionalMessage);
```

```
    }
  }
  showMessage("Hello, World!"); // 只提供必需参数
  showMessage("Hello, World!", "这是可选参数."); // 提供必需参数和可选参数
  // 两个参数均为可选参数
  function sendOptionalParams(str?: string, num?: number) {
  ...// 省略函数具体内容
  }
  sendOptionalParams('文字', 1); // 写成 sendOptionalParams(1)将报错
```

（2）参数默认值

在定义函数时，允许为参数指定一个默认值，如果调用函数时没有提供该参数的值，则将使用默认值。在参数后面用等号（=）指定默认值。示例如下。

```
  function showMessage(message: string, optionalMessage: string = "参数默认值"):
  void {
    console.log(message, optionalMessage);
  }
  showMessage("Hello, World!"); // optionalMessage 将使用默认值，输出: Hello, World!
参数默认值
  showMessage("Hello, World!", "传入参数值"); // optionalMessage 的值被明确提供，输
出: Hello, World! 传入参数值
```

（3）剩余参数

剩余参数允许开发者将一个不确定数量的参数表示为一个特殊的数组，这在函数需要接收任意数量的参数时非常有用。在定义剩余参数时，需要在参数名前加 3 个点（...），且其只能作为函数的最后一个形参。在函数体中，剩余参数被当作数组使用。示例如下。

```
  // 获取人员的完整姓名。姓氏 restNames 被定义为剩余参数
  function getPersonName(firstName: string, ...restNames: string[]) {
    console.log(firstName + ' ' + restNames.join(' ')); // restNames 是数组，可使
用数组的 join 方法连接姓名
  }
  getPersonName('Alice'); // 不提供剩余参数。输出: Alice
  getPersonName('Joseph', 'Samuel', 'Lucas', 'Mack'); // 提供剩余参数。输出: Joseph
Samuel Lucas Mack
```

如果上面的函数在定义时写成 function getPersonName(firstName: string, restNames: string[])，那么在调用时应如何传入参数？

┃ 编程育人 ┃

根深叶茂

在学习ArkTS时，对基础语法的掌握是很重要的。正如大厦建立在坚实的基础之上，优秀的编程能力同样需要扎实的语法知识作为支撑。深入理解并应用ArkTS基础语法，可以为我们未来的编程学习和实践打下坚实的基础——根深方能叶茂。

任务 2.3　综合案例：学生成绩管理系统

本综合案例将通过实现学生成绩管理系统，巩固 ArkTS 的基础语法，包括变量、常量、数组、函数、错误处理等核心概念。该系统需要实现下列功能。

➤ **录入学生信息**：录入学生的姓名、学号、成绩等信息。

➤ **查询学生成绩**：根据学号查询学生的成绩。

➤ **统计班级成绩**：计算班级的平均成绩、最高成绩和最低成绩。

➤ **错误处理**：处理输入错误或无效数据的情况。

学生成绩管理系统的代码如下。

```typescript
// 学生数组，使用元组存储学生姓名、学号、成绩
let students: [string, number, number][] = [];

// 添加学生信息
function addStudent(name: string, id: number, score: number): void {
  // 检查成绩是否有效
  if (score < 0 || score > 100) {
    throw new Error("成绩必须在 0 到 100");
  }
  students.push([name, id, score]);
  console.log(`学生 ${name} 的成绩已录入。`);
}

// 根据学号查询学生成绩
function getStudentScore(id: number): number | undefined {
  const student = students.find(s => s[1] === id); // s[1]是学号
  if (student) {
    return student[2]; // s[2]是成绩
  } else {
    console.log(`未找到学号为 ${id} 的学生。`);
    return undefined;
  }
}

// 计算班级平均成绩
function getAverageScore(): number {
  if (students.length === 0) {
    throw new Error("班级中没有学生，无法计算平均成绩。");
  }
  let total = 0
  students.forEach((student) => {
    total += student[2]
  })
  return total / students.length;
}

// 计算班级最高成绩
function getMaxScore(): number {
  if (students.length === 0) {
    throw new Error("班级中没有学生，无法计算最高成绩。");
  }
  return Math.max(...students.map(s => s[2])); // s[2]是成绩，对返回数组进行展开
}

// 计算班级最低成绩
function getMinScore(): number {
  if (students.length === 0) {
    throw new Error("班级中没有学生，无法计算最低成绩。");
  }
  return Math.min(...students.map(s => s[2])); // s[2]是成绩，对返回数组进行展开
}

// 主函数
function main(): void {
  // 录入学生信息
  try {
    addStudent("Alice", 1, 87);
    addStudent("Bob", 2, 90);
    addStudent("Charlie", 3, 78);
    // 尝试录入无效成绩
```

```
    addStudent("Eve", 5, -10); // 这里会抛出错误
  } catch (error) {
    console.error(`录入学生信息时发生错误: ${error.message}`);
  } finally {
    console.log("学生信息录入流程结束。");
  }

  // 查询学生成绩
  const studentId = 2;
  const score = getStudentScore(studentId);
  if (score !== undefined) {
    console.log(`学号为 ${studentId} 的学生成绩为: ${score}`);
  }

  // 统计班级成绩
  try {
    console.log(`班级平均成绩: ${getAverageScore()}`);
    console.log(`班级最高成绩: ${getMaxScore()}`);
    console.log(`班级最低成绩: ${getMinScore()}`);
  } catch (error) {
    console.error(`统计班级成绩时发生错误: ${error.message}`);
  }
}
main();// 调用主函数
```

上述代码运行结果如图 2.8 所示。

代码主要含义如下。

➢ 代码 let students: [string, number, number][] = [];
使用一个数组 students 来存储所有学生的信息。每个学生的
信息都是一个元组，类型顺序为 string、number、number，
分别用于存储学生的姓名、学号、成绩。

➢ 函数 addStudent 接收 3 个参数，用于添加学生信息。
在函数体中，如果成绩不在 0 到 100，则通过代码 throw new
Error("成绩必须在 0 到 100")抛出错误；否则通过数组的
push 方法将学生信息保存起来。

> 学生 Alice 的成绩已录入。
> 学生 Bob 的成绩已录入。
> 学生 Charlie 的成绩已录入。
> 录入学生信息时发生错误: 成绩必须在0到100
> 学生信息录入流程结束。
> 学号为 2 的学生成绩为: 90
> 班级平均成绩: 85
> 班级最高成绩: 90
> 班级最低成绩: 78

图 2.8　综合案例运行结果

➢ 函数 getStudentScore 根据学号查询学生的成绩。使用数组的 find 方法在 students 数组中查找学号匹配的学生。如果找到学生 student，则返回该学生的成绩（元组中的第 3 个元素 student[2]）。如果未找到学生，则输出日志提示，并返回 undefined。注意，如果有多个元素符合条件，则 find 方法只会返回第一个符合条件的元素。

➢ 函数 getAverageScore 用于计算班级平均成绩。如果 students 数组为空数组（即没有学生），则通过代码 throw new Error("班级中没有学生，无法计算平均成绩。")抛出错误；否则使用数组的 forEach 方法进行成绩的累加，将总成绩除以人数，得到平均成绩并返回。

➢ 函数 getMaxScore 用于获取班级最高成绩。如果 students 数组为空数组，则抛出错误；否则使用代码 Math.max(...students.map(s => s[2]))来获取最高成绩。map 方法的主要作用是对数组中的每个元素执行指定的操作，并返回一个新的数组，而不会修改原始数组。使用展开符（...）可以将数组或对象展开为独立的元素。函数 getMinScore 与函数 getMaxScore 整体实现类似，只不过函数 getMinScore 最后使用 Math.min 来获取最小值。

➢ 主函数 main 负责调用各个功能函数。流程如下。

录入学生信息： 调用 addStudent 函数录入学生信息。如果录入无效成绩（如-10），则会抛出错误并捕获错误。

查询学生成绩：调用 getStudentScore 函数查询学号为 2 的学生的成绩。

统计班级成绩：调用 getAverageScore、getMaxScore 和 getMinScore 函数计算并输出班级的平均成绩、最高成绩和最低成绩。

错误处理：使用 try...catch...finally 语句捕获和处理错误，确保程序的健壮性。

【项目小结】

本项目介绍了 ArkTS 与 JavaScript、TypeScript 的关系，同时详细介绍了 ArkTS 的基础语法，包括变量、常量、类型、运算符、控制语句、函数等内容。任务 2.3 通过学生成绩管理系统综合案例对本项目知识点进行了整合，读者需要牢固掌握这些知识点。

【技能提升】

一、单选题

1. ArkTS 中用于声明变量的关键字是（　　）。

　　A. var　　　　　　　　B. let　　　　　　　　C. const　　　　　　D. 以上都是

2. 在 ArkTS 中，（　　）运算符用于比较两个变量的值和类型是否相等。

　　A. ==　　　　　　　　B. ===　　　　　　　　C. !=　　　　　　　　D. >=

3. 要想在 ArkTS 中声明一个变量，其值可以是 true、false 或 null，应该使用（　　）。

　　A. boolean　　　　　B. boolean | null　　C. any　　　　　　　D. true | false | null

4. （　　）类型可以表示任意大小的整数。

　　A. number　　　　　　B. bigInt　　　　　　C. string　　　　　　D. undefined

二、填空题

1. 在 ArkTS 中，使用关键字_____局部声明变量。

2. 已知 x = 2，y = x++ + ++x - x-- + --x，则 y 的值为_____。

三、判断题

1. ArkTS 是完全兼容 TypeScript 的语言。（　　　）

2. switch 语句能完全替代 if 语句。（　　　）

3. for 循环和 for...of 循环可以互换使用，因为它们功能相同。（　　　）

4. 在调用函数时必须提供可选参数。（　　　）

5. 在 ArkTS 中，null 和 undefined 是相同的类型。（　　　）

四、简答题

1. 创建数组 fruits，其包含 3 种水果名称。编写一个函数 printFruits，遍历数组并输出每种水果的名称。

2. 编写函数 safeDivide，接收两个参数 a 和 b，返回它们的商。如果 b 为 0，则返回错误信息。

3. 编写函数 countVowels，统计一个字符串中元音字母（a、e、i、o、u）的数量。

【AIGC 实验室】CodeGenie 代码智能解读

CodeGenie 在代码解读中有两项重要的功能，分别是 Explain Code 和 Explain with AI。Explain Code 可以快速理解已有代码，并给出文字解释，而 Explain with AI 则会在工程编译出错时，指导如何去解决错误。

1. Explain Code

对于鸿蒙开发的初学者来说，Explain Code 就像一位 24 小时在线的 AI 导师——只需选中任意代码段，系统即可自动生成逐行解析说明，甚至能根据上下文智能推测代码意图，展示不同参数调整后的执行效果预测。

图 2.9 中的代码来源于任务 2.3，将代码选中后，在右击弹出的快捷菜单中选择"CodeGenie→Explain Code"选项。稍等片刻，在 CodeGenie 对话区域中将展示图 2.10 所示的代码解释。

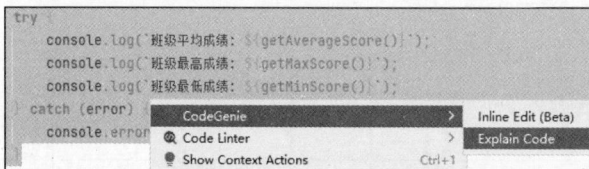

图 2.9 选中代码进行解释

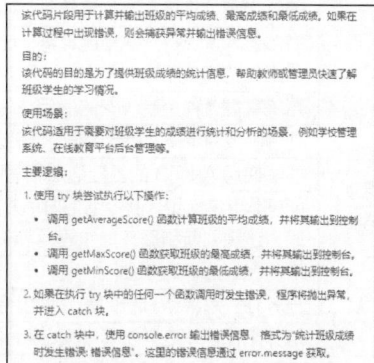

图 2.10 智能体输出的代码解释

2. Explain with AI

对于鸿蒙开发的初学者，在编写代码的时候，总会出现各种各样的错误，导致编译无法通过，此时在底部 Build 面板中会出现对应的编译错误。可以选择 DevEco Studio 顶部菜单栏中的"File→Settings"选项，选择"CodeGenie→General"选项，勾选"Compilation error explainer"复选框，使用 CodeGenie 协助解决问题。

图 2.11 所示的代码中出现了一个多余的"1"，导致代码编译报错。在底部 Build 面板中出现了错误和"Explain with AI"按钮。单击该按钮，CodeGeine 对话框会给出错误的可能原因和解决方案，如图 2.12 所示，方便开发者定位原因并修改错误。

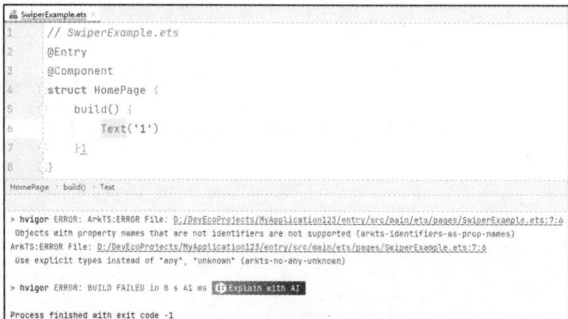

图 2.11 编译错误

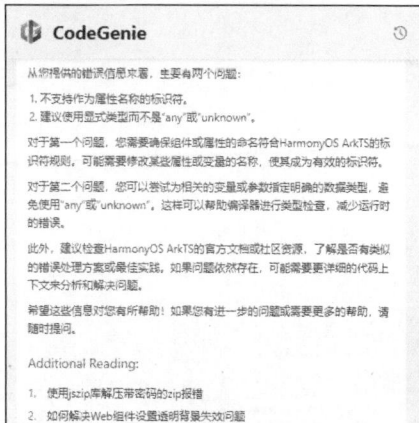

图 2.12 错误的可能原因和解决方案

【项目评价】

完成所有学习任务之后，请按照以下要求完成学习效果评价。

　　全班同学每 4 人一组，各组成员结合课前、课中和课后的学习情况，以及项目实训和项目考核情况，按照下表中的评价内容进行自评和互评（组内成员互相打分），并配合教师完成师评及总评。

评价类别	评价内容	分值	评价得分		
			自评	互评	师评
知识（50%）	了解 ArkTS 的背景和发展历史	5			
	理解变量、常量、类型系统	15			
	掌握算术运算符、逻辑运算符、比较运算符、赋值运算符和位运算符的使用	10			
	熟练掌握各种控制语句的使用	10			
	理解函数的定义、参数的概念，以及如何编写和调用函数	10			
能力（35%）	能够使用 ArkTS 的基础语法编写简单的程序	15			
	能够运用控制语句和函数来解决实际编程问题，如数据处理、逻辑判断和循环操作等	20			
素养（15%）	培养良好的行为习惯	5			
	培养独立思考、分析问题并做出合理判断的能力	5			
	培养纪律性，能自觉遵守规范和规章制度	5			
合计		100			
总评	总评分=自评（20%）+互评（20%）+师评（60%）=	综合等级：	教师（签名）：		

　　注：综合等级可以为"优"（总评分≥90）、"良"（80≤总评分<90）、"中"（60≤总评分<80）、"差"（总评分<60）。

项目3

深入ArkTS高级特性
——模拟田忌赛马

03

【项目引言】

　　面向对象编程可以创建具有复杂属性和行为的类，实现代码的封装、继承和多态。异步执行是现代编程中不可或缺的一部分，尤其是在处理网络请求、文件操作等耗时的任务时。此外，模块的导入与导出功能也是ArkTS语言的重要特性之一。

【学习目标】

　　本项目主要介绍ArkTS语言的高级特性，包括面向对象编程、异步执行、模块的导入与导出等。通过本项目的学习，应该达到以下目标。

【知识目标】

➢ 掌握面向对象编程的相关知识。

➢ 合理使用特殊操作符。

➢ 掌握异步执行的基础知识。

➢ 学会ArkTS中模块的导入与导出语法。

【能力目标】

➢ 能够根据实际问题，设计合理的类和接口来解决问题。

➢ 能够熟练使用Promise和async/await编写异步代码。

➢ 能够熟练使用ArkTS中模块的导入与导出功能。

【素养目标】

➢ 培养高尚的道德品质。

➢ 培养批判性思维。

➢ 培养清晰、准确地传达自己的想法和观点的能力。

【思维导图】

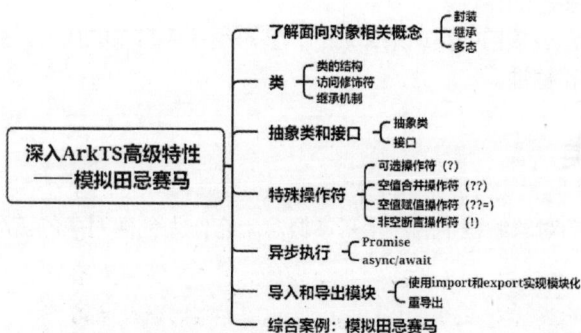

【学习任务】

任务 3.1　了解面向对象相关概念

在早期的编程时代，软件由一系列按顺序执行的指令组成，这种面向过程编程虽然直接，但其维护和扩展的难度非常大。为了解决这些问题，人们开始寻求更高效、更符合人类思维习惯的编程范式。面向对象编程（Object Oriented Programming，OOP）应运而生。

面向对象是人类最自然的一种思考方式，它将所有预处理的问题设计为对象，同时了解这些对象具有哪些属性、行为，以解决这些对象面临的一些实际问题，这样就在程序开发中引入了面向对象编程的概念。

面向对象编程实质上就是在编程时，对现实世界中的任何事物进行建模操作，其核心概念包括类和对象。类是一种复杂的类型，它是将不同类型的数据和与这些数据相关的操作封装在一起的集合体；对象则是以类为类型声明或创建的变量。

对象包括属性和方法，属性是指对象固有的特征，方法则是对象的行为。例如，将手机看作是一个对象，手机的大小、颜色、品牌都可以看作是手机的特征，即属性；而打电话、发短信、上网是手机的行为，即方法。

面向对象编程的三大特征分别是封装、继承、多态。下面以电视机为例分别介绍这三大特征。

3.1.1　封装

封装就像把所有的硬件设施放到电视机里，用户只能看到电视机的外观，看不到电视机内部的结构和硬件配置。

体现封装特性的编程元素有很多，如类、接口、方法等。封装的好处就是能让用户只关心对象的用法而不用关心对象的实现，提供了便利的同时也提高了程序的安全性。

3.1.2　继承

电视机发展至今，经历了无数次改革，但其基本外形和基本功能均被保留，只是在此基础上外观更加美观、操作更加简单、提供更多的功能以满足用户的需求。因此，继承可以理解为是在保留原有类的属性或方法的基础上进行改进的过程。

继承关系主要体现在类之间的继承上，继承可以方便代码的复用，减少开发量。

3.1.3　多态

现在的电视机品牌众多，样式也各不相同，但其基本外形和基本功能等还是一致的，这些不同种类的电视机就体现了多态的特性。

多态是通过类的继承或接口的实现来体现的，多态给程序带来的最大好处与继承类似，即提高了程序的可复用性和可移植性。

任务 3.2　类

类（Class）是面向对象编程中的一个基本概念，它作为创建对象的蓝图或模板，定义了一组特定的字段和方法。

3.2.1 类的结构

类可以被看作是一个模板，用于制造具有相同特征和行为的对象（Object）。

在使用类前，必须先声明，声明时使用关键字 class，具体格式如下。

```
class 类名 {
    字段
    构造方法
    方法
}
```

1. 字段

字段是直接在类中声明的某种类型的变量。类可以具有实例字段或者静态字段。

（1）实例字段

实例字段存在于类的每个实例上。每个实例都有自己的实例字段集合。类中的实例字段必须在定义时初始化或者在构造方法中初始化，否则会出现编译错误。要访问实例字段，需要使用类的实例，调用格式如下：**实例.字段名**。

（2）静态字段

使用关键字 static 将字段声明为静态字段。静态字段属于类本身，类的所有实例共享一个静态字段。要访问静态字段，需要使用类名，调用格式如下：**类名.字段名**。

类的结构

下面的代码通过银行账户的案例，展示静态字段和实例字段的使用。

```
class BankAccount {
    // 静态只读字段：银行名称（所有账户共享）
    static readonly BANK_NAME: string = "ArkTS Bank";
    // 静态字段：总账户数（所有账户共享）
    static totalAccounts: number = 0;
    // 实例字段：账户持有人姓名
    ownerName: string = '';
    // 实例字段：账户余额
    balance: number = 0;
}

let account = new BankAccount(); // 创建账户实例
BankAccount.totalAccounts++ // 使用"类名.字段名"的格式访问静态字段，并自增 1
// 使用"类名.字段名"的格式访问静态字段
console.log(`${BankAccount.BANK_NAME}，账户数目${BankAccount.totalAccounts}`)
account.ownerName = '小明' // 使用"实例.字段名"的格式对实例字段赋值
account.balance = 100 // 使用"实例.字段名"的格式对实例字段赋值
// 使用"实例.字段名"的格式访问实例字段的值
console.log(`账户: ${account.ownerName}, 余额: ${account.balance}`)
```

上述代码运行结果如图 3.1 所示。

在面向对象编程中，往往不希望直接访问实例字段，此时

```
ArkTS Bank，账户数目1
账户: 小明，余额: 100
```

图 3.1 静态字段和实例字段示例运行结果

可以通过将字段设置为 private（私有的）来拒绝外部直接访问，转由 getter（读取）和 setter（设置）控制字段的访问。getter 和 setter 的访问权限为 public（公共的），从而重新对类外部开放字段的访问权限。

对于上面的银行账户案例，改用 getter 和 setter 控制字段访问，示例代码如下。

```
class BankAccount {
    // 静态只读字段：银行名称（所有账户共享）
    static readonly BANK_NAME: string = "ArkTS Bank";
    // 静态字段：总账户数（所有账户共享）
    static totalAccounts: number = 0;
    // 私有实例字段：账户持有人姓名
    private _ownerName: string = '';
    // 私有实例字段：账户余额
    private _balance: number = 0;
```

```
      // _ownerName 的 setter
      public set ownerName(value: string) {
        this._ownerName = value;
      }
      // _ownerName 的 getter
      public get ownerName(): string {
        return this._ownerName;
      }
      // _balance 的 setter
      public set balance(value: number) {
        this._balance = value;
      }
      // _balance 的 getter
      public get balance(): number {
        return this._balance;
      }
    }

    let account = new BankAccount(); // 创建账户实例
    BankAccount.totalAccounts++ // 使用"类名.字段名"的格式访问静态字段，并自增 1
    // 使用"类名.字段名"的格式访问静态字段
    console.log(`${BankAccount.BANK_NAME}，账户数目${BankAccount.totalAccounts}`)
    // 使用"实例.字段名"的格式对实例字段赋值，实际使用的是对应字段的 setter
    account.ownerName = '小明'
    account.balance = 100
    // 使用"实例.字段名"的格式访问实例字段的值，实际访问的是对应字段的 getter
    console.log(`账户: ${account.ownerName}，余额: ${account.balance}`)
```

上述代码运行结果和图 3.1 一致。

> **注意点** getter 和 setter 不一定要成对出现，往往需要根据实际情况灵活设计。如果只允许类外部对某字段的值进行读取，则可以只设置该字段的 getter；如果只允许类外部对某字段的值进行设置，则可以只设置该字段的 setter；如果既不允许类外部对某字段的值进行读取，又不允许类外部对某字段的值进行设置，则可以不设置 getter 和 setter。

2. 构造方法

构造方法用于实例化类，从而得到对象，在构造方法内部往往会初始化相关字段。在前面的银行账户案例中，通过代码 let account = new BankAccount()创建类的实例（也叫类的对象），实际上是在调用类的无参构造方法。构造方法的关键字是 constructor。

构造方法的格式如下。

```
constructor([参数列表]) {
    // 初始化操作
}
```

如果在类中没有显式地定义构造方法，则系统会默认提供一个无参构造方法。以下代码演示了如何使用无参构造方法创建对象。

```
class Point {
    x: number = 0
    y: number = 0
}
let p = new Point(); // 调用 Point 类默认的无参构造方法，创建对象
```

当在类中显式地定义构造方法时，该类默认的无参构造方法失效。下面的代码中，类 Point 中显式地定义了有参构造方法，没有显式地定义无参构造方法，因此无法使用无参构造方法去创建对象。

```
class Point {
    x: number = 0
    y: number = 0
```

```
  constructor(x: number, y: number) {
    this.x = x;
    this.y = y;
  }
}
// 下面这行代码编译错误，因为代码中已经显式定义有参构造方法，默认的无参构造方法失效
let p1 = new Point();
// 下面这行代码通过调用有参构造方法创建对象
let p2 = new Point(1, 2)
```

3. 方法

在面向对象编程中，函数被称为方法。在类中可以定义实例方法或者静态方法。静态方法属于类本身，只能访问静态字段。而实例方法既可以访问静态字段，又可以访问实例字段，包括类的私有字段。

（1）实例方法

实例方法必须通过对象进行调用，调用格式如下：**实例名.方法名()**。

（2）静态方法

使用关键字 static 将方法声明为静态方法。静态方法定义了类作为一个整体的公共行为，调用格式如下：**类名.方法名()**。

以下代码定义了三角形类 Triangle，演示了实例方法和静态方法的定义及使用。

```
class Triangle {
  private base: number = 0
  private height: number = 0
  constructor(base: number, height: number) {
    this.base = base;
    this.height = height;
  }
  calculateArea(): number {
    return this.base * this.height / 2;
  }

  static areaTip(): void {
    console.log('三角形面积计算方法就是: 底 * 高 / 2');
  }
}

let triangle = new Triangle(10, 20);
console.log('面积是: ',triangle.calculateArea()); // 调用实例方法,输出"面积是: 100"
Triangle.areaTip(); // 调用静态方法,输出"三角形面积计算方法就是: 底 * 高 / 2"
```

上述代码在 Triangle 类内部定义了实例方法 calculateArea、静态方法 areaTip。代码 triangle.calculateArea()就是对象调用了实例方法，而 Triangle.areaTip()则是直接通过类调用了静态方法。

【**案例实战 3-1**】假设有一个汽车制造厂，每辆汽车都遵循同一套设计图纸（类），同时每辆汽车都是独立的实体（对象），拥有自己的颜色、型号等属性，并且能够执行相同的操作，如启动、行驶等，利用类的相关知识实现上述过程。

```
// 定义一个类 Car
class Car {
  private _make: string; // 私有实例字段: 品牌
  public set make(value: string) {
    this._make = value;
  }
  public get make(): string {
    return this._make;
  }
  private _model: string; // 私有实例字段: 车型
```

```
    public set model(value: string) {
      this._model = value;
    }
    public get model(): string {
      return this._model;
    }
    private mileage: number; // 私有实例字段：总里程。不提供 getter 和 setter，只能在类
内部访问
    // 构造方法，用于初始化对象
    constructor(make: string, model: string, mileage: number) {
      this._make = make;
      this._model = model;
      this.mileage = mileage;
    }

    // 实例方法：启动
    startEngine(): void {
      console.log(this.make + this._model + "启动发动机.");
    }

    // 实例方法：行驶
    drive(distance: number): void {
      this.startEngine();  // 先调用启动方法
      this.mileage += distance;  // 累加里程
      console.log(`${this._make} ${this.model} 行驶 ${distance} 千米. 总里程:
${this.mileage} 千米.`);
    }
}
// 创建 Car 类的两个对象
let myCar = new Car("比亚迪", "唐", 0);
let yourCar = new Car('问界', 'M7', 100);
// 使用对象的方法
myCar.drive(100);
yourCar.drive(300);
```

上述代码通过在 Car 类中定义的有参构造方法，分别实例化
了两个对象，这两个对象相互独立。其运行结果如图 3.2 所示。

在上述代码中还需要注意的是，类内部调用类自己的实例字
段或实例方法时，都需要在前面加上"this."；如果不加"this."，
则表示调用类外部的字段或方法。

```
比亚迪唐启动发动机.
比亚迪 唐 行驶 100 千米. 总里程: 100 千米.
问界M7启动发动机.
问界 M7 行驶 300 千米. 总里程: 400 千米.
```

图 3.2　Car 类实例化运行结果

3.2.2　访问修饰符

在前面学习字段时，通过将字段设置为 private，可使其无法在类外部被访
问。private 就是一种访问修饰符。访问修饰符用于控制类成员（字段和方法）
的可见性和访问权限。public、private 和 protected 是常见的访问修饰符。

➤ public: 公开的，可被继承，可以在任何地方访问，默认修饰符。
➤ private: 私有的，不可被继承，只能在定义它的类内部访问。
➤ protected: 受保护的，可被继承，可以在定义它的类及其子类的内部访问。

访问修饰符

设计一个银行账户系统，账户持有人可以查看余额（public），但只有系统内部可以修改账户的
交易记录（private）。如果账户持有人需要修改账户设置，则需要通过受保护的方法（protected）
来实现，这些方法可以由账户持有人或银行员工调用。

```
class BankAccount {
    public balance: number; // public 修饰，账户持有人可以查看余额
    private transactions: string[]; // private 修饰，只有当前类内部可以访问交易记录
    // 带初始化余额的构造方法
```

```
constructor(balance: number) {
  this.balance = balance;
  this.transactions = []; // 初始化为空数组
}
// public 修饰，账户持有人可以存款
public deposit(amount: number): void {
  this.balance += amount; // 对余额进行累加
  this.transactions.push(`存入: ${amount}`); // 往交易记录中输入数据
}
// protected（受保护的），账户持有人无法访问该方法，但子类可重写该方法
protected updateTransaction(record: string): void {
  this.transactions.push(record);
}
}

let account = new BankAccount(1000); // 创建账户，相当于账户持有人持有账户
account.deposit(500); // 账户持有人存款
console.log(`余额: ${account.balance}`); // 输出"余额: 1500"
account.transactions.push("新纪录"); // 将导致编译错误，因为 transactions 是私有的
account.updateTransaction("更新纪录") // 将导致编译错误，因为 updateTransaction 是受保护的
```

上述代码展示了如何使用访问修饰符设计一个简单的银行账户系统。通过合理使用 public、private 和 protected，实现了以下功能。

➢ balance 字段被设置为 public，允许账户持有人随时查看余额。deposit 方法也被设置为 public，允许账户持有人存款并更新余额。

➢ transactions 字段被设置为 private，确保交易记录只能在类内部被访问和修改。这保证了交易记录的安全性，防止类外部直接操作。

➢ updateTransaction 方法被设置为 protected，允许子类（子类相关知识将在 3.2.3 节中介绍）重写，但账户持有人无法直接访问。这为系统提供了灵活性，同时保护了数据的完整性。

▌ 编程育人 ▐

把握边界

public、private和protected访问修饰符的使用，恰似我们在生活中需要明确的边界。public 如同公开透明的交流，鼓励开放与分享，但过度公开可能导致出现信息泄露和安全问题。private则强调隐私保护，提醒我们尊重个人与集体的边界。而protected介于二者之间，象征着适度的开放与保护。这启示我们，在人际交往中要把握边界，既不过度封闭，又不盲目开放。

3.2.3 继承机制

类的继承是面向对象编程中最重要的概念之一，它是指一个类可以从现有的类中派生而来，它允许开发者根据一个类来定义另一个类，可以将一个类中的操作和数据结构提供给另一个类，使得创建和维护程序变得更容易，同时有利于复用代码和节省开发时间。以交通工具为例展示继承关系，交通工具的继承关系如图 3.3 所示。

继承机制

基类也称为"父类"或"超类"，继承类也称为"子类"或"派生类"。继承的关键字是 extends。在 ArkTS 中，类只能单继承，即一个子类只能继承一个父类。其格式如下。

```
class 类A extends 类B {
}
```

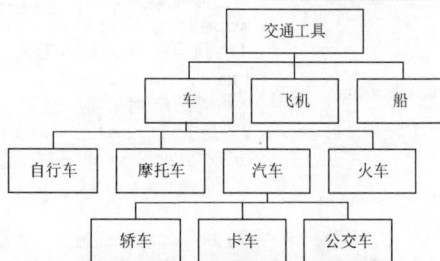

图 3.3 交通工具的继承关系

　　通过继承，子类可以把父类中除构造方法、私有字段、私有方法以外的字段和方法都继承下来。子类要调用父类的方法或构造方法的，可以使用关键字 super。子类对父类方法进行重写时，需要使用关键字 override。

　　【案例实战 3-2】在团队中，每个人都扮演着重要的角色，共同为实现目标贡献力量。这种协作精神不仅体现了集体的力量，也展现了个人与团队的和谐统一。下面通过定义父类 TeamMember（团队成员），以及两个子类 Developer（开发者）和 Designer（设计师），展示如何在代码中体现团队协作、团队分工及个性化贡献。

```typescript
// 定义一个名为 TeamMember 的父类，代表团队成员的基本属性和行为
class TeamMember {
    // 声明一个受保护的字段 name，表示团队成员的姓名
    protected name: string

    // 构造方法，用于在创建 TeamMember 实例时初始化 name 属性
    constructor(name: string) {
        this.name = name;
    }
    // 一个公共方法 work，表示团队成员的工作行为
    public work(): void {
        // 输出日志信息，模拟团队成员的工作
        console.log(`${this.name} 正在履行团队职责：努力工作，贡献力量`);
    }
    // 一个私有方法 selfImprove，表示团队成员的自我提升行为
    private selfImprove() {
        console.log(`${this.name} 正在自我提升`);
    }
}

// 定义一个名为 Developer 的子类，继承自 TeamMember 类，代表开发者
class Developer extends TeamMember {
    // 子类的构造方法，调用父类的构造方法来初始化 name 属性
    constructor(name: string) {
        super(name); // 调用父类的构造方法
    }
    // 重写父类的 work 方法，提供开发者特有的工作行为
    public override work(): void {
        // 输出 Developer 类特有的工作行为
        console.log(`${this.name} 正在履行开发者职责：编写高质量代码，推动项目进展`);
    }
    // 新增方法 innovate，表示开发者的技术创新行为
    public innovate(): void {
        console.log(`${this.name} 正在研究新技术，推动团队技术升级`);
    }
    // introduce 方法用于介绍开发者的姓名和工作职责，体现团队分工
    public introduce() {
        // 输出开发者的姓名，体现团队角色的明确性
        console.log(`大家好，我是 ${this.name}，是一名开发者，专注于技术创新`);
        // 调用父类的 work 方法，展示团队成员的普遍职责
        super.work();
        // 调用 innovate 方法，展示开发者的个性化贡献
        this.innovate();
        // 尝试调用父类的私有方法 selfImprove，这将在编译时导致错误
        // super.selfImprove(); // 错误：无法从子类调用父类的私有方法
        console.log("注意：无法从子类调用父类的私有方法 selfImprove");
    }
}
// 定义一个名为 Designer 的子类，继承自 TeamMember 类，代表设计师
class Designer extends TeamMember {
    // 子类的构造方法，调用父类的构造方法来初始化 name 属性
```

```
        constructor(name: string) {
            super(name); // 调用父类的构造方法
        }
        // 重写父类的 work 方法,提供设计师特有的工作行为
        public override work(): void {
            // 输出 Designer 类特有的工作行为
            console.log(`${this.name} 正在履行设计师职责: 设计美观易用的界面,提升用户
体验`);
        }
        // 新增方法 optimizeExperience,表示设计师的用户体验优化行为
        public optimizeExperience(): void {
            console.log(`${this.name} 正在优化用户体验,确保产品易用性和美观性`);
        }
        // introduce 方法用于介绍设计师的姓名和工作职责,体现团队分工
        public introduce() {
            // 输出设计师的姓名,体现团队角色的明确性
            console.log(`大家好,我是 ${this.name},是一名设计师,专注于用户体验优化`);
            // 调用父类的 work 方法,展示团队成员的普遍职责
            super.work();
            // 调用 optimizeExperience 方法,展示设计师的个性化贡献
            this.optimizeExperience();
            // 尝试调用父类的私有方法 selfImprove,这将在编译时导致错误
            // super.selfImprove(); // 错误: 无法从子类调用父类的私有方法
            console.log("注意: 无法从子类调用父类的私有方法 selfImprove");
        }
    }

// 创建 Developer 类的实例,初始化名称为"李工"
const developer = new Developer("李工");
// 调用 introduce 方法,输出开发者的姓名和工作职责
developer.introduce();
// 直接调用 work 方法,输出开发者的工作行为
developer.work();

// 创建 Designer 类的实例,初始化名称为"王设计"
const designer = new Designer("王设计");
// 调用 introduce 方法,输出设计师的姓名和工作职责
designer.introduce();
// 直接调用 work 方法,输出设计师的工作行为
designer.work();
```

上述代码通过定义父类 TeamMember,以及子类 Developer 和 Designer,展示了面向对象编程中封装和继承的特点。父类定义了通用的属性和方法;子类通过继承扩展了功能,并重写了方法实现特定行为。通过 protected 和 private 控制访问权限,确保了代码的安全性。这种设计思想在后续的编程中非常重要。上述代码运行结果如图 3.4 所示。

大家好,我是 李工,是一名开发者,专注于技术创新
李工 正在履行团队职责:努力工作,贡献力量
李工 正在研究新技术,推动团队技术升级
注意:无法从子类调用父类的私有方法 selfImprove
李工 正在履行开发者职责:编写高质量代码,推动项目进展
大家好,我是 王设计,是一名设计师,专注于用户体验优化
王设计 正在履行团队职责:努力工作,贡献力量
王设计 正在优化用户体验,确保产品易用性和美观性
注意:无法从子类调用父类的私有方法 selfImprove
王设计 正在履行设计师职责:设计美观易用的界面,提升用户体验

图 3.4 类的继承案例实战运行结果

> ┃ 编程育人 ┃
>
> ### 薪火相传，守正创新
>
> "薪火相传，守正创新"意为在传承中保护核心价值，同时勇于创新。在面向对象编程中，封装与继承正是这种思想的体现。封装通过隐藏内部细节、暴露必要接口，保护了对象的核心状态；继承则通过复用父类的属性和方法，实现了功能的扩展和创新。封装提醒我们保护核心价值，而继承则提醒我们在传承的基础上勇于创新。这种"守正"与"创新"的平衡，不仅是编程中的设计智慧，也是我们在学习和成长中需要践行的理念。

任务 3.3　抽象类和接口

多态是面向对象编程的核心概念之一，它允许不同的对象对同一消息做出响应，但具体的行为会根据对象的实际类型而有所不同。抽象类和接口是实现多态的两种方式。

抽象类和接口

3.3.1　抽象类

抽象类是面向对象编程中的一种结构，它不能被直接实例化，通常被用作父类。抽象类可以包含抽象方法，这些抽象方法只定义了名称和参数，而没有具体的实现；抽象类的非抽象子类必须实现这些方法。抽象类和抽象方法都需要被关键字 abstract 修饰。

抽象方法：没有具体实现的方法，它们定义了子类必须遵循的规范。

子类实现：子类通过提供抽象方法的具体实现，展示了多态。这意味着同名的方法可以在不同的子类中有不同的行为。

抽象类的定义形式如下。

```
// 抽象类
abstract class 抽象类名 {
    字段
    构造方法
    具体方法

    // 抽象方法，不能有方法实现。待子类实现
    abstract 抽象方法名([若干参数]): 返回值类型;
}
```

【案例实战 3-3】通过定义抽象类 Animal 和 FourFeetAnimal，定义具体类 Dog 和 Cat，演示如何通过抽象类实现多态。

抽象类 Animal 作为层次结构的根基，定义了所有动物共有的属性 name 和一个抽象方法 makeSound，后者要求所有子类提供具体的叫声实现。此外，Animal 类还提供了一个非抽象方法 move，用于描述动物移动的方式，这个方法可以在子类中被重写或直接使用。

FourFeetAnimal 抽象类继承自 Animal 类，增加了用四条腿走路的特有方法 walk，同时保留了抽象方法 makeSound，以确保其子类（如 Dog 类和 Cat 类）能够提供符合自身特征的叫声实现。此外，FourFeetAnimal 类还添加了一个抽象方法 eat，用于描述进食行为。

Dog 类和 Cat 类继承自 FourFeetAnimal 类，分别实现了特有的叫声、移动方式和进食行为。Dog 类通过 makeSound 方法提供了"汪汪！"的叫声，通过重写 move 方法来描述狗的奔跑行为，通过 eat 方法提供了吃骨头行为。Cat 类实现了"喵喵！"的叫声、优雅的行走方式和吃鱼行为，此外还添加了特有的 groomThemselves 方法，展示了猫梳理毛发的行为。

```
// 定义一个抽象类 Animal
abstract class Animal {
  // 定义可以被继承的受保护字段 name
  protected name: string;
  constructor(name: string) {
    this.name = name;
  }

  // 抽象方法，子类需要实现具体的叫声
  public abstract makeSound(): void;

  // 非抽象方法，可以在子类中被重写或直接使用
  public move(): void {
    console.log(`${this.name}正在移动，方式未指定。`);
  }
}

// 定义一个抽象类 FourFeetAnimal，继承自 Animal 类
// FourFeetAnimal 类也是抽象类，可以不实现 makeSound 方法
abstract class FourFeetAnimal extends Animal {
  constructor(name: string) {
    super(name);
  }

  // 用四条腿走路的特有方法
  public walk(): void {
    console.log(`${this.name}用四条腿走路。`);
  }

  // 继续添加抽象方法 eat
  public abstract eat(): void;
}

// Dog 类继承自 FourFeetAnimal 类
class Dog extends FourFeetAnimal {
  constructor(name: string) {
    super(name);
  }

  // 实现 makeSound 方法，Dog 类的特定叫声
  public makeSound(): void {
    console.log("汪汪! ");
  }

  // 重写 move 方法，Dog 类的特定移动方式
  public move(): void {
    console.log(`${this.name}正在奔跑。`);
  }

  // 由于继承了抽象方法 eat，在此实现 Dog 类的特定 eat 方法
  public eat(): void {
    console.log(`${this.name}吃骨头。`);
  }
}

// Cat 类继承自 FourFeetAnimal 类
class Cat extends FourFeetAnimal {
  constructor(name: string) {
    super(name);
  }
```

```
      // 实现 makeSound 方法，Cat 类的特定叫声
      public makeSound(): void {
        console.log("喵喵! ");
      }

      // Cat 类特有的方法
      public groomThemselves(): void {
        console.log(`${this.name}正在自己梳理毛发。`);
      }

      // 重写 move 方法，Cat 类的特定移动方式
      public move(): void {
        console.log(`${this.name}正在优雅地行走。`);
      }

      // 由于继承了抽象方法 eat，在此实现 Cat 类的特定 eat 方法
      public eat(): void {
        console.log(`${this.name}吃鱼。`);
      }

}

// 创建 Dog 类和 Cat 类的实例
let dog = new Dog("旺财");
let cat = new Cat("小花");
dog.walk();
dog.move();
dog.makeSound();
dog.eat();
cat.walk();
cat.move();
cat.makeSound();
cat.eat();
cat.groomThemselves();
```

上述代码运行结果如图 3.5 所示。

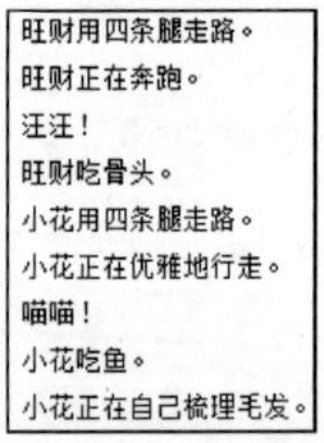

```
旺财用四条腿走路。
旺财正在奔跑。
汪汪！
旺财吃骨头。
小花用四条腿走路。
小花正在优雅地行走。
喵喵！
小花吃鱼。
小花正在自己梳理毛发。
```

图 3.5　抽象类案例实战运行结果

3.3.2　接口

接口定义了一组方法，但不提供实现。实现接口的类必须提供所有方法的具体实现。接口的定义需要使用关键字 interface，接口不能包含任何方法的实现。与抽象类不同的是，接口方法不能被关键字 abstract 修饰。此外，一个类允许实现多个接口，接口与接口之间允许多继承。

方法：接口确保实现它的类遵循特定的结构。

多态实现：当不同的类实现同一个接口时，方法可以有不同的实现，这体现了多态。

接口的格式一般如下。

```
interface 接口名 {
    字段名: 字段类型;
```

```
        方法名([参数列表]): 返回类型;
}
```

【案例实战 3-4】 Dog 类现在实现了两个接口: Animal 和 Swimmable。这意味着 Dog 类必须提供 Animal 接口中的 makeSound 方法和 Swimmable 接口中的 swim 方法的具体实现。通过实现 Swimmable 接口, Dog 类扩展了功能, 现在它不仅能发出声音, 还能游泳。实现的关键字为 implements。

```
// 声明一个接口 Animal
interface Animal {
  name: string;
  // 定义抽象方法 makeSound
  makeSound(): void;
}
// 声明另一个接口 Swimmable
interface Swimmable {
  // 定义抽象方法 swim
  swim(): void;
}
// Dog 类实现接口 Animal 和接口 Swimmable
class Dog implements Animal, Swimmable { // 多重接口实现
  name: string;
  constructor(name: string) {
    this.name = name;
  }
  // 实现方法 makeSound
  public makeSound(): void {
    // 实现细节
    console.log(`${this.name} 说: 汪汪! `);
  }
  // 实现方法 swim
  public swim(): void {
    // 实现细节
    console.log(`${this.name} 正在游泳。`);
  }
}
// 使用接口类型
let myDog = new Dog("旺财");
// 使用 Animal 接口的方法
myDog.makeSound();
// 使用 Swimmable 接口的方法
myDog.swim();
```

多重接口实现允许一个类具有多个类型的特性, 这是 ArkTS 支持的多态的一种体现。这种方式提高了类的灵活性和可扩展性, 同时使代码更加模块化。上述代码运行结果如图 3.6 所示。

旺财 说: 汪汪!
旺财 正在游泳。

图 3.6　接口案例实战运行结果

接口除为类提供可扩展性之外, 还常被用来定义数据结构。相较于类, 接口更适合用于定义纯数据结构, 原因在于接口无具体的方法实现, 在编译后无运行时开销, 且支持多重继承, 有利于数据结构的扩展。

以下代码展示了接口用于定义数据结构的示例。

```
// 定义一个基础接口: Person
interface Person {
  name: string;
  age: number;
}
// 定义另一个基础接口: Contact
interface Contact {
  email: string;
  phone: string;
```

53

```
}
// 定义一个扩展接口：Employee，继承自接口 Person 和接口 Contact
interface Employee extends Person, Contact {
  employeeId: number;
  department: string;
}
// 创建一个符合 Employee 接口的对象
const employee: Employee = {
  name: "小强",
  age: 28,
  email: "xiaoqiang@example.com",
  phone: "123-456-7890",
  employeeId: 101,
  department: "产品研发部",
};
// 输出员工信息
console.log(`姓名: ${employee.name}`);
console.log(`年龄: ${employee.age}`);
console.log(`邮箱: ${employee.email}`);
console.log(`电话: ${employee.phone}`);
console.log(`工号: ${employee.employeeId}`);
console.log(`部门: ${employee.department}`);
```

上述代码定义了两个基础接口 Person 和 Contact，Person 接口包含 name 和 age 字段，Contact 接口包含 email 和 phone 字段；定义了一个 Employee 接口，其继承自 Person 和 Contact 接口，将自动拥有 Person 和 Contact 接口中的字段，并自定义了 employeeId 和 department 字段；创建了一个符合 Employee 接口的对象，并进行初始化。上述代码运行结果如图 3.7 所示。

```
姓名: 小强
年龄: 28
邮箱: xiaoqiang@example.com
电话: 123-456-7890
工号: 101
部门: 产品研发部
```

图 3.7　接口用于定义数据结构的示例运行结果

任务 3.4　特殊操作符

在实际编程时，经常需要处理可能不存在的属性或变量，即项目 2 中介绍的类型中的 null 或 undefined。为了简化代码并减少运行时的错误，ArkTS 引入了几个特殊操作符，帮助开发者以更安全、更直观的方式处理这些情况。

特殊操作符

3.4.1　可选操作符（？）

"可选"是一个用于描述值可能不存在的概念，它在类型系统中用于表示某些值在运行时可能不会被提供。可选操作符允许读取位于对象链（对象链指通过连续的点操作符访问嵌套对象属性的层级路径，如 obj.a.b.c）深处的属性的值，而不必明确验证对象链中的每个引用是否有效（有效即不为 undefined 或 null），在引用无效的情况下不会引起错误，直接返回 undefined。

以下代码展示了可选操作符的具体使用。

```
interface Day {
  num: number
}
interface CourseInfo {
  professor: string
  cfu: number
  // 定义字段时，在字段名后加可选操作符，表示 days 是一个可选字段
  days?: Array<Day> | undefined | null
}
```

```
let course: CourseInfo | undefined
// 用可选操作符安全地访问深层属性 professor。由于 course 值为 undefined，直接输出：
undefined
console.log(course?.professor);

course = {
  professor: '张教授',
  cfu: 4,
  days: undefined
}
// 使用可选操作符安全地访问深层属性，course 值不为 undefined 或 null，输出：张教授
console.log(course?.professor);
// 使用可选操作符安全地访问深层属性，由于 days 值为 undefined，直接输出：undefined
console.log(course?.days?.length.toString());
```

上述代码主要含义如下。

➤ 利用接口定义数据结构 Day，包含 number 类型的字段 num；利用接口定义数据结构 CourseInfo，包含 professor、cfu、days 这 3 个字段。其中，days 被可选操作符修饰，是一个可选字段，类型为 Array<Day> | undefined | null，它将允许 days 字段在某些情况下不存在或为空。

➤ 代码 let course: CourseInfo | undefined 定义了变量 course，未对其进行初始化，即 course 的初始值为 undefined。代码 console.log(course?.professor)使用 course?.professor 访问 professor 属性时，由于 course 值为 undefined，其会直接返回 undefined，而不会尝试访问 professor，从而避免运行时错误。

➤ 再次对 course 赋值，professor 有值，days 值为 undefined。使用 course?.professor 访问 professor 属性时，返回"张教授"。使用 course?.days?.length.toString()时，第一层可选操作 course?.days 返回 undefined，undefined 是没有 length 属性的，但是第二层可选操作?.length 会阻止获取 undefined 的 length 属性，toString()不会被调用，避免了错误的发生。

3.4.2　空值合并操作符（??）

空值合并操作符（??）是一个逻辑操作符，当其左侧的操作数为 null 或者 undefined 时，返回其右侧的操作数，否则返回其左侧的操作数。

以下代码展示了空值合并操作符的具体使用。

```
const nullValue - null;
const emptyText = ""; // 空字符串，是一个假值，Boolean("") === false
const valA = nullValue ?? "valA 的默认值";
const valB = emptyText ?? "valB 的默认值";
console.log(valA); // 输出：valA 的默认值
console.log(valB); // 输出为空字符串（空字符串虽是假值，但不是 null 或者 undefined）
```

上述代码中，主要需要注意以下两点。

➤ valA 的赋值：nullValue 的值为 null，满足空值合并操作符左侧的操作数为 null 或者 undefined 的条件。因此，valA 的值为"valA 的默认值"。

➤ valB 的赋值：emptyText 的值为空字符串，它是一个假值，但不是 null 或 undefined。因此，valB 的值为 emptyText 的值。

3.4.3　空值赋值操作符（??=）

当空值赋值操作符（??=）左侧变量的值为 null 或 undefined 时，右侧变量的值会被赋给左侧变量。在一些场景下，使用空值赋值操作符可以省略很多代码。

以下代码展示了空值赋值操作符的具体使用。

```
let b = 'hello';
let a = '0';
b ??= a; // b 的值仍然是 "hello"
let c: string | null = null;
let d = '123';
c ??= d; // c 的值变为 "123"
```

上述代码中，对于 b ??= a，b 的值并不是 null 或 undefined，因此 a 的值不会被赋给 b；对于 c ??= d，c 的值是 null，因此 d 的值会被赋给 c，c 的值变成 "123"。

3.4.4 非空断言操作符（!）

非空断言操作符（!）用于告诉编译器某个位置的值肯定不是 null 或 undefined，通常在开发者确信某个位置的值不会是 null 或 undefined 时使用。

以下代码展示了非空断言操作符的具体使用。

```
interface User {
    name: string;
    age?: number; // age 是一个可选字段
}
// 定义一个值可能为 undefined 的变量
let user: User | undefined = {
    name: "小红",
};
// 使用非空断言操作符
console.log(user!.name); // 输出：小红
// 尝试访问可选属性 age
console.log(user!.age!.toString()); // 程序将报错
```

上述代码主要含义如下。

➢ 利用接口定义数据结构 User，包含 string 类型的字段 name 和 number 类型的可选字段 age。

➢ 定义 user 变量，类型为 User | undefined。按 User 类型对变量 user 进行了初始化，只提供 name，不提供 age。

➢ 代码 user!.name 使用了非空断言操作符，明确告诉编译器 user 的值不会是 null 或 undefined，从而跳过空值检查。如果 user 的值确实是 undefined，则运行时仍然会报错。

➢ 代码 user!.age!.toString()使用了两个非空断言操作符。第一个非空断言操作符告诉编译器 user 的值不可能为 null 或 undefined，第二个非空断言操作符告诉编译器 user 的 age 值也不可能是 null 或 undefined。然而，age 值为 undefined，而 undefined 是没有 toString 方法的，程序运行时会报错。

上述代码运行结果如图 3.8 所示。

```
小红
[Engine Log]Lifetime: 0.000000s
[Engine Log]Js-Engine: ark
[Engine Log]page: pages/Index.js
[Engine Log]Error message: Cannot read property toString of undefined
[Engine Log]Stacktrace:
[Engine Log]    at func_main_0 (entry/src/main/ets/pages/Index.ets:27:13)
```

图 3.8 非空断言操作符示例运行结果

> **编程育人**
>
> ### 慎思笃行，防患未然
>
> "慎思笃行，防患未然" 意为在行动之前要深思熟虑，预防潜在的问题。在编程中，特殊操作符正是这种思想的体现。它们帮助开发者在代码中提前规避潜在的错误，确保程序的稳定性和健壮性。然而，开发者需要谨慎使用这些特殊操作符，尤其是非空断言操作符。如果

滥用非空断言操作符，则可能会导致运行时错误，这与"防患未然"的理念背道而驰。正如古人所言，"凡事预则立，不预则废"，开发者需要合理利用工具，提前规避风险，方能写出高质量的代码。

任务 3.5 异步执行

在前面的学习中，代码按照顺序往下执行，前序任务完成才能执行后序任务，这样的执行机制叫作同步（Synchronous）执行，其优点是逻辑清晰易调试，但会导致阻塞问题；为此引入异步（Asynchronous）执行机制，异步执行允许程序在等待耗时操作（如网络请求或文件读写）时不停止执行，转而继续执行后续任务，从而提升效率和响应性。ArkTS 通过 Promise 和 async/await 提供基础异步并发能力。

异步执行

3.5.1 Promise

Promise 是一个用于处理异步操作的对象，它可以将异步操作转换为类似同步操作的风格，以方便代码编写和维护。Promise 提供了一个状态机制来管理异步操作的不同阶段，并提供了一些方法来注册回调函数以处理异步操作结果。

Promise 对象有 3 种状态：pending（进行中）、fulfilled（已完成）和 rejected（已拒绝）。Promise 对象创建后处于 pending 状态，并在异步操作完成后转换为 fulfilled 或 rejected 状态。

```
new Promise<T>(executor: (resolve: (value: T) => void, reject: (reason?:
any) => void) => void)
```

上述 Promise 构造方法中的<T>表示泛型（Generics），泛型机制提供了编译时类型检查，它确保代码使用正确的类型，减少需要进行的显式类型转换。构造方法的参数 executor 为一个带有两个参数的函数。参数 resolve 和 reject 分别表示异步操作成功和失败时应该调用的方法。resolve 方法传递的参数的类型受泛型<T>约束，reject 方法传递的参数通常为 Error 或其子类。

以下代码演示了如何定义一个 Promise 类型的常量。

```
const promise: Promise<number> = new Promise((resolve: Function, reject:
Function) => {  // 两个回调函数
    setTimeout(() => {
      const randomNumber: number = Math.random();
      if (randomNumber > 0.5) {
        resolve(randomNumber);  // resolve 回调函数会返回一个状态为 fulfilled 的
Promise 对象
      } else {
        reject(new Error('数字太小了'));  // reject 回调函数会返回一个状态为 rejected
的 Promise 对象
      }
    }, 1000);
})
```

上述代码中 Promise 对象在 executor 函数内部利用 setTimeout 函数模拟了一个异步操作，并在 1 秒后生成一个随机数。如果随机数大于 0.5，则按异步操作成功处理，执行 resolve 回调函数并将随机数作为参数传递；否则执行 reject 回调函数并传递一个错误对象作为参数。

Promise 对象创建后，可以使用 then 方法和 catch 方法指定 fulfilled 状态和 rejected 状态的回调函数。then 方法可接收两个参数：处理 fulfilled 状态的函数、处理 rejected 状态的函数，只传输一个参数时表示状态改变就执行，不区分状态结果。使用 catch 方法注册一个回调函数，用于处理"失败"的结果，即捕获 Promise 对象的状态变为 rejected 或异步操作失败时抛出的错误。相关代码如下。

```
promise.then((result: number) => {
  console.info(`随机数是: ${result}`);
}).catch((error: Error) => {
  console.error(`错误信息: ` + error.message);
});
```

上述代码中 Promise 对象通过链式操作，保证了 fulfilled 状态和 rejected 状态都能被处理。随机执行两次后的效果如图 3.9 所示。

```
I  随机数是：0.6003148030032806
E  错误信息：数字太小了
```

图 3.9　随机执行两次后的效果

3.5.2　async/await

async/await 是一种用于处理异步操作的 Promise 语法糖，其使异步代码变得更加简单和易读，避免多层回调嵌套。通过使用关键字 async 声明一个函数为异步函数，并使用关键字 await 等待 Promise 的解析（完成或拒绝），以同步的方式编写异步操作的代码。

【案例实战 3-5】使用异步请求模拟下载文件过程。

```
async function download(): Promise<void> {
  console.log('开始下载')
  // await 表示等待 Promise 对象执行操作，不需要使用 then 执行操作
  const result: string = await new Promise((resolve: Function) => {
    let progress = 0
    let id = setInterval(() => {
      progress += 20
      console.log('下载中', progress, '%')
      if (progress >= 100) {
        resolve('下载成功')
        clearInterval(id)
      }
    }, 1000)
  })
  console.log('输出结果: ' + result)
}
download() // 调用 download 函数
```

上述代码使用关键字 async 修饰函数 download，表明其为异步函数，将返回一个 Promise 对象。在函数内部，使用关键字 await 替代 then，让 Promise 对象执行 executor 函数。在 executor 函数中使用 setInterval 函数模拟每秒下载进度，当进度到达 100% 时，调用 resolve 将"下载成功" 4 个字返回给 result。等待 Promise 对象解析完成后，输出"下载成功"，运行效果如图 3.10 所示。

```
开始下载
下载中 20 %
下载中 40 %
下载中 60 %
下载中 80 %
下载中 100 %
输出结果：下载成功
```

图 3.10　async/await 模拟下载运行效果

任务 3.6　导入和导出模块

程序可划分为多组编译单元或模块。每个模块都有自己的作用域，即在模块中创建的任何声明（变量、函数、类等）在该模块之外都不可见，除非它们被显式导出。与此相对，要使用从其他模块中导出的变量、函数、类等，必须先将其导入当前模块。

3.6.1　使用 import 和 export 实现模块化

模块化编程是指将程序分解为独立、可管理的模块，每个模块封装了特定的功能。在 ArkTS 中，

export 关键字用于从模块中导出成员，而 import 关键字用于从其他模块中导入成员。

Second.ets 文件中有如下代码，展示了如何导出常量、变量、函数、类、命名空间等。

```
// Second.ets
// 导出一个函数 add
export function add(x: number, y: number): number {
  return x + y;
}
// 定义常量 NUM1，并将其标记为默认导出。export default 用于将一个模块中的某个成员标记为默
认导出
const NUM1 = 1;
export default NUM1; // 默认导出
// 导出一个变量 abc
export let abc = 1;
// 导出一个类 Point，表示二维平面中的一个点
export class Point {
  x: number = 0
  y: number = 0
  constructor(x: number, y: number) {
    this.x = x;
    this.y = y;
  }
}
// 导出一个变量 origin，表示坐标原点(0, 0)
export let origin = new Point(0, 0);
// 导出一个函数 distance，计算两个点之间的欧几里得距离
export function distance(p1: Point, p2: Point): number {
  return Math.sqrt((p2.x - p1.x) * (p2.x - p1.x) + (p2.y - p1.y) * (p2.y - p1.y));
}
// 声明并导出一个命名空间 round
export namespace round {
    // 在命名空间 round 中导出一个长方形类 Rect
    export class Rect {
      width: number
      height: number
      constructor(width: number, height: number) {
        this.width = width
        this.height = height
      }
    }
}
```

Index.ets 文件中有如下代码，展示了如何使用 import 关键字对 Second.ets 文件中的导出进行导入并使用。

```
// Index.ets
// 从 Second.ets 模块中导入默认导出 NUM1 和命名导出 add、distance、origin、Point、round
import NUM1, {add, distance, origin, Point ,round} from './Second';

console.log('', add(5, 3)); // 使用导入的 add 函数，计算 5 和 3 的和，并输出结果
console.log('', NUM1); // 输出导入的默认导出 NUM1 的值
console.log('', origin.x, origin.y); // 输出导入的 origin 点的坐标
console.log('两点之间的距离: ', distance(new Point(1, 3), new Point(2, 8))); // 使
用导入的 distance 函数，计算点(1, 3)和点(2, 8)之间的距离，并输出结果
const rect = new round.Rect(10, 20);// 使用命名空间 round 中的 Rect 类，创建一个矩形
实例
```

3.6.2　重导出

重导出是指将一个模块的导出作为当前模块的一部分重新导出，这有助于简化导入路径或创建自定义的模块集合，主要在模块化开发中使用。

```
// Index.ets，索引模块，用于集中导出
import * as Utils from './utils';
import logger from './logger';
export { Utils, logger }; // 重新导出 Utils 和 logger

// Main.ets，主模块
import { Utils, logger as myLogger } from './Index'; // 从 Index 模块中导入

console.log(Utils.add(2, 3)); // 使用重新导出的 Utils
myLogger.log('Module re-export in action!'); // 使用重新导出的 logger
```

任务 3.7 综合案例：模拟田忌赛马

田忌赛马的故事发生在战国时期的齐国。田忌是齐国的大将，齐威王的臣子。有一次，齐威王和田忌进行了一场赛马比赛。比赛规则是双方各出 3 匹马，3 匹马分为上、中、下三等，双方进行三场比赛，赢得两场的一方获胜。然而，齐威王的马在每个等级上都略胜一筹。如果按照正常规则比赛，田忌几乎没有胜算。这时谋士孙膑给田忌提出了一个巧妙的策略，他建议田忌用自己的下等马对抗齐威王的上等马，用自己的上等马对抗齐威王的中等马，用自己的中等马对抗齐威王的下等马。田忌采用了这一策略，最终以 3 比 2 的成绩赢得了比赛。下面用代码对田忌赛马的过程进行模拟。

Horse 类作为父类，定义了马的性情（_blood）、主人（_host）和颜色（_color），马的性情类型为枚举类型 BloodType。

```
// Horse.ets
export class Horse {
  private _blood: BloodType = BloodType.COLD;
  private _host: string = ''; //定义马的主人
  private _color: String = ''; //定义马的颜色
  // _blood、_host、_color 的 getter 和 setter 省略

  constructor(blood: BloodType, host: string, color: String) {
    this._blood = blood;
    this._host = host;
    this._color = color;
  }
}

// 定义马的性情类型
export enum BloodType {
  COLD = '冷血', WARM = '温血', HOT = '热血'
}
```

IRacing 接口定义了 race 方法，使用 Promise 模拟赛马过程，该方法需要传入另一个比赛对象。

```
// IRacing.ets
export interface IRacing {
  // 与另一匹马比赛
  race(otherHorse: Horse): Promise<void>;
}
```

RacingHorse 类继承自 Horse 类，实现 IRacing 接口，同时增加 _ability 字段以表示马的能力值。getGrade 方法根据马的能力值返回马的等级。race 方法使用 setTimeout 函数模拟赛马的时间，并通过比较两者的能力值决出获胜马。

```
// RacingHorse.ets
// RacingHorse 类继承自 Horse 类，实现 IRacing 接口
export class RacingHorse extends Horse implements IRacing {
  private _ability: number = 0; // 能力值
  // _ability 的 getter 和 setter 省略

  constructor(blood: BloodType, host: string, color: String, ability: number) {
```

```
            super(blood, host, color);
            this._ability = ability;
        }

        // 根据能力值得到马的等级
        public getGrade(): string {
            if (this.ability >= 90) {
                return '上等马';
            } else if (this.ability >= 80) {
                return '中等马';
            } else {
                return '下等马';
            }
        }

        // 实现 IRacing 接口中的 race 方法
        public async race(otherHorse: RacingHorse): Promise<void> {
            setTimeout(() => { // 2 秒后输出内容
                console.log('马匹信息', "主人:", this.host, "性情:", this.blood, "颜色:",
this.color, "能力值:", this.ability, "等级:", this.getGrade());
                console.log('马匹信息', "主人:", otherHorse.host, "性情:", otherHorse.
blood, "颜色:", otherHorse.color, "能力值:", otherHorse.ability, "等级:", otherHorse.
getGrade());

                let winner = this.ability > otherHorse.ability ? this : otherHorse;
                // 根据能力值决出获胜马
                console.log(winner.host, '的', winner.color, winner.getGrade(),
'获胜! ');

                console.log('*********************** 比赛结束 ******************
*******')
            }, 2000)
        }
    }
```

在 TianjiSaima.ets 文件中，分别定义田忌的 3 匹马，并通过 race 方法，使田忌的上等马对抗齐威王的中等马，田忌的中等马对抗齐威王的下等马，田忌的下等马对抗齐威王的上等马。

```
// TianjiSaima.ets
@Entry
@Component
struct TianjiSaima {
    build() {
    }
}
let horse1 = new RacingHorse(BloodType.HOT, '田忌', '棕色', 92)
horse1.race(new RacingHorse(BloodType.WARM, '齐威王', '白色', 85))
let horse2 = new RacingHorse(BloodType.WARM, '田忌', '黑色', 82)
horse2.race(new RacingHorse(BloodType.COLD, '齐威王', '棕色', 79))
let horse3 = new RacingHorse(BloodType.COLD, '田忌', '白色', 72)
horse3.race(new RacingHorse(BloodType.HOT, '齐威王', '黑色', 99))
```

上述代码运行结果如图 3.11 所示。

```
马匹信息 主人: 田忌 性情: 热血 颜色: 棕色 能力值: 92 等级: 上等马
马匹信息 主人: 齐威王 性情: 温血 颜色: 白色 能力值: 85 等级: 中等马
田忌 的 棕色 上等马 获胜!
*********************** 比赛结束 ***********************
马匹信息 主人: 田忌 性情: 温血 颜色: 黑色 能力值: 82 等级: 中等马
马匹信息 主人: 齐威王 性情: 冷血 颜色: 棕色 能力值: 79 等级: 下等马
田忌 的 黑色 中等马 获胜!
*********************** 比赛结束 ***********************
马匹信息 主人: 田忌 性情: 冷血 颜色: 白色 能力值: 72 等级: 下等马
马匹信息 主人: 齐威王 性情: 热血 颜色: 黑色 能力值: 99 等级: 上等马
齐威王 的 黑色 上等马 获胜!
*********************** 比赛结束 ***********************
```

图 3.11 模拟田忌赛马案例运行结果

编程育人

知己知彼，百战不殆

田忌赛马的故事告诉我们，正确的策略对于成功至关重要。孙膑通过对对方的了解和对己方优势的认识，采取了上对中、中对下、下对上的马匹搭配方式，从而最大化了己方的胜算。这一点体现了"知己知彼，百战不殆"的兵法原则。

【项目小结】

本项目深入探讨了 ArkTS 语言的高级特性，包括面向对象编程、特殊操作符、异步执行和模块化编程等。读者掌握这些知识后，可开发出灵活且易于维护的应用。最后，本项目通过一个综合案例——模拟田忌赛马，将相关知识应用于实际编程中，进一步加深读者对面向对象编程和模块化编程的理解。

【技能提升】

一、单选题

1. 面向对象编程的三大特征不包括（　　）。
   A. 封装　　　　　　　B. 继承　　　　　　　C. 多态　　　　　　　D. 并行
2. 在 ArkTS 中，关键字（　　）用于声明一个类。
   A. Function　　　　　B. class　　　　　　C. interface　　　　D. struct
3. （　　）不是 Promise 对象的 3 种状态之一。
   A. pending　　　　　B. fulfilled　　　　C. rejected　　　　D. completed
4. 可选操作符 "?." 的作用是（　　）。
   A. 赋值给变量　　　　　　　　　　　　B. 安全访问深层属性
   C. 合并两个值　　　　　　　　　　　　D. 断言变量不为 null

二、填空题

1. 在 ArkTS 中，可以使用关键字_____创建一个类。
2. 封装的意思是将数据和操作这些数据的方法组合在一起，这在 ArkTS 中称为_____。
3. 在类中，使用关键字_____声明的字段属于类本身，被所有实例共享。
4. 异步执行中，使用关键字_____声明一个函数为异步函数。
5. _____操作符允许左操作数为 null 或 undefined 时返回右操作数，否则返回左操作数。

三、判断题

1. 在面向对象编程中，对象是类的实例。（　　）
2. 继承允许一个子类继承多个父类。（　　）
3. 接口可以包含方法的实现。（　　）
4. Promise 对象创建后默认处于 fulfilled 状态。（　　）
5. async 函数内部不能使用关键字 await。（　　）

四、编程题

1. 请定义一个接口，该接口包含一个方法，用于计算两个数的和。定义一个类，实现前面定义的接口，并实现其中的方法。
2. 使用 Promise 和 async/await 编写异步函数来模拟网络请求，并在请求成功后输出结果。
3. 实现一个图形计算系统。要求如下。

（1）定义抽象类 Shape，包含以下内容。抽象方法 area(): number，用于计算图形的面积；抽象方法 perimeter(): number，用于计算图形的周长；方法 displayInfo(): void，用于输出图形的信息（名称、面积和周长）。

（2）定义 Circle 类，继承 Shape 类，并实现以下内容。属性 radius: number；实现 area 方法和 perimeter 方法；重写 displayInfo 方法，输出圆形的信息。

（3）定义 Rectangle 类，继承 Shape 类，并实现以下内容。属性 width: number，height: number；实现 area 方法和 perimeter 方法；重写 displayInfo 方法，输出矩形的信息。

（4）定义类 ShapeManager，用于管理多个图形，包含以下内容。属性 shapes: Shape[]，用于存储所有图形；方法 addShape(shape: Shape): void，用于添加图形；方法 displayAllShapes(): void，用于输出所有图形的信息。

（5）编写测试代码，创建多个图形（圆形和矩形），将它们添加到 ShapeManager 中，并输出所有图形的信息。

【AIGC 实验室】CodeGenie 代码自动生成

CodeGenie 开发助手利用 AI 大模型，可以分析并理解开发者在代码编辑区中的上下文信息或自然语言描述信息，智能生成符合上下文的代码片段。CodeGenie 支持在代码编辑区中通过快捷键主动触发代码生成，或根据自然语言描述生成相应代码片段。

1. 自动代码生成设置

要使得代码自动生成功能生效，需要选择"File→Settings"选项，选择"CodeGenie→Code Generation"选项，在进入的界面中开启代码生成功能，并根据编码习惯，设置行内生成和片段生成的时延，如图 3.12 所示。如果已经熟悉了 CodeGenie 常用的快捷键，想要更加沉浸的体验，则可以在该界面中勾选"Do not disturb"复选框，隐藏代码生成工具栏及快捷键提示。

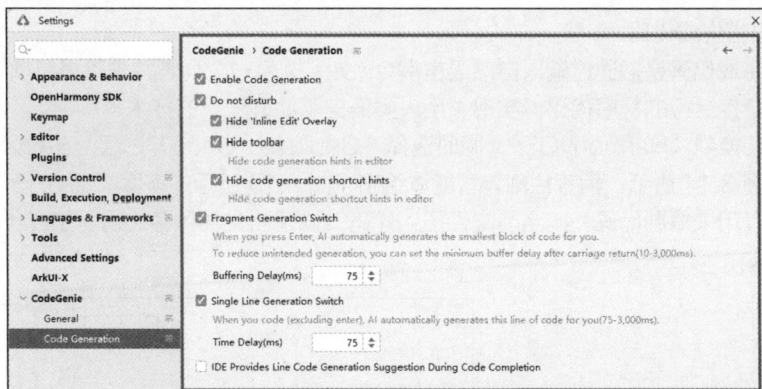

图 3.12　设置行内生成和片段生成的时延

在使用该功能时，建议编辑区内已有较丰富的上下文，这样能够使模型对编程场景产生一定的理解，从而使生成的代码更符合要求。当编辑器中的内容较少时，AI 可能无法有效理解用户的意图并生成相应的代码。

2. 行内/片段代码续写

安装 CodeGenie 后，只需在编码时稍作停顿，CodeGenie 将在当前代码行即时续写代码；按 Enter 键，将出现 CodeGenie 根据上下文生成的多行代码片段，可以按 Tab 键采纳生成的内容，或按 Esc 键忽略。CodeGenie 代码生成常用快捷键如表 3.1 所示。

表 3.1　CodeGenie 代码生成常用快捷键

操作	macOS 快捷键	Windows 快捷键
触发多行代码生成	Enter、Option + C	Enter、Alt + C
触发单行代码生成	Option + X	Alt + X
采纳生成的代码	Tab	Tab
忽略生成的代码	Esc	Esc
查看上一个代码生成结果	Option + [	Alt + [
查看下一个代码生成结果	Option +]	Alt +]
重新生成代码内容（最多支持重新生成 5 次）	Option + R	Alt + R
展示 CodeGenie 面板	Option + U	Alt + U

在图 3.13 所示的代码片段中，CodeGenie 根据上下文给出了代码建议。

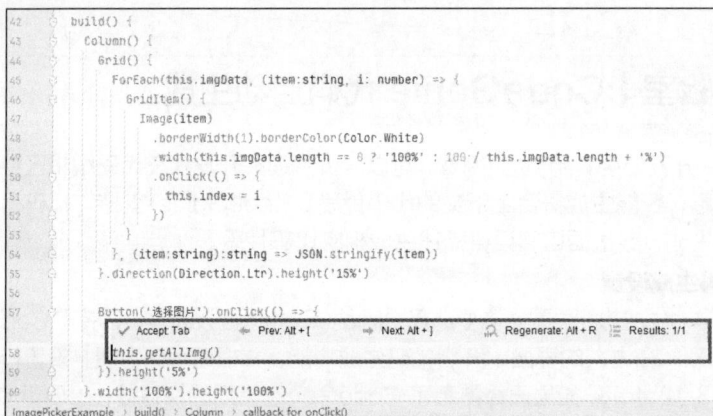

图 3.13　CodeGenie 代码续写

3. 自然语言生成代码

自然语言生成代码是指通过输入自然语言指令（如"排序一个列表并去除重复项"），由 AI 自动将其转化为可直接运行的程序代码，实现"用人类语言驱动编程"的技术。

将智能体切换到"HarmonyOS"，同时选择"Generate Code"选项，在对话框中输入代码生成要求，如图 3.14 所示。稍等片刻，智能体给出了图 3.15 所示的答案。图 3.15 右上角的 3 个按钮，分别可以用来复制代码、向当前文件插入代码、创建新文件保存代码。生成代码的最终效果如图 3.16 所示。

图 3.14　输入代码生成要求

图 3.15　"HarmonyOS"智能体根据自然语言生成的代码

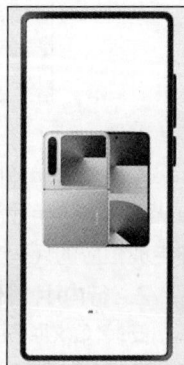

图 3.16　生成代码的最终效果

4. 编辑区代码生成

CodeGenie 提供 Inline Edit 能力，即支持在编辑窗口中通过自然语言进行问答，基于上下文智能生成代码片段。具体步骤如下。

（1）在代码编辑区中右击，在弹出的快捷菜单中选择"CodeGenie→Inline Edit（Beta）"选项，如图 3.17 所示，弹出"Inline Edit"对话框。

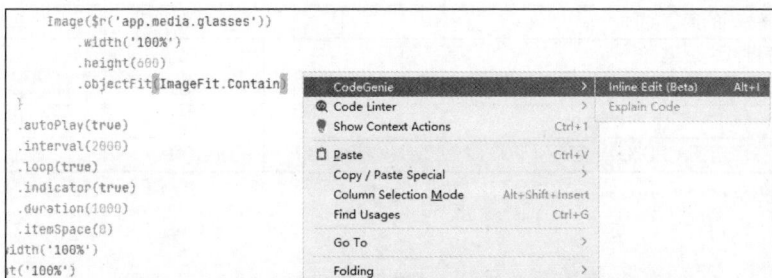

图 3.17　选择"CodeGenie→Inline Edit（Beta）"选项

（2）在该对话框中输入所需要的代码功能描述，如图 3.18 所示，按 Enter 键，开始生成代码。单击"Stop Generation"按钮，可中断代码生成过程。

（3）代码生成完毕，将在代码编辑区中展示生成的代码内容，并通过不同颜色体现与当前代码的对比差异，新生成的代码内容如图 3.19 所示，其底色为绿色。此外，如果生成案例较为复杂，则会有蓝色区域和红色区域，分别表示修改的内容和删除的内容。

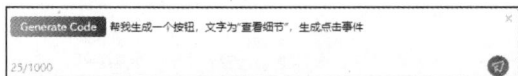

图 3.18　输入所需要的代码功能描述

图 3.19　新生成的代码内容

（4）单击"Inline Edit"对话框中的"Regenerate"按钮，可以根据当前描述重新生成代码片段；如需开始新一轮的问答，则可单击"Further Edit"按钮，或按 Ctrl+K 组合键，重新输入功能描述。

【项目评价】

完成所有学习任务之后，请按照以下要求完成学习效果评价。

全班同学每 4 人一组，各组成员结合课前、课中和课后的学习情况，以及项目实训和项目考核情况，按照下表中的评价内容进行自评和互评（组内成员互相打分），并配合教师完成师评及总评。

评价 类别	评价内容	分值	评价得分		
			自评	互评	师评
知识 （55%）	掌握面向对象编程的相关知识	25			
	掌握异步执行的基础知识	15			
	学会 ArkTS 中模块的导入与导出语法	15			

续表

评价 类别	评价内容	分值	评价得分		
			自评	互评	师评
能力 （30%）	能够根据实际问题，设计合理的类和接口来解决问题	15			
	能够熟练使用 Promise 和 async/await 编写异步代码	10			
	能够熟练使用 ArkTS 中模块的导入与导出功能	5			
素养 （15%）	培养高尚的道德品质	5			
	培养批判性思维	5			
	培养清晰、准确地表达自己的想法和观点的能力	5			
合计		100			
总评	总评分=自评（20%）+互评（20%）+师评（60%）=	综合等级：		教师（签名）：	

注：综合等级可以为"优"（总评分≥90）、"良"（80≤总评分＜90）、"中"（60≤总评分＜80）、"差"（总评分＜60）。

项目4
参透ArkUI开发智慧
——字号字体适老化

04

【项目引言】

在鸿蒙应用开发中，UI的设计与实现是构建高质量应用的核心环节。为了帮助读者快速掌握鸿蒙系统下的UI开发技能，本项目以ArkUI为基础，系统地介绍了UI开发的基础知识，包括ArkUI的关键特性、声明式开发范式、像素单位及应用资源管理方法等。通过学习这些内容，读者能够理解如何高效地构建UI，并掌握跨设备适配与资源管理的关键技术。

【学习目标】

从本项目开始，读者将学习ArkUI在UI开发中的一些设计理念和实现方式，为进一步使用ArkUI进行开发做好准备。通过本项目的学习，应该达到以下目标。

【知识目标】
➢ 理解ArkUI的关键特性。
➢ 掌握声明式开发范式的基本语法。
➢ 熟悉鸿蒙系统中的像素单位及其适用场景。
➢ 掌握应用资源的管理与访问方法。

【能力目标】
➢ 能够使用声明式开发范式构建简单的UI。
➢ 能够根据应用场景合理选择像素单位，实现跨设备的适配与布局优化。
➢ 能够管理和访问应用资源，实现动态资源加载。
➢ 能够结合适老化设计原则，提升应用的可访问性和用户体验。

【素养目标】
➢ 培养提出问题和解决问题的能力。
➢ 保持积极乐观的心态。
➢ 关注行业发展和市场需求。

【思维导图】

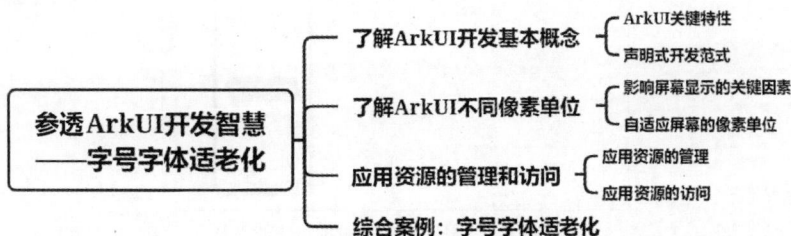

【学习任务】

任务 4.1 了解 ArkUI 开发基本概念

ArkUI 即方舟 UI 框架，它为 HarmonyOS 应用的 UI 开发提供了完整的基础设施，包括简洁的 UI 语法、丰富的 UI 功能（组件、布局、动画及交互事件），以及实时界面预览工具等。

了解 ArkUI 开发基本概念

4.1.1 ArkUI 关键特性

ArkUI 以极简、高效、高性能为核心，用最少的代码实现复杂的界面，提升开发效率；丰富的组件便于快速构建界面，减少重复开发；状态管理简化数据绑定，轻松应对复杂交互；多端适配，一套代码支持手机、平板计算机、智慧屏等多种设备；可实时预览，即时查看效果，提升调试效率。

1. 极简的 UI 语法

框架采用基于 ArkTS 扩展的、极简的声明式 UI 语法，提供了类自然语言的 UI 描述和组合，开发者只需用几行简单直观的声明式代码，即可完成界面功能。

2. 丰富的内置 UI 组件

框架内置了丰富而精美的多态组件，可满足大部分应用界面开发需求，开发者可以轻松地向几乎任何 UI 组件添加动画并选择一系列内置的动画能力。其中多态是指 UI 描述是统一的，UI 呈现在不同类型设备上会有所不同，如 Button 组件在手机和手表上会有不同的样式和交互方式。

3. 多维度的状态管理机制

框架为开发者提供了跨设备数据绑定功能和多维度的状态管理机制，支持灵活的数据驱动的 UI 变更（组件内/组件间/全局/分布式），帮助开发者节省大部分代码完成跨端界面应用开发。

4. 支持多设备开发

框架除提供 UI 开发套件外，还围绕着多设备开发提供了多维度的解决方案，进一步简化开发，主要包括以下几个方面。

基础开发能力：包括基础的分层参数配置（如颜色、字号、圆角、间距等）、栅格系统、原子化布局能力（如拉伸、换行、隐藏等）。

零部件组件层：包括多态组件、统一交互能力，以及在此基础上的组件组合。

面向典型场景：提供分类的页面组合模板及示例代码。

5. 实时预览机制

框架支持实时界面预览特性，无须连接真机就可以显示应用界面在任何 HarmonyOS 设备上的 UI 效果，预览器的实时预览功能如图 4.1 所示。预览的关键特性主要包括以下几个方面。

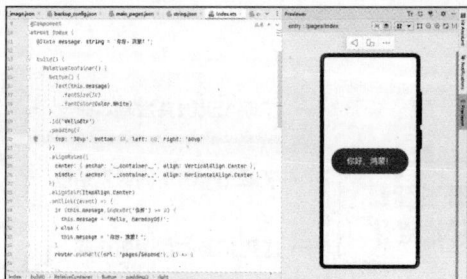

图 4.1 预览器的实时预览功能

一致性渲染：和目标设备一致的 UI 呈现效果。

实时性预览：改动相应的代码，实时呈现相应 UI 效果。

多维度预览：支持页面级预览、组件级预览、多设备预览。

4.1.2 声明式开发范式

ArkUI 支持两种开发范式，如图 4.2 所示，一种是类 Web 开发范式，另一种是本书采用的声明式开发范式。

在开发 UI 之前，先了解一下声明式开发范式的基本语法。"你好，鸿蒙！"运行图如图 4.3 所示，当前页面中有一个居中的按钮，点击该按钮后，按钮上面的文字会进行中英文切换。

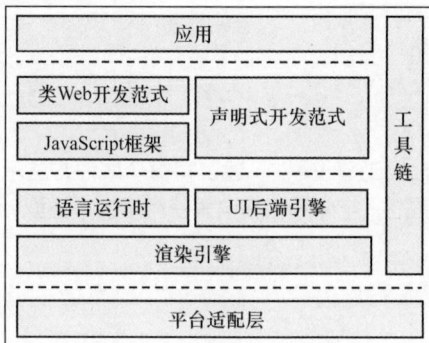

图 4.2 ArkUI 开发范式层级示意

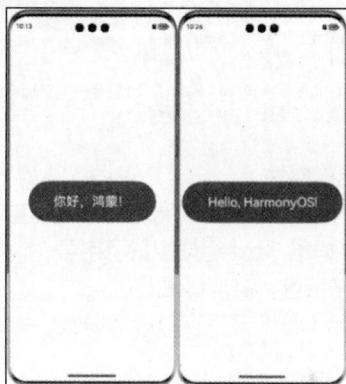

图 4.3 "你好，鸿蒙！"运行图

"你好，鸿蒙！"代码结构如图 4.4 所示，具体介绍如下。

（1）**装饰器**：装饰器本质上是一个方法，用于装饰类、结构、方法及变量，并赋予其特殊的含义。图 4.4 中@Entry、@Component 和@State 都是装饰器。常用的装饰器如下。

@Entry 表示该组件为入口组件，即页面。

@Component 表示自定义组件。

@State 表示组件中的状态变量，状态变量值的变化会触发 UI 刷新。

@Styles 用于定义公共样式。

@Extend 用于扩展原生组件样式。

@Builder 用于构建自定义组件。

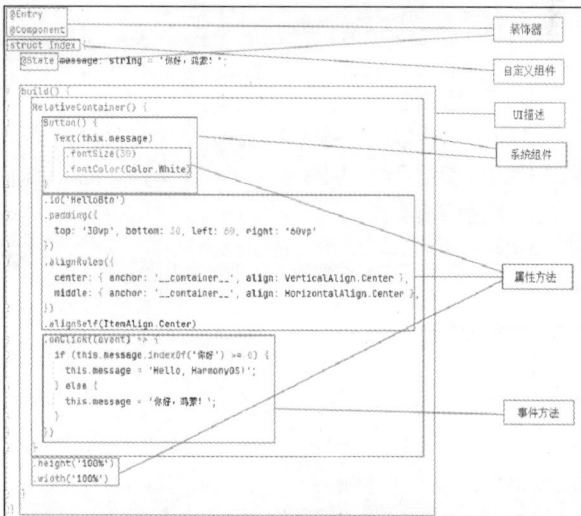

图 4.4 "你好，鸿蒙！"代码结构

（2）**自定义组件**：可复用的 UI 组件，可组合其他组件，如图 4.4 中被@Component 装饰的 struct Index。

（3）**UI 描述**：以声明方式描述 UI 的结构，如图 4.4 中 build 方法中的代码块。

（4）**系统组件**：ArkUI 内置的容器和基础组件，可直接被开发者调用，如图 4.4 中的 RelativeContainer 为容器组件，Text、Button 为基础组件。

（5）**属性方法**：组件可以通过链式调用配置多项属性，如 id、fontSize、fontColor、width、

height、padding、alignRules、alignSelf 等。

（6）事件方法：组件可以通过链式调用设置多个事件的响应，如跟随 Button 的 onClick。

下面进行 UI 创建。

1. 创建组件

创建组件需要调用组件的构造方法，前面介绍过构造方法可以分为无参构造方法和有参构造方法两种。需要注意的是，创建组件时不需要使用关键字 new；组件定义结束可以加 ";"，一般可以省略。

以下代码中，Column 组件和 TextInput 组件没有传入参数，Text 组件的非必选参数 content 传入了 "文本" 两个字；而 Image 组件的必选参数 src 传入了一段统一资源定位符（Uniform Resource Locator，URL）作为图片链接。

```
Column(){ // 无参
  Text('文本') // 有参
  Image('https://abc/test.jpg') // 有参
  TextInput() // 无参
}
```

2. 配置属性

属性方法以 "." 链式调用的方式配置组件的样式和其他属性，建议将每个属性方法单独写在一行。以下代码给 Text 组件配置了字号、字体颜色等属性，字体颜色在这里使用了枚举类型；给 Image 组件配置了宽度、高度等属性。

```
Column() {
  Text('文本')
    .fontSize(30)
    .fontColor(Color.Blue)
  Image('https://xyz/test.jpg')
    .width(30)
    .height(30)
}
```

3. 配置事件

事件方法也以 "." 链式调用的方式配置组件所支持的事件，建议将每个事件方法单独写在一行。以下代码分别给 Text 组件添加了点击事件，给 Image 组件添加了悬停事件，给 Button 组件添加了成员变量点击事件。

```
private btnClick = () => {
  // 定义点击事件变量，类型为箭头函数
}
build() {
  Column() {
    Text('test')
      .onClick((event) => {
        // 点击事件
      })
    Image('https://xyz/test.jpg')
      .onHover((event) => {
      })
    Button()
      .onClick(this.btnClick) // 将变量 btnClick 作为参数传入 onClick 方法
  }
}
```

4. 创建子组件

ArkUI 提供的 UI 组件中有一类比较特殊的组件，它们专门用于布局，被称为容器组件。容器组件允许在其后面的 "{ }" 中添加多个子组件，从而形成各式各样的效果。Row、Column、Stack、Flex、RelativeContainer、List、Swiper 等都是容器组件。容器组件中不仅可以添加非容器组件，还可以添加容器组件。

以下代码中，Column 组件包含 Row、Text、Button 组件，而 Row 组件是一个容器组件，其又包含了两个 Text 组件。此外，Button 组件也包含了一个 Text 组件，需要注意的是，Button 组件并不是容器组件，因为 Button 组件中只能添加一个子组件。

```
Column() {
  Row() {
    Text('横向')
    Text('横向')
  }
  .width('100%')
  .justifyContent(FlexAlign.SpaceAround)
  Text('竖向')
  Button() {
    Text('按钮').backgroundColor(Color.Pink)
  }
}
```

上述代码运行结果如图 4.5 所示。

图 4.5　在容器组件中添加子组件的运行结果

任务 4.2　了解 ArkUI 不同像素单位

在万物互联的全场景时代，HarmonyOS 打破了设备边界的限制，让同一个应用可以自由流转于手机、平板计算机、车载终端等设备之间。这种跨设备体验对 UI 开发提出了一个挑战——如何在不同尺寸的屏幕上实现视觉呈现的完美统一？

了解 ArkUI 不同像素单位

4.2.1　影响屏幕显示的关键因素

在讨论像素单位之前，先来了解一下影响屏幕显示的关键因素。

像素（Pixel）：屏幕显示的最小单位，屏幕上的一个小亮点就是一个像素，1 像素记作 1px。

分辨率（Resolution）：屏幕上横向和纵向像素数，如分辨率 1080×2340 指的是屏幕上横向像素数为 1080 个，纵向像素数为 2340 个。

尺寸（Size）：屏幕对角线的长度，单位为英寸（inch）。

像素密度（Pixel Density）：每英寸屏幕上的像素数，通常以 ppi（Pixels Per Inch）表示。更高的像素密度意味着在相同尺寸的屏幕上有更多的像素，从而提供更加清晰和细腻的图像。其计算公式如下。

$$像素密度 = \frac{\sqrt{横向像素数^2 + 纵向像素数^2}}{尺寸} \tag{4.1}$$

以 Huawei Mate 60 Pro 手机屏幕为例，计算它的像素密度。已知它的分辨率为 1260×2720，尺寸为 6.82inch，根据公式可以得到它的像素密度约为 440ppi。具体计算过程如图 4.6 所示。

如果直接用 px 作为单位来定义图像尺寸，那么在不同像素密度的屏幕上，相同像素数对应的物理尺寸不一样，会导致同一个应用在不同设备上显示的尺寸不同。这也是在某些情况下一些未做适配的应用显示在老设备上会很大，而显示在新设备上会很小的原因。用 px 作为单位的图像在不同像素密度的屏幕上的表现如图 4.7 所示。

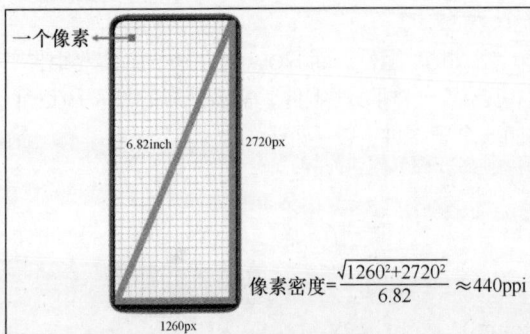

图 4.6　像素密度计算过程

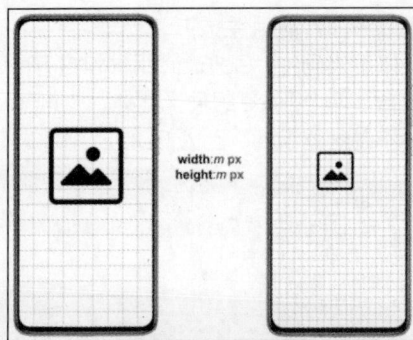

图 4.7　用 px 作为单位的图像在不同
像素密度的屏幕上的表现

像素密度 $= \dfrac{\sqrt{1260^2 + 2720^2}}{6.82} \approx 440 \text{ppi}$

4.2.2　自适应屏幕的像素单位

在 4.2.1 节中看到，使用 px 作为单位来定义图像尺寸时，在不同的设备上会有不同的表现。为了解决这个问题，ArkUI 引入了虚拟像素（Virtual Pixel）的概念。虚拟像素是一种可根据屏幕的像素密度灵活缩放的单位，通常以 vp 表示。1vp 相当于像素密度为 160ppi 的屏幕上的 1px。在不同像素密度的屏幕上，系统会根据如下公式将虚拟像素换算为对应的物理像素。

$$物理像素（px）= \dfrac{像素密度（ppi）}{160} \times 虚拟像素（vp） \tag{4.2}$$

从上述公式中不难看出，使用 vp 作为单位时，在像素密度低的屏幕上（单个像素的物理尺寸大），对应的物理像素会更少；在像素密度高的屏幕上（单个像素的物理尺寸小），对应的物理像素会更多，由此就能在不同像素密度的屏幕上产生基本一致的显示效果。用 vp 作为单位的图像在不同像素密度的屏幕上的表现如图 4.8 所示。

ArkUI 为开发者提供了几种不同的像素单位，ArkUI 中的像素单位如表 4.1 所示。

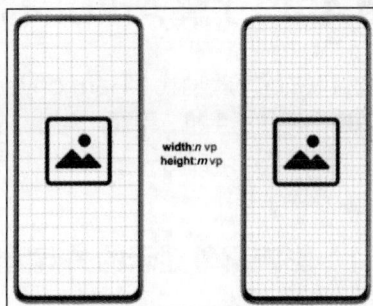

图 4.8　用 vp 作为单位的图像在不同像素密度的屏幕上的表现

表 4.1　ArkUI 中的像素单位

单位	描述
px	屏幕的物理像素单位，也是屏幕显示的最小单位。常见的手机屏幕分辨率 1080×1920 这个数值的单位就是 px，px 在不同设备上的大小不同，适配性较差，不建议使用
vp	虚拟像素，它提供了一种灵活的方式来适应不同像素密度的屏幕，使元素在不同设备上具有一致的显示效果。虚拟像素主要用于宽度和高度的计算。在 ArkUI 中，尺寸的默认单位为 vp
fp	字体像素，其原理与 vp 相似，随系统字号设置变化，可适应不同像素密度的屏幕。在 ArkUI 中，字号的默认单位为 fp

▌ 编程育人 ▐

因地制宜，因时而化

虚拟像素不拘泥于固定的物理像素，而是根据屏幕像素密度的变化灵活调整，从而在不同设备上实现一致的显示效果。这种设计理念启示我们：在面对复杂多变的环境时，唯有保持开放与灵活的态度，才能找到最佳的解决方案。

任务 4.3 应用资源的管理和访问

在应用的开发过程中，经常会用到字体、颜色、图片、音频、视频等资源。这些资源中既有开发者管理的应用资源，又有系统提供的系统资源。

4.3.1 应用资源的管理

开发者自己管理的应用资源通常在工程的 resources 文件夹下。在 resources 文件夹下，默认有 base、dark 和 rawfile 文件夹，分别用来管理基础资源、深色模式资源和原始资源。

在每一个模块（module）下面都有 resources 文件夹，模块下的资源仅对当前模块有效。例如，图 4.9 所示的 entry 模块下的资源仅在 entry 模块内使用。

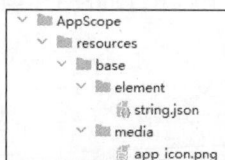

此外，在整个应用下有一个 AppScope 文件夹，其下也有一个 resources 文件夹（见图 4.10），其内部的资源文件定义规则与模块中的相同，只不过其下的资源可以供整个应用调用。

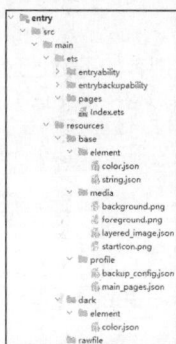

图 4.9 entry 模块下的资源　　图 4.10 AppScope 文件夹下的资源

1. 基础资源

基础资源应该被放置在 base 文件夹下，可分为 element、media、profile 这 3 类，base 文件夹下的特定资源文件夹如表 4.2 所示。

表 4.2 base 文件夹下的特定资源文件夹

文件夹	资源文件	描述
element	element 文件夹中的文件名建议与下面的文件名保持一致。每个文件只能包含同一类型的数据，如 string.json、color.json、boolean.json、float.json、intarray.json、integer.json、pattern.json、plural.json、strarray.json、theme.json 等	表示元素资源，每类数据都采用相应的 JSON 文件来表征
media	文件名可自定义，如 splash.png、tick.wav、game_rewards.mp4、layered_image.json 等	表示媒体资源，包括图片、音频、视频等非文本格式的文件
profile	文件名可自定义，如 env_profile.json 等	表示自定义配置文件

2. 深色模式资源

深色模式是应用中的一种用于在环境较暗的情况下提升视觉舒适度的设计方案。深色模式资源被放置在 dark 文件夹下，dark 文件夹下通常放置与颜色有关的资源，如包含在深色模式下的字体颜色、背景色的 color.json 文件，以及在深色模式下应该被显示的图片等资源。

3. 原始资源

原始资源放置在 rawfile 文件夹下，不能被压缩和编译的图片、视频、文本等文件都放到该文件夹下。这些文件需要保持原始的数据格式和内容，没有经过任何处理或转换。它们可能包含数码相机、扫描器或电影胶片扫描仪等通过图像传感器直接捕获的数据。在实际的软件开发中，rawfile 文件夹也用于存储文本文件的原始数据文件。例如，rawfile 文件夹可以用于存储城市列表文件，这些文件包含了应用需要的基础数据，如城市编码、城市名称等。

4.3.2 应用资源的访问

对于上面定义的资源，系统提供了如下两个全局方法来对它们进行访问。

```
function $r(value: string, ...params: any[]): Resource;
function $rawfile(value: string): Resource;
```

1. 应用资源访问

base 目录下的资源会被编译成二进制文件并赋予唯一的 ID，使用相应资源时通过 $r('app.type.name') 的形式访问。引号中的内容分为 3 段：app 是固定值，代表当前应用内的资源；type 表示资源类型，其值可以是 color、string、float、media、profile 等；name 则是定义时的资源名。

对于 rawfile 文件夹下的资源，可通过 $rawfile('文件全路径') 的形式访问，如 $rawfile('img/app.png') 表示 rawfile 文件夹下包含 img 文件夹。

以下代码展示了如何访问应用资源。

entry 模块下的 color.json、float.json、string.json 分别有如下键值对。

```
{ "name": "light_blue", "value": "#63B8FF" } // 在 color.json 文件中
{ "name": "fs_30", "value": "30" }    // 在 float.json 文件中
{ "name": "str_say_hello", "value": "你好" } // 在 string.json 文件中
```

在页面的 Column 组件中有如下 3 个组件。

```
Text($r('app.string.str_say_hello')) // 引用了 string.json 文件中的 str_say_hello
  .fontColor($r('app.color.light_blue')) // 引用了 color.json 文件中的 light_blue
  .fontSize($r('app.float.fs_30')) // 引用了 float.json 文件中的 fs_30
Image($r('app.media.app_icon')).width(100) // 引用了 AppScope 下 media 文件夹中的
app_icon 图片
Image($rawfile('book_shelf.png')).width(90) // 引用 rawfile 文件夹中的 book_shelf.png 文件
```

应用资源引用效果如图 4.11 所示。

2. 系统资源访问

除了自定义应用资源，开发者还可以使用系统中预定义的矢量图标

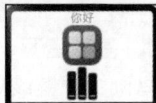

图 4.11 应用资源引用效果

资源，从而实现统一的视觉风格。对于系统资源，可以通过 $r('sys.type.resource_id') 访问。其中，sys 为固定值，代表系统资源；type 为资源类型，其值包括 color、float、string、media、symbol 等，其中 symbol 表示系统提供的一套简洁的矢量图标；resource_id 为资源 ID。

以下代码展示了如何访问系统资源。

```
Image($r('sys.media.ohos_user_auth_icon_fingerprint')).height(60) // 引用了系统
资源图标
SymbolGlyph($r('sys.symbol.message')).fontSize(80) // 引用了系统矢量图标，大小由
fontSize 控制
```

系统资源引用效果如图 4.12 所示。在应用开发中，可以在鸿蒙图标库网站（见图 4.13）中查看系统提供的矢量图标资源。

图 4.12 系统资源引用效果

图 4.13 鸿蒙图标库网站

> **注意点** 添加到 **resources** 目录下的资源文件名称，只能包含英文字母、数字和 "**_**"，尤其注意不要包含中文字符以及 "**–**"，否则将会导致项目出错。

任务 4.4 综合案例：字号字体适老化

近年来，许多平台从老年客户的需求出发，逐步推进适老化改造，为他们提供周到、暖心的服务。在鸿蒙应用开发中，支持字号和字体自定义的功能是一个重要的优化方向。本综合案例展示了如何使鸿蒙应用中的文本内容支持字号和字体的适老化特性。

先在 resources/rawfile 目录下新建 font 文件夹，然后在 font 文件夹中放入扩展名为 ".ttf" 的字体文件，字体文件位置如图 4.14 所示。

在 pages 文件夹中新建 FontDemo.ets 文件，并在 main_pages.json 文件中配置该文件。FontDemo.ets 文件位置及 main_pages.json 文件内容如图 4.15 所示。

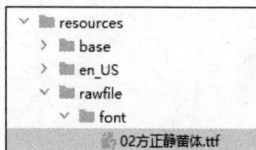

图 4.14 字体文件位置

在 EntryAbility.ets 文件中找到 onWindowStageCreate 方法，将 windowStage.loadContent 方法的第一个参数改为 main_pages.json 文件中配置的文件路径，更改默认加载文件，如图 4.16 所示。单击运行按钮进行模拟器或真机运行，应用启动后将显示 FontDemo 页面。

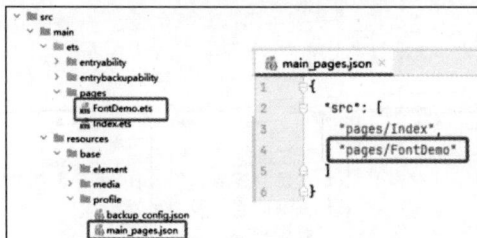

图 4.15 FontDemo.ets 文件位置及 main_pages.json 文件内容

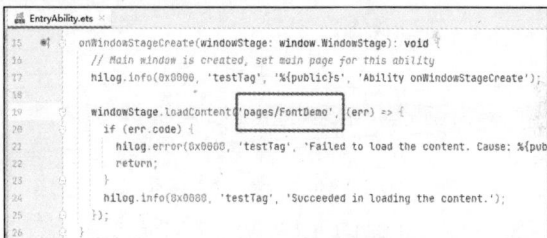

图 4.16 更改默认加载文件

FontDemo.ets 文件中的代码如下。

```
// FontDemo.ets
import { font } from '@kit.ArkUI';
@Entry
@Component
struct FontDemo {
  @State scales: number = 1 // 字体缩放倍数
  @State fontFamily: string = '' // 名称为空代表手机默认字体
  aboutToAppear(): void {
    // familySrc 支持 rawfile 文件夹中的文件访问
    font.registerFont({
      familyName: 'fzlt', // 进行绑定
      familySrc: $rawfile('font/02方正静蕾体.ttf')
    })
  }

  build() {
    Scroll() {
      Column() {
        Row() {
          Text(`字号大小${this.scales.toFixed(2)}倍`)
```

```
            Slider().onChange((num) => {  // Slider 组件默认返回 0~100 中的数值
                // 1 + num / 100 的取值范围是 1~2
                this.scales = 1 + num / 100
            }).width(200)
        }

        Row() {
          Text('字体切换')
          Toggle({
            isOn: false,
            type: ToggleType.Switch
          }).width(100)
            .onChange((b) => {
              // 通过开关按钮来切换字体
              if (b) {
                 this.fontFamily = 'fzlt' // 切换为绑定的字体
              } else {
                 this.fontFamily = ''
              }
            })
          Text('构建共建共治共享的老年友好型社会').fontSize(this.scales).fontFamily
(this.fontFamily)
          Text('构建老年友好型社会不是仅仅解决老年人的衣食住行，满足老年人物质需求，将老年人
看作被关怀、被照顾的对象，把老年人"养"起来……').fontSize(this.scales)./ 省略了部分文字
          fontFamily(this.fontFamily)
        }
    }.padding(30)
  }
}
```

　　上述代码运行结果如图 4.17 所示。其具体含义如下。

➢　要使用不同的字体，需要先通过代码 import { font } from '@kit.ArkUI'导入相应模块，然后在 aboutToAppear 方法中通过 registerFont 方法对前面放入 resources/rawfile/font 的字体进行注册。aboutToAppear 方法在组件被实例化后、build 方法之前被执行。

➢　通过 Slider 组件调整字号，当滑块值变化时，更新 scales 状态变量。Toggle 组件用于切换字体，当开关状态变化时，更新 fontFamily

图 4.17　字号字体适老化案例运行结果

状态变量。两者的值分别通过 Text 组件的 fontSize 和 fontFamily 属性进行设置，标题和内容显示会跟着状态变量值的变化而变化。

┃ 编程育人 ┃

敬老尊贤，与时俱进

　　在数字化时代，适老化设计不仅是技术问题，还是一个深刻的社会课题。它体现了社会对老年群体的关怀和尊重，是社会公平、和谐与友善的体现。通过在应用中增大字号、优化页面，可帮助老年人平等地享受数字技术的便利，这不仅缩小了数字鸿沟，还提高了社会的包容性。适老化设计尊重老年人的需求，体现了中华民族敬老尊贤的传统美德，同时展现了人们对和谐社会的共同追求，是实现人民精神生活共同富裕的重要一步。

【项目小结】

本项目深入探讨了 ArkUI 在 UI 开发中的核心理念和实现方法。ArkUI 提供了简洁的 UI 语法、丰富的组件、多维度状态管理及多设备开发支持。通过学习声明式开发范式，读者可了解如何高效地构建和优化 UI。最后，本项目通过字号字体适老化综合案例，介绍了如何在应用中实现字号和字体的调整，以及适老化设计在社会层面的深远意义。

【技能提升】

一、单选题

1. 在 ArkUI 中，（   ）不是内置的 UI 组件。
   A. Button   B. Text   C. Image   D. Div
2. 在 ArkUI 中，（   ）不是像素单位。
   A. px   B. vp   C. fp   D. rem

二、填空题

1. ArkUI 提供了_____和_____两种开发范式。
2. 在 ArkUI 中，1vp 相当于像素密度为_____ppi 的屏幕上的 1px。

三、判断题

1. ArkUI 的声明式开发范式比类 Web 开发范式更接近自然语义的编程方式。（   ）
2. 在 ArkUI 中，使用 px 作为单位可以确保在不同设备上获得一致的视觉效果。（   ）

四、编程题

1. 实现一个简单的登录页面，包含用户名输入框和密码输入框，以及一个登录按钮。
2. 使用 ArkUI 开发一个简单的页面，要求如下。
（1）图片资源：显示一张本地图片（如 logo.png）。
（2）字符串资源：使用字符串资源显示应用的标题和欢迎信息。
（3）颜色资源：使用颜色资源设置背景色和字体颜色。

【AIGC 实验室】Intents Kit：构建智慧分发的基石

Intents Kit（意图框架服务）是 HarmonyOS 提供的系统级意图标准体系，它利用 HarmonyOS 的大模型和多维设备感知等 AI 能力，准确及时地获取用户的意图，从而实现个性化、多模态、精准的智慧分发。这种能力使得开发者能够为用户提供更加智能和便捷的服务体验。智慧分发的系统入口包括小艺对话、小艺搜索和小艺建议等。

为了方便开发者接入，智慧分发提供了多种特性类别，包括习惯推荐、事件推荐、技能调用-语音和本地搜索等。表 4.3 所示为智慧分发的不同特性类别及其对应的系统入口和分发逻辑。

表 4.3　智慧分发的不同特性类别及其对应的系统入口和分发逻辑

特性类别	系统入口	分发逻辑
习惯推荐	小艺建议	应用或元服务向系统共享意图，系统学习意图规律，在合适的时机推荐服务。例如，向系统共享用户浏览资讯意图的数据，经过习惯规律性学习后，小艺建议会在合适的时机给用户推荐合适的浏览资讯服务与内容
事件推荐	小艺建议	应用或元服务向系统共享意图，系统提取意图内容中的事件，结合时间、位置等信息向用户推荐提醒服务。例如，向系统共享用户购买的电影票订单数据，由系统提取订单数据中的关键特征，如时间、位置等，小艺建议会在合适的时机给用户推荐观影提醒服务

续表

特性类别	系统入口	分发逻辑
技能调用-语音	小艺对话	系统基于 AI 大模型理解用户的输入，帮助用户完成应用或元服务的功能调用。例如，用户在小艺对话中询问"从深圳去北京的飞机要多少钱"，系统可以理解用户搜索机票的意图，调用应用或元服务提供的搜索机票意图，获取机票数据并向用户呈现
本地搜索	小艺搜索	应用或元服务向系统共享意图，系统对意图的实体内容构建本地索引，满足用户搜索的需求。例如，向系统共享"华为开发者大会"相关报道资讯后，用户在该入口输入相关关键词，即可将应用或元服务内的资讯内容检索出来

在 HarmonyOS 与应用或元服务的交互中，意图的运行方式分为意图调用和意图共享。

（1）意图共享：由应用或元服务主动向 HarmonyOS 共享意图，用于构建本地内容索引、学习用户行为规律等。

（2）意图调用：由 HarmonyOS 主动调用应用或元服务的功能，如播放音乐、查看旅游攻略等。

Intents Kit 的接入流程包括意向、开发、验证和上架等阶段，如图 4.18 所示。

通过 Intents Kit，HarmonyOS 不仅提升了用户体验，也为开发者提供了强大的工具来构建更加智能的应用和服务。这正是 AIGC 技术在操作系统层面的创新应用，展现了其在提升效率和个性化体验方面的巨大潜力。

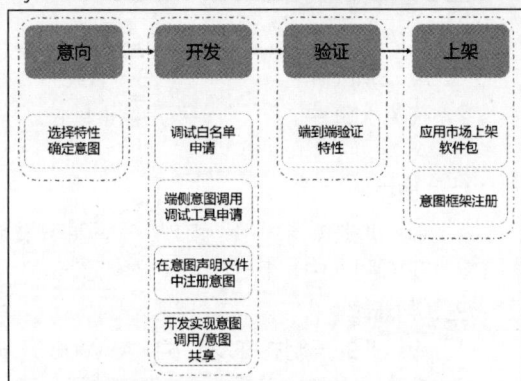

图 4.18　Intents Kit 的接入流程

【项目评价】

完成所有学习任务之后，请按照以下要求完成学习效果评价。

全班同学每 4 人一组，各组成员结合课前、课中和课后的学习情况，以及项目实训和项目考核情况，按照下表中的评价内容进行自评和互评（组内成员互相打分），并配合教师完成师评及总评。

评价类别	评价内容	分值	评价得分		
			自评	互评	师评
知识（40%）	理解 ArkUI 的关键特性	5			
	掌握声明式开发范式的基本语法	5			
	熟悉鸿蒙系统中的像素单位及其适用场景	10			
	掌握应用资源的管理与访问方法	20			
能力（45%）	能够使用声明式开发范式构建简单的 UI	10			
	能够根据应用场景合理选择像素单位，实现跨设备的适配与布局优化	10			
	能够管理和访问应用资源，实现动态资源加载	15			
	能够结合适老化设计原则，提升应用的可访问性和用户体验	10			
素养（15%）	培养提出问题和解决问题的能力	5			
	保持积极乐观的心态	5			
	关注行业发展和市场需求	5			
合计		100			
总评	总评分=自评（20%）+互评（20%）+师评（60%）=	综合等级：	教师（签名）：		

注：综合等级可以为"优"（总评分≥90）、"良"（80≤总评分＜90）、"中"（60≤总评分＜80）、"差"（总评分＜60）。

项目5

把握组件通用信息
——随手而动的小球

05

【项目引言】

ArkUI提供了一个丰富的组件库，以适应各种界面设计需求。无论是展示文本的Text组件、触发交互的Button组件，还是用于布局的Column组件，它们都遵循面向对象的设计理念，拥有一系列通用的属性和手势事件。本项目将通过丰富的案例深入探讨这些组件的共通之处，揭示它们的核心特性和功能。

【学习目标】

本项目主要讲解组件的通用属性及手势事件，包括组件的尺寸、边框、背景、颜色渐变、形状裁剪、动态交互等通用属性，手势事件的原理，如何绑定手势，以及手势事件的几种形式。通过本项目的学习，应该达到以下目标。

【知识目标】

➢ 掌握组件的尺寸、边框、背景、颜色渐变、形状裁剪和动态交互等属性。
➢ 理解手势事件的基本原理。
➢ 掌握为组件添加不同的手势事件的方法。
➢ 掌握组合手势绑定的特点。

【能力目标】

➢ 能够独立设置组件属性并实现动态交互。
➢ 能够实现并处理点击、长按和组合手势事件。
➢ 能够将所学知识应用于设计和实现交互页面。

【素养目标】

➢ 培养勇于探索未知领域的能力。
➢ 培养正确的审美观念，能够欣赏和创造美的事物。

项目5彩图

【思维导图】

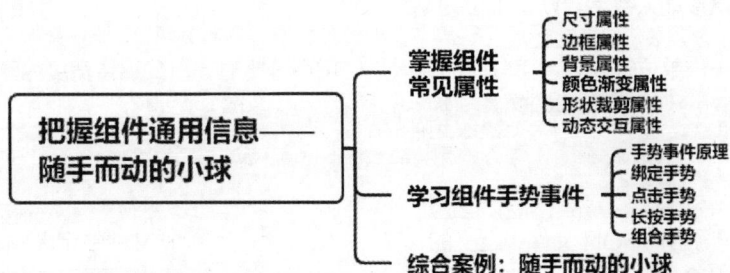

【学习任务】

任务 5.1 掌握组件常见属性

ArkUI 中的组件建立在一个清晰的组件树上，所有的组件都继承自基础组件或容器组件。这种设计模式赋予了 ArkUI 组件一套丰富的通用属性，这些通用属性不仅保证了组件的一致性，还极大地提升了开发效率和灵活性。本项目将通过对美团 App 不同页面的分析，介绍这些通用属性。

5.1.1 尺寸属性

美团 App 主页如图 5.1 所示，美团 App 主页分成多个区域：上部的搜索区域、中部的功能入口区域、下部的商家产品展示区域。每个区域内组件的大小、组件与组件之间的距离都经过精心设计，以达到最佳视觉效果，而实现这样的显示效果需要使用尺寸属性。

尺寸属性主要用于设置组件的宽度、高度、边距等样式，包括 width（宽度）、height（高度）、padding（内边距）、margin（外边距）等，遵循图 5.2 所示的盒子模型。

尺寸属性

图 5.1 美团 App 主页

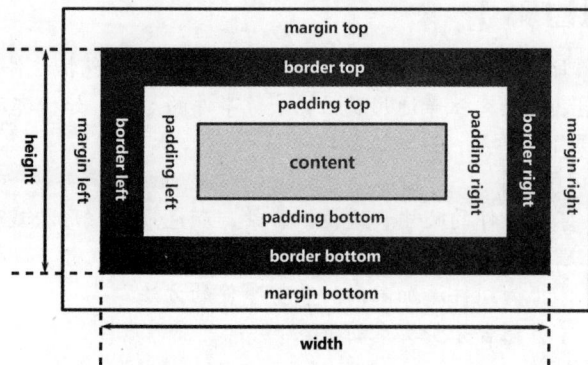

图 5.2 盒子模型

在 ArkUI 中，关于尺寸的属性较多，下面依次进行介绍。

1. width 属性

width 属性用于设置组件的宽度。

（1）属性方法

```
width(value: Length)
```

（2）属性释义

Length 为长度类型，它是一个联合类型（number | string | Resource）。

number：直接输入数字，默认单位为 vp。

```
.width(10) // 表示组件宽度为 10vp
```

string：用于带单位输入或者百分比的输入，使用百分比时，以父组件宽度为基准值。

```
.width('10vp') // 表示组件宽度为 10vp，等同于.width(10)
.width('20%') // 表示组件宽度为父组件的 20%
.width('calc(10% + 30vp)') // 用 calc 计算宽度：父组件宽度的 10%加上 30vp。"+"两边需
```
要有空格
```
.width('auto') // 表示组件宽度自适应
```

Resource：引用 JSON 文件中定义的长度，如在 integer.json 文件中定义 name 为 length_100、value 为 100 的数据，则.width($r('app.integer.length_100'))表示引用该数据。

在 integer.json 文件中有如下定义，name 为 length_100，value 为 100。

```
{
"name": "length_100",
"value": 100
}
```

在页面中使用以下代码即可自动引用上述定义来设置宽度。

```
.width($r('app.integer.length_100'))
```

> **注意点** （1）使用 calc 方法计算长度时，运算符两边必须都有空格，数值需要带上单位，否则
> 可能导致无法计算，如 "calc(100%−30vp)" "calc(60% + 30)" 都是错误的写法。
> （2）在 TextInput 组件中，width 设置为 auto 时表示自适应文本宽度；在 AlphabetIndexer
> 组件中，width 设置为 auto 时表示自适应索引项的宽度。

2. height 属性

height 属性用于设置组件的高度。

（1）属性方法

```
height(value: Length)
```

（2）属性释义

使用方式参考 width 属性。

height 属性使用示例如下。

```
.height(10) // 表示组件高度为 10vp
.height('10vp') // 表示组件高度为 10vp，等同于 .height(10)
.height('20%') // 表示组件高度为父组件的 20%
.height('calc(100% - 30vp)') // 用 calc 计算宽度：父组件宽度的 100% 减去 30vp
.height($r('app.integer.length_100')) // 使用资源预定义尺寸
.height('auto') // 表示组件高度自适应
```

> **注意点** 在 Row、Column、RelativeContainer 组件中，width 或 height 设置为 auto 时
> 表示自适应子组件的宽度或高度。

3. size 属性

size 属性用于设置组件的宽度和高度。

（1）属性方法

```
size(value: SizeOptions)
```

（2）属性释义

参数 value 为 SizeOptions 类型的对象，该对象有可选属性 width 和 height，用于指定组件宽度和高度。这两个属性的具体类型均为 Length。

size 属性使用示例如下。

```
.size({width: 100, height: '30px'}) // 表示组件宽度为 100vp，高度为 30px
.size({width: '60vp'}) // 表示组件宽度为 60vp
.size({height: $r('app.integer.length_100')}) // 表示组件高度为定义在 JSON 文件中的
length_100
.size({width: 'calc(90%)', height: 'calc(50vp + 10%)'}) // 表示组件高度和宽度均通
过 calc 计算
```

4. padding 属性

padding 属性用于设置组件的内边距。从盒子模型可知，内边距可以分为上、下、左、右这 4
个方向。

（1）属性方法

```
padding(value: Length | Padding | LocalizedPadding)
```

（2）属性释义

Length：使用 Length 类型时，内边距的 4 个方向同时生效。Length 类型的具体使用方法参考 width 属性中的 Length。示例如下。

```
.padding(10) // 表示内边距为 10vp
.padding('20%') // 表示内边距为父组件宽度的 20%
.padding('calc(10% + 30vp)') // 用 calc 计算内边距长度
```

Padding：对象含有 top、right、bottom、left 这 4 个可选属性，分别表示上内边距、右内边距、下内边距、左内边距，它们的类型均为 Length。使用百分比时，这 4 个边距均以父组件的宽度为基准值。示例如下。

```
.padding({top: 20, right: '5%', bottom: '30px'}) // 设置上内边距为 20vp，右内边距
为父组件宽度的 5%，下内边距为 30px，左内边距为 0
```

LocalizedPadding：本地语言书写顺序下的内边距。不同语言有不同的书写顺序，大部分语言的书写顺序是从左至右的，但有一小部分语言的书写顺序是从右至左的。在手机设置中选择不同的语言，可能就会有不同的书写顺序。使用此属性可以直接按照书写顺序来设置内边距。top、bottom、start、end 的类型为可以指定数值和单位的 LengthMetrics，它们分别代表上内边距、下内边距、开始方向内边距、结束方向内边距。示例如下。

```
.padding({
  start: new LengthMetrics(10, LengthUnit.PX), // 开始方向内边距为 10px
  end: LengthMetrics.vp(10), // 结束方向内边距为 10vp
  top: new LengthMetrics(15), // 上内边距为 10vp
  bottom: {value: 1, unit: LengthUnit.PX}   // 下内边距为 1px
})
```

5. margin 属性

margin 属性用于设置组件的外边距。外边距也有上、下、左、右 4 个方向。

（1）属性方法

```
margin(value: Length | Margin | LocalizedMargin)
```

（2）属性释义

Length：使用 Length 类型时，外边距的 4 个方向同时生效。Length 类型的具体使用方法参考 width 属性中的 Length。示例如下。

```
.margin(10) // 表示外边距为 10vp
.margin('20%') // 表示外边距为父组件宽度的 20%
.margin('calc(100% - 30vp)') // 用 calc 计算外边距
```

Margin：对象含有 top、right、bottom、left 这 4 个属性，分别表示上外边距、右外边距、下外边距、左外边距，这 4 个属性均为可选属性，它们的类型均为 Length。使用百分比时，4 个外边距均以父组件的宽度为基准值。示例如下。

```
.margin({right: '5%', bottom: '30px', left: 10}) // 设置右外边距为父组件宽度的 5%，
下外边距为 30px，左外边距为 10vp
```

LocalizedMargin：本地语言书写顺序下的外边距。其具体使用方式参考 padding 属性中的 LocalizedPadding。示例如下。

```
.margin({start: '5%', bottom: '30px', end: 10}) // 设置开始方向外边距为父组件宽度
的 5%，下外边距为 30px，结束方向外边距为 10vp
```

> **注意点**　在使用百分比进行内边距和外边距的设置时，其基准值都是父组件的宽度（width）。

【**案例实战 5-1**】以下代码用 3 个嵌套的 Row 组件演示了如何使用 width、height、padding 和 margin 属性控制组件的尺寸。

```
// MarginPaddingExample.ets
@Entry
```

```
@Component
struct MarginPaddingExample {
  build() {
    Column({ space: 10 }) {
      Text(' padding和margin的使用').fontSize(20).fontColor(0x333333).width('90%')
      Row() {
        // 组件宽度为80vp, 高度为80vp, 外边距为20vp, 上内边距、右内边距、下内
边距分别为 5vp、10vp、15vp、20vp
        Row() {
          Row().size({ width: '100%', height: '100%' }).backgroundColor
(Color.Orange).id('row3')
        }
        .width(80)
        .height(80)
        .padding({ top: 5, right: 10, bottom: 15, left: 20 })
        .margin(20)
        .backgroundColor(Color.White).id('row2')
      }.backgroundColor(Color.Blue).id('row1')
    }.width('100%').margin({ top: 5 })
  }
}
```

上述代码运行结果如图 5.3 所示，其具体含义如下。

➤ 背景色为蓝色、id 为 row1 的 Row 组件没有设置 padding 和 margin，它包含了背景色为白色、id 为 row2 的 Row 组件。

➤ row2 是一个 80vp×80vp 的正方形，通过.margin(20) 设置了外边距为 20vp，这个外边距是相对于 row1 边界的；通过.padding({ top: 5, right: 10, bottom: 15, left: 20 })设置了上内边距、右内边距、下内边距、左内边距分别为 5vp、10vp、15vp、20vp，这几个内边距是 row2 与其内部的 row3 边界之间的距离。

图 5.3 控制组件尺寸案例运行结果

➤ 背景色为橙色的 row3 使用了.size({ width: '100%', height: '100%' })，确保它完全填充其父组件 row2（除去 padding）的空间。

通过这个案例可以看到 padding 和 margin 如何共同作用于组件布局：padding 会影响组件内部的空间和内容的展示，而 margin 会影响组件在页面中的位置和组件与其他组件之间的距离。这种布局方式在构建 UI 时非常实用，可以帮助开发者创建整洁、有序的界面布局。

6. layoutWeight 属性

layoutWeight 属性用于在父组件主轴方向上对子组件尺寸按权重进行设置，将忽略子组件通过 height 或 width 属性设置的尺寸。权重越大，子组件尺寸就越大。该属性仅当子组件直接位于 Row、Column 或 Flex 组件中时才会生效。Column 组件与 Row 组件的主轴如图 5.4 所示。

（1）属性方法

```
layoutWeight(value: number | string)
```

（2）属性释义

number：可选值为大于或等于 0 的数字，如.layoutWeight(2.3)。

string：可以转换为数字的字符串，如.layoutWeight('3')。

示例如下。

```
Column() {
  Row().layoutWeight(3).width('100%').backgroundColor(Color.Blue) // 权重为3,
其高度为总高度的 3/5
    Column().layoutWeight(2).width('100%').backgroundColor(Color.Orange)
    // 权重为 2, 其高度为总高度的 2/5
}
```

上述代码运行结果如图 5.5 所示。

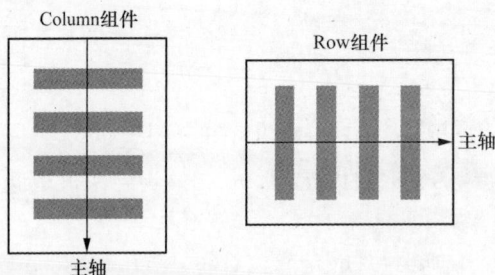

图 5.4　Column 组件与 Row 组件的主轴

图 5.5　代码运行结果

> **注意点**　（1）在使用 **layoutWeight** 进行尺寸设置时，建议使用整数。
> 　　　　　（2）在主轴方向上设置了权重之后，在交叉轴方向上按需设置相应的尺寸。

7. constraintSize 属性

constraintSize 属性用于设置约束尺寸，主要用于尺寸范围的限制，使组件可以较为充分地利用空间。

（1）属性方法

```
constraintSize(value: ConstraintSizeOptions)
```

（2）属性释义

ConstraintSizeOptions：定义有 minWidth（最小宽度）、maxWidth（最大宽度）、minHeight（最小高度）、maxHeight（最大高度）4 个可选字段的接口，默认值为 { minWidth: 0, maxWidth: Infinity, minHeight: 0, maxHeight: Infinity }。示例如下。

```
.constraintSize({
    minWidth: 100,
    maxWidth: 200,
    minHeight: 80,
    maxHeight: 100
}) // 设置最小宽度为 100vp，最大宽度为 200vp，最小高度为 80vp，最大高度为 100vp
```

当同时设置 width、constraintSize 属性时，组件宽度取值分为以下 3 种情况。

① 通过 width 属性设置的 width1 小于通过 constraintSize 属性设置的 minWidth 时，组件宽度为 minWidth。

② 通过 width 属性设置的 width2 介于通过 constraintSize 属性设置的 minWidth 和 maxWidth 之间时，组件宽度为 width2。

③ 通过 width 属性设置的 width3 大于通过 constraintSize 属性设置的 maxWidth 时，组件宽度为 maxWidth。

同时设置 width 和 constraintSize 属性时组件宽度取值示意如图 5.6 所示。

同时设置 height 和 constraintSize 属性时组件高度取值情况与之类似，此处不赘述。

【案例实战 5-2】以下代码用 3 个 Text 组件演示了 constraintSize 属性对 width 属性的影响。

```
// ConstraintExample.ets
@Entry
@Component
struct ConstraintExample {
  build() {
    Column({ space: 10 }) {
```

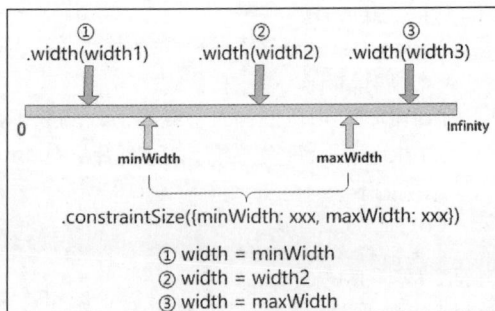

图 5.6　同时设置 width 和 constraintSize
属性时组件宽度取值示意

```
    Text('constraintSize的使用: ').fontSize(20).fontColor(0x333333).width('90%')
    Text().width(200).height(30).backgroundColor(Color.Blue)
    Text('这是文本。')
      .id('text1').fontColor(Color.White).backgroundColor(Color.Red)
      .width(30).constraintSize({ maxWidth: 200, minWidth: 100 })
    Text('这是文本。这是文本。这是文本。这是文本。这是文本。')
      .id('text2').fontColor(Color.White).backgroundColor(Color.Red)
      .width(130).constraintSize({ maxWidth: 200, minWidth: 100 })
    Text('这是文本。这是文本。这是文本。这是文本。这是文本。')
      .id('text3').fontColor(Color.White).backgroundColor(Color.Red)
      .width(260).constraintSize({ maxWidth: 200, minWidth: 100 })
    }.width('100%').margin({ top: 5 })
  }
}
```

上述代码运行结果如图 5.7 所示，其具体含义如下。

➤ 用背景色为蓝色、宽度为 200vp 的 Text 组件作为基准宽度对象。

➤ 对于 id 为 text1、text2、text3 的 3 个 Text 组件，分别通过代码.constraintSize({ maxWidth: 200, minWidth: 100 })设置其最大宽度为 200vp，最小宽度为 100vp。

➤ 对于 id 为 text1 的 Text 组件，通过.width(30)设置其宽度为 30vp。而 30vp 小于最小宽度 100vp，最终 text1 组件的宽度被设置为 100vp。

图 5.7　constraintSize 案例运行结果

➤ 对于 id 为 text2 的 Text 组件，通过.width(130)设置其宽度为 130vp。而 130vp 大于最小宽度 100vp，且小于最大宽度 200vp，最终 text2 组件的宽度被设置为 130vp。

➤ 对于 id 为 text3 的 Text 组件，通过.width(260)设置其宽度为 260vp。而 260vp 大于最大宽度 200vp，最终 text3 组件的宽度被设置为 200vp。

从这个案例可以看到，通过合理设置 minWidth 和 maxWidth，开发者可以确保组件在各种布局条件下都能保持预期的显示效果，同时提供足够的灵活性以适应不同的设计需求。constraintSize 属性对于 height 属性的影响与之类似，读者可以自行验证。

【案例实战 5-3】以下代码用被包含在 Row 组件中的 3 个 Text 组件演示 layoutWeight 属性对组件宽度的影响。

```
// LayoutWeightExample.ets
@Entry
@Component
struct LayoutWeightExample {
  build() {
    Column({ space: 10 }) {
      Text('layoutWeight的使用: ').fontSize(20).fontColor(0x333333).width('90%')
      // 当父组件尺寸确定，以子组件设置 layoutWeight 属性时，在父组件主轴方向上按照权重设置
尺寸，忽略本身尺寸设置
      Row() {
        // 权重为1，占主轴剩余空间的1/3
        Text('权重(1)').id('text1')
          .size({ width: '30%', height: 90 })
          .backgroundColor(Color.White).textAlign(TextAlign.Center)
          .layoutWeight(1)
        // 权重为2，占主轴剩余空间的2/3
        Text('权重(2)').id('text2')
          .size({ width: '30%', height: 110 })
          .backgroundColor(0xF5DEB3).textAlign(TextAlign.Center)
          .layoutWeight(2)
        // 未设置 layoutWeight 属性，组件按照自身尺寸渲染
```

```
        Text('无权重属性').id('text3')
          .size({ width: 'calc(50% + 30vp)', height: 100 })
          .backgroundColor(0xD2B48C).textAlign(TextAlign.Center)
      }.size({ width: '90%', height: 140 }).backgroundColor(0xFFEEEE)
    }.width('100%').margin({ top: 5 })
  }
}
```

上述代码运行结果如图 5.8 所示，其具体含义如下。

➢ Row 组件宽度占其父组件宽度的 90%，即屏幕宽度的 90%，它包含了 3 个 Text 组件。

➢ 由于 id 为 text3 的 Text 组件未设置权重属性，直接通过代码.size({ width: 'calc(50% + 30vp)', height: 100 })给组件设置高度 100vp，宽度根据 calc 计算：父组件宽度的 50% + 30vp。

➢ 对于 id 为 text1 和 text2 的 Text 组件，分别通过代码.layoutWeight(1)和.layoutWeight(2)对剩余宽度（父组件宽度-text3 组件宽度）按 1∶2 的比例进行分配。

从这个案例可以看到，通过 layoutWeight 设置权重后可以非常方便地进行宽度划分，这种方法能够确保不同组件在不同屏幕尺寸和布局条件下都能保持良好的显示比例。

注意点 （1）权重划分是基于父组件剩余空间进行的。
（2）权重划分仅在 Row、Column、Flex 布局中生效。
（3）layoutWeight 属性对组件高度的约束需要子组件的主轴在 y 轴上。

| 编程育人 |

差之毫厘，谬以千里

在设置组件尺寸时，每一个像素的精确设定都至关重要。在面对编程任务时，对细节的关注是达到理想结果的关键。在生活中，对细节的关注同样重要。无论是在学习、工作还是生活中，我们都需要有严谨的态度。

5.1.2　边框属性

美团 App 购物车页面如图 5.9 所示，在美团 App 购物车页面中，"全部(1)"下拉选项、"立即领取"按钮、"31 分钟达"标签等组件都带有边框，这些边框的宽度、颜色、圆角半径等都有所不同。

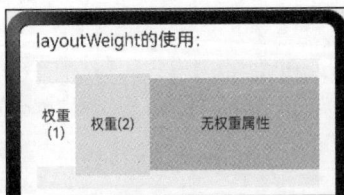

图 5.8　layoutWeight 属性案例运行结果

图 5.9　美团 App 购物车页面

在盒子模型中，边框被定义为 border。它是内边距和外边距之间的区域，用于定义盒子的边界。可以通过不同的属性对边框的宽度、颜色、圆角半径、线条样式等进行修改。

1. borderWidth 属性

borderWidth 属性用于设置组件的边框宽度。

（1）属性方法

```
borderWidth(value: Length | EdgeWidths | LocalizedEdgeWidths)
```

（2）属性释义

Length：长度类型，选择该类型表示上、下、左、右 4 条边框宽度相等。Length 的具体使用方法参见 5.1.1 尺寸属性。示例如下。

```
.borderWidth(10) // 设置四条边框宽度均为 10vp
```

EdgeWidths：该类型含有 left、right、top、bottom 这 4 个可选字段，类型均为 Length，分别表示左边框宽度、右边框宽度、上边框宽度、下边框宽度。示例如下。

```
.borderWidth({ left: 1, right: '2px', top: 10, bottom: 0.5 }) // 分别给左、右、
上、下 4 条边框设置了不同的宽度
```

LocalizedEdgeWidths：本地语言书写顺序下的内边距，top、bottom、start、end 类型为可以指定数值和单位的 LengthMetrics，分别代表上边框宽度、下边框宽度、开始方向边框宽度、结束方向边框宽度。不同语言有不同的书写顺序，如有些语言书写顺序是从右至左的，可以使用此属性进行设置。示例如下。

```
// 按本地语言书写顺序给 4 条边框设置了不同的宽度
.borderWidth({
  start: new LengthMetrics(10, LengthUnit.PX),
  end: LengthMetrics.vp(10),
  top: new LengthMetrics(15),
  bottom: {value: 1, unit: LengthUnit.PX}
})
```

2. borderColor 属性

borderColor 属性用于设置边框的颜色。

（1）属性方法

```
borderColor(value: ResourceColor | EdgeColors | LocalizedEdgeColors)
```

（2）属性释义

① **ResourceColor** 是一个联合类型（Color | number | string | Resource）。使用该类型设置边框颜色表示 4 条边框同色。

Color：常用颜色的枚举类型，其定义了如 Green（绿）、Blue（蓝）、Red（红）、Transparent（透明色）等常用颜色。

number：以 0x 开头的 8 位十六进制颜色值，0x 后两位表示透明度，如 0xFF000000 代表透明度为 0 的纯黑色。如果是 0x 开头的 6 位十六进制颜色值，则 0x 后的 6 位数字仅表示颜色，默认为 FF（不透明）。

string：可以输入常见的颜色单词，如 green、red、blue、transparent 等；也可以使用以#开头的 6 位十六进制颜色值，如#FFFFFF 代表纯白色；还可以输入 RGBA 格式或 RGB 格式的颜色代码，如 rgba(0, 0, 255, 1)。

Resource：引用在 color.json 文件中预定义的颜色，如$r('app.color.light_green')表示使用 color.json 文件中预定义的 light_green 颜色。示例如下。

```
.borderColor(Color.Blue) // 设置 4 条边框颜色均为蓝色
.borderColor(0xFFCC0000) // 设置 4 条边框颜色均为暗红色，不透明
.borderColor(0xCC0000) // 同.borderColor(0xFFCC0000)，透明度默认为 FF
.borderColor('red') // 设置 4 条边框颜色均为红色
.borderColor('rgba(0, 0, 255, 1)') // 使用 RGBA 格式设置 4 条边框颜色均为蓝色
.borderColor($r('app.color.light_green')) // 引用在 color.json 文件中预定义的颜色
light_green
```

② **EdgeColors**：带有 left、right、top、bottom 这 4 个可选属性的对象，可以对 4 条边框颜色进行定制。这 4 个属性的类型均为 ResourceColor。示例如下。

```
.borderColor({ left: Color.Red, right: 0xFF333333, top: '#B30D91', bottom:
$r('app.color.light_green') })
```

③ **LocalizedEdgeColors**：本地语言书写顺序下的边框颜色，带有 top、bottom、start、end

这 4 个可选属性的对象。这 4 个属性的类型均为 ResourceColor，分别代表上边框颜色、下边框颜色、开始方向边框颜色、结束方向边框颜色。不同语言有不同的书写顺序，如有些语言书写顺序是从右至左的，可以使用此属性进行设置。

```
.borderColor({ start: Color.Red, end: 0xFF333333, top: '#B30D91', bottom:
$r('app.color.light_green') })
```

3. borderRadius 属性

borderRadius 属性用于设置边框 4 个角的圆角半径。圆角半径受组件尺寸影响，最大有效值为组件宽度的一半或组件高度的一半。

（1）属性方法

```
borderRadius(value: Length | BorderRadiuses | LocalizedBorderRadiuses)
```

（2）属性释义

Length：长度类型，选择该类型表示左上、右上、左下、右下 4 个角具有相同的圆角半径。Length的具体使用方法参见 5.1.1 尺寸属性。示例如下。

```
.borderRadius(10) // 设置 4 个角的圆角半径均为 10vp
```

BorderRadiuses：含有 topLeft、topRight、bottomLeft、bottomRight 这 4 个可选属性的对象。这 4 个属性的类型均为 Length。使用该对象可以对 4 个角进行不同圆角半径的定制。示例如下。

```
.borderRadius({topLeft: 10, topRight: '10', bottomLeft: '20px', bottomRight:
$r('app.float.line_heght_60')})
```

LocalizedBorderRadiuses：本地语言书写顺序下的圆角半径，分别为 topStart、topEnd、bottomStart、bottomEnd。其类型为可以指定数值和单位的 LengthMetrics。示例如下。

```
.borderRadius({ topStart: LengthMetrics.px(8), topEnd: LengthMetrics.vp(10),
bottomStart: LengthMetrics.fp(30), bottomEnd: LengthMetrics.percent(10) })
```

4. borderStyle 属性

borderStyle 属性用于设置边框线条样式，默认值为 BorderStyle.Solid。

（1）属性方法

```
borderStyle(value: BorderStyle | EdgeStyle)
```

（2）属性释义

BorderStyle：枚举类型，包含枚举值 Dotted（点线）、Dashed（虚线）、Solid（实线）。示例如下。

```
.borderStyle(BorderStyle.Dotted) // 设置边框线条样式为点线
```

EdgeStyle：用于分边设置样式，含有 left、right、top、bottom 这 4 个可选属性的对象。4个属性的类型均为 BorderStyle。示例如下。

```
.borderStyle({ left: BorderStyle.Dotted, right: BorderStyle.Solid, top:
BorderStyle.Dashed, bottom: BorderStyle.Dotted }) // 设置 4 条边框的线条样式
```

5. border 属性

border 属性用于设置边框的宽度、颜色、圆角半径、线条样式。

（1）属性方法

```
border(value: BorderOptions)
```

（2）属性释义

BorderOptions：含有 width、color、radius、style 这 4 个可选属性的对象。width 属性类型参考 borderWidth，color 属性类型参考 borderColor，radius 属性类型参考 borderRadius，style属性类型参考 borderStyle。示例如下。

```
.border({
    width: 10,
    color: Color.Orange,
    radius: 20,
    style: BorderStyle.Dashed,
}) // 设置边框宽度为 10vp，颜色为橙色，圆角半径为 20vp，线条样式为虚线
```

【**案例实战 5-4**】以下代码分别通过单独设置和 border 综合设置两种方式对边框进行了设置。

```
// BorderExample.ets
@Entry
@Component
struct BorderExample {
  build() {
    Column({space: 30}) {
      // 单独设置
      Text('单独设置线条样式、宽度、颜色、圆角半径')
        .borderStyle(BorderStyle.Dashed).borderWidth(5).borderColor(0xAFEEEE)
.borderRadius(10)
        .width(200).height(160).textAlign(TextAlign.Center).fontSize(20)
      // border 综合设置
      Text('.border 综合设置')
        .fontSize(30).width(300).height(300)
        .border({
          width: { left: 3, right: 6, top: 10, bottom: 15 },
          color: { left: '#E3BBBB', right: Color.Blue, top: Color.Red, bottom:
Color.Green },
          radius: { topLeft: 60, topRight: 20, bottomLeft: 40, bottomRight: 80 },
          style: {
            left: BorderStyle.Dotted, right: BorderStyle.Dotted,
            top: BorderStyle.Solid, bottom: BorderStyle.Dashed
          }
        }).textAlign(TextAlign.Center)
    }.justifyContent(FlexAlign.Center).alignItems(HorizontalAlign.Center).
width('100%').height('80%')
  }
}
```

上述代码运行结果如图 5.10 所示。第一个 Text 组件利用 borderStyle、borderWidth、borderColor、borderRadius 属性单独设置边框，设置后 4 条边框会呈现相同的效果；第二个 Text 组件则利用 border 属性综合设置边框，其内的每个属性都可以单独按边进行设置，从而展现更加丰富的边框效果。

5.1.3 背景属性

美团神会员页面如图 5.11 所示，在美团神会员页面中，整体的页面背景、"神券"信封背景、"我的神券"券状背景、"神券包"卡片式背景，都可以通过接下来介绍的背景属性实现。

图 5.10 边框案例运行结果

图 5.11 美团神会员页面

背景属性

在 ArkUI 中，背景可以设置为颜色，也可以设置为图片，还可以设置为自定义组件。

1. backgroundColor 属性

backgroundColor 属性用于设置组件的背景色。

（1）属性方法

```
backgroundColor(value: ResourceColor)
```

（2）属性释义

ResourceColor：ResourceColor 是一个联合类型，具体的定义及使用方法参见 5.1.2 边框属性。示例如下。

```
.backgroundColor(Color.Pink) // 设置背景色为粉红色
```

2. backgroundImage 属性

backgroundImage 属性用于将特定的图片设置成组件背景。

（1）属性方法

```
backgroundImage(src: ResourceStr | PixelMap, repeat?: ImageRepeat)
```

（2）属性释义

参数 src 的类型有 ResourceStr 和 PixelMap 两种。ResourceStr 是一个联合类型（string | Resource）；PixelMap 是图像解码后无压缩的位图格式。

string：主要用于展示网络图片、设备媒体库图片或 Base64 编码图片，将图片的 URL 作为字符串参数。示例如下。

```
.backgroundImage('https://www.abc.com/images/1.png') // 网络图片
.backgroundImage('file://media/Photos/5') // 设备媒体库图片
.backgroundImage('data:image/png;base64,iVBORw0KGgoAAAANS...') // Base64 编码图
片，省略后面的编码
```

Resource：主要用于展示 resources 文件夹中的图片资源。示例如下。

```
.backgroundImage($r('app.media.book_shelf_active')) // resources/base/media 中的图片
```

参数 repeat 的类型为 ImageRepeat，表示图片是否重复，可选值有 NoRepeat（不重复）、X（横向重复）、Y（纵向重复）、XY（横向、纵向都重复），默认值为 NoRepeat。在图片较小且不对图片进行拉伸，导致不能填充完整区域时，可以使用该参数。示例如下。

```
.backgroundImage($r('app.media.book_shelf_active'), ImageRepeat.XY) // 背景图在
X、Y 两个方向重复
```

3. backgroundImageSize 属性

backgroundImageSize 属性用于设置背景图片的高度和宽度。

（1）属性方法

```
backgroundImageSize(value: SizeOptions| ImageSize)
```

（2）属性释义

SizeOptions：含有 Length 类型的 width 和 height 可选属性的对象。如果只设置一个属性，则另一个属性默认按图片原始宽高比自动进行适应。示例如下。

```
.backgroundImageSize({ width: 100}) // 宽度 100vp，高度按原始宽高比自适应
```

ImageSize：枚举类型，包含 Cover（覆盖：默认值，保持宽高比缩放，使图片两边都大于或等于边界长度）、Contain（包含：保持宽高比缩放，使图片完全显示在边界内）、Auto（自动：保持原始图片尺寸不变）、FILL（铺满：不保持宽高比缩放，使整张图片填满整个显示区域）等枚举值。示例如下。

```
.backgroundImageSize(ImageSize.Contain) // 保持宽高比缩放，且图片完全显示
```

【**案例实战 5-5**】使用以下代码进行背景图片的设置。

```
// BackgroundImageExample.ets
struct BackgroundImageExample {
  build() {
    Column({ space: 5 }) {
      Text('background image repeat X').fontSize(13).width('90%').fontColor(0x000000)
      Row()
        .backgroundImage($r('app.media.bg_img_panda'), ImageRepeat.X)
        .backgroundImageSize({ width: '250px', height: '140px' })
        .width('90%').height(70).border({ width: 1 })
```

```
        Text('background image repeat Y').fontSize(13).width('90%').fontColor(0x000000)
        Row()
          .backgroundImage($r('app.media.img_panda'), ImageRepeat.Y)
          .backgroundImageSize({ width: '500px', height: '120px' })
          .width('90%').height(100).border({ width: 1 })

        Text('background image size NoRepeat').fontSize(13).width('90%').
fontColor(0x000000)
        Row()
          .width('90%').height(130) .border({ width: 1 })
          .backgroundImage($r('app.media.img_panda'), ImageRepeat.NoRepeat)
          .backgroundImageSize({ width: 1000, height: 500 })

        Text('background image ImageSize.Cover').fontSize(13).width('90%').
fontColor(0x000000)
        // 不保证图片完整的情况下占满盒子
        Row()
          .width(200).height(50) .border({ width: 1 })
          .backgroundImage($r('app.media.img_panda'), ImageRepeat.NoRepeat)
          .backgroundImageSize(ImageSize.Cover)

        Text('background image ImageSize.Contain').fontSize(13).width('90%').
fontColor(0x000000)
        // 保证图片完整的情况下将图片放到最大
        Row()
          .width(200).height(50) .border({ width: 1 })
          .backgroundImage($r('app.media.img_panda'), ImageRepeat.NoRepeat)
          .backgroundImageSize(ImageSize.Contain)

        Text('background image ImageSize.Auto').fontSize(13).width('90%').
fontColor(0x000000)
        // 保证原始图片尺寸不变，图片可能会显示不全
        Row()
          .width(200).height(50) .border({ width: 1 })
          .backgroundImage($r('app.media.img_panda'), ImageRepeat.NoRepeat)
          .backgroundImageSize(ImageSize.Auto)

        Text('background image ImageSize.FILL').fontSize(13).width('90%').
fontColor(0x000000)
        // 保证整张图片填满整个显示区域，但是会对图片进行不保持宽高比的缩放
        Row()
          .width(200).height(50) .border({ width: 1 })
          .backgroundImage($r('app.media.img_panda'), ImageRepeat.NoRepeat)
          .backgroundImageSize(ImageSize.FILL)
      }
    .width('100%').height('100%').padding({ top: 5 })
  }
}
```

上述代码通过使用图片重复参数和图片尺寸属性，让背景图片呈现不一样的效果。可根据需要选择合适的参数和属性。背景图片的设置效果如图 5.12 所示。

4. background 属性

background 属性用于设置自定义组件作为背景。

（1）属性方法

```
background(builder: CustomBuilder, options?: {align?: Alignment})
```

（2）属性释义

builder：自定义组件构建方法，在该方法内进行背景组件的构建。CustomBuilder 类型必须与 @Builder 装饰器联合使用，否则编译时会报错。

options：含可选参数 align 的对象，align 类型为 Alignment，用于控制背景与组件的对齐方式。Alignment 枚举值说明如表 5.1 所示。Alignment 枚举值对应的位置如图 5.13 所示。

表 5.1　Alignment 枚举值说明

名称	描述	名称	描述
Top	顶部横向居中	Bottom	底部横向居中
TopStart	顶部起始端	BottomStart	底部起始端
TopEnd	顶部尾端	BottomEnd	底部尾端
Start	起始端纵向居中	End	尾端纵向居中
Center	横向和纵向居中		

图 5.12　背景图片的设置效果

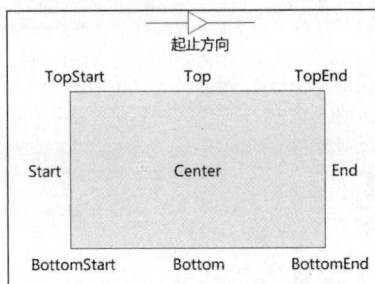

图 5.13　Alignment 枚举值对应的位置

> **注意点**　（1）同时设置了 background、backgroundColor、backgroundImage 属性时，背景叠加显示，通过 background 属性设置的背景在最上层。
>
> （2）使用 background 属性设置的背景在预览器中可能无法显示出来，需要在模拟器中查看。

【案例实战 5-6】使用背景属性，初步实现图 5.11 中的美团神会员页面背景效果。

```
// MeituanShenMember.ets
// 使用@Builder 装饰自定义全局组件构建方法
@Builder function renderTopBgGlobal() {
  Column() {
  }
  .backgroundColor(Color.Pink)
  .borderRadius({ topLeft: 30, topRight: 30 })
  .margin({ top: 20, left: 15, right: 15})
  .height(170).width('calc(100% - 30vp)')
}
@Entry
@Component
struct MeituanShenMember {
  // 使用@Builder 装饰自定义局部组件构建方法
  @Builder renderTopBg() {
```

```
    Column() {
    }
    .backgroundColor(Color.Pink)
    .borderRadius({ topLeft: 30, topRight: 30 })
    .margin({ top: 20, left: 15, right: 15})
    .height(170).width('calc(100% - 30vp)')
  }

  build() {
    Column() {
      Column() {
        Row() {
          Column() { }
          .id('column1-1-1-1')
          .backgroundImage($r('app.media.bg_shenquan'), ImageRepeat.NoRepeat)
          .backgroundImageSize(ImageSize.FILL)
          .padding({ left: 10, right: 10, top: 20 }).width(80).height(100)
        }
        .id('row1-1-1')
        .height(210).width('90%')
        .borderRadius(15).margin({ top: 10 })
        .backgroundColor(Color.White)

        Row() {
          Column() { }
          .id('column1-1-2-1')
          .backgroundImage($r('app.media.bg_shenqianbao'), ImageRepeat.NoRepeat)
          .backgroundImageSize(ImageSize.FILL)
          .margin({ left: 10, right: 10, top: 20 }).width(110).height(70)
        }
        .id('row1-1-2')
        .height(300).width('90%')
        .borderRadius(15).margin({ top: 10 })
        .backgroundColor(Color.White)
      }
      .id('column1-1')
      .border({ radius: 20 }).margin({ top: 190 })
      .backgroundColor(0xFFEEEEEE)
      .height('100%').width('100%')
    }
    .id('column1')
.backgroundColor('#FD3475')
.width('100%').height('100%')
    .background(this.renderTopBg, {
      align: Alignment.Top
    })
  }
}
```

上述代码运行结果如图 5.14 所示，其具体含义如下。

➢ 最外层 Column 组件的 id 为 column1，使用 backgroundColor 属性将页面整体背景设置为粉红色；使用 background 属性的 builder 和 options 参数设置头部的淡粉色背景，其叠加于粉红色背景之上；builder 指向使用@Builder 装饰的自定义组件构建方法。

➢ 在 column1 组件内放置组件 column1-1，使用 backgroundColor 属性将其背景色设置为灰色。

➢ 在 column1-1 组件内分别放置两个 Row 组件，id 分别为 row1-1-1 和 row1-1-2，背景色为白色。

➢ 在 row1-1-1 和 row1-1-2 组件内使用 backgroundImage 属性和 backgroundImageSize

属性，生成具体的券状背景。

尝试把【案例实战 5-6】中的 this.renderTopBg 换成 renderTopBgGlobal，看看有什么效果。

> **注意点** （1）使用@Builder 装饰的自定义组件构建方法包括局部方法和全局方法。
> （2）局部方法定义在 struct 内部，其格式为@Builder xxxxx(){}。局部方法只能在所属组件的 build 方法和其他自定义组件构建方法内部调用，不允许在组件外部调用，即只能在当前的 struct 内部调用。
> （3）全局方法定义在 struct 外部，其格式为@Builder function xxxxx(){}。它能被全局调用。

5.1.4　颜色渐变属性

在 5.1.3 节中，美团神会员页面头部背景色其实是呈现渐变效果的。渐变色常常用在头部背景、按钮颜色等地方，在美团 App 中，不同页面的头部背景使用渐变色来提升感官体验，如图 5.15 所示。

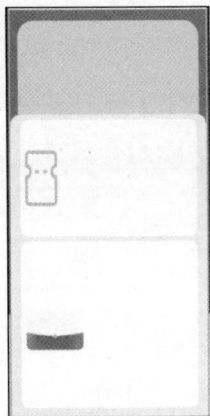

图 5.14　美团神会员页面
背景初步运行结果

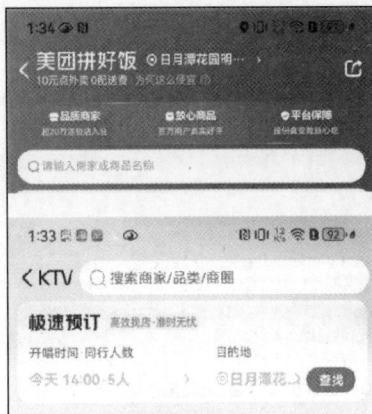

图 5.15　头部背景使用渐变色

颜色渐变属性

在 ArkUI 中，渐变色可以通过 linearGradient（线性渐变）、sweepGradient（角度渐变/扇形渐变）、radialGradient（径向渐变/辐射渐变）3 个属性来设置。

1. linearGradient 属性

linearGradient 属性用于设置线性渐变，使颜色按直线形式渐变。

（1）属性方法

```
linearGradient(value: {angle?: number | string, direction?: GradientDirection,
colors: Array<[ResourceColor, number]>, repeating?: boolean})
```

（2）属性释义

属性方法中的参数 value 是一个包含 angle（起始角度）、direction（渐变方向）、colors（渐变颜色组）、repeating（渐变色是否重复着色）等属性的对象。

angle：线性渐变的起始角度，number 或 string 类型。以 12 点钟方向为 0°，顺时针旋转为正向角度。其默认值为 180。如果使用字符串，则支持指定单位 deg、grad、rad、trun 等。

direction：线性渐变的方向。设置 angle 后，direction 不生效。direction 类型为 GradientDirection，GradientDirection 枚举值说明如表 5.2 所示。

表 5.2　GradientDirection 枚举值说明

名称	描述	名称	描述
Left	从右往左	Right	从左往右
Top	从下往上	Bottom	从上往下
LeftTop	从右下往左上	RightTop	从左下往右上
LeftBottom	从右上往左下	RightBottom	从左上往右下
None	无渐变		

colors：指定百分比位置处的颜色，若设置非法颜色，则直接跳过。其类型为[ResourceColor, number]。其中，ResourceColor 代表颜色，具体的定义及使用方法参见 5.1.2 边框属性；number 是一个小于或等于 1 的数字，表示对应颜色百分比位置。

repeating：指定渐变色是否重复着色，默认为 false，即不重复着色。

【案例实战 5-7】使用线性渐变实现温度计。

```
// TemperatureLinearGradientExample.ets
@Entry
@Component
struct TemperatureLinearGradientExample {
  build() {
    Row() {
      Column() { }.width(40).height(200)
      .borderRadius(20) // 圆角
      .shadow(ShadowStyle.OUTER_DEFAULT_LG) // 阴影效果
      .linearGradient({
        angle: 0, // angle 默认为 180°（6 点钟方向），将其旋转到 0°（12 点钟方向）
        colors: [
          ['#000059', 0], // 深蓝
          ['#00BFFF', 0.15], // 浅蓝
          ['#009933', 0.3], // 深绿
          ['#80FF00', 0.45], // 浅绿
          ['#FFFF00', 0.6], // 黄色
          ['#FFA500', 0.75], // 橙色
          ['#E60000', 0.9], // 红色
          ['#CC0033', 1], // 深红
        ]
      }).marqin(20)
      Text('—0℃') // 标识 0℃
    }
  }
}
```

上述代码运行结果如图 5.16 所示，其具体含义如下。

➤ 使用 borderRadius 属性将 Column 组件的 4 个角变为圆形，用以模拟温度计的两头。同时，给组件设置 shadow 属性，以给温度计设置阴影。

➤ 使用 linearGradient 属性为组件设置线性渐变。利用 colors 数组，在 0%~100%的线性渐变区间内，按温度升序分布冷色到暖色色阶；线性渐变的角度默认是 180°（6 点钟方向），因此将其旋转至 0°（12 点钟方向）。这样就形成了一个从下到上、自冷到热的温度色阶显示表。

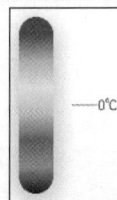

图 5.16　线性渐变运行结果

注意点
（1）angle 与 direction 两者选一即可，若同时设置，则只有 angle 生效。
（2）若参数 repeating 为 true，则 colors 数组中任何元素的百分比位置都不应该为 1。
（3）若 colors 数组中最后一个元素的百分比位置小于 1，且不重复着色，则从该处往后一直都是该纯色。

2. sweepGradient 属性

sweepGradient 属性用于设置角度渐变（扇形渐变），使颜色像扇形扫过一样渐变。

（1）属性方法

```
sweepGradient(value: {center: [Length, Length], start?: number | string, end?:
number | string, rotation?: number | string, colors: Array<[ResourceColor, number]>,
repeating?: boolean})
```

（2）属性释义

参数 value 是一个包含 center（渐变中心）、start（起始角度）、end（结束角度）、rotation（整体旋转角度）、colors（渐变颜色组）、repeating（渐变色是否重复着色）等属性的对象。

center：渐变中心，类型为[Length, Length]，用于表示渐变中心相对于组件左上角的坐标，横、纵坐标均非负。

start：起始角度，类型为 number 或 string，默认值为 0。3 点钟方向为 0°，顺时针方向度数递增。如果使用字符串，则支持指定单位 deg、grad、rad、trun 等。

end：结束角度，类型为 number 或 string，默认值为 0。3 点钟方向为 0°，顺时针方向度数递增。如果使用字符串，则支持指定单位 deg、grad、rad、trun 等。

rotation：整体旋转角度，类型为 number 或 string，默认值为 0，顺时针方向为正向角度，角度不能小于 0°。如果使用字符串，则支持指定单位 deg、grad、rad、trun 等。

colors：指定某百分比位置处的颜色，若设置非法颜色，则直接跳过。其类型为[ResourceColor, number]。具体定义及使用方法参考 5.1.4 颜色渐变属性。

repeating：指定渐变色是否重复着色，默认为 false，即不重复着色。

【案例实战 5-8】扇形渐变实现饼状图。

```
// PieChartSweepGradientExample.ets
@Entry
@Component
struct PieChartSweepGradientExample {
  build() {
    Column() {  }
    .width(200).height(200)
    .borderRadius(100)  // 将组件变为圆形
    .sweepGradient({
        center: [100, 100], // 扇形渐变相中心点坐标: 相对于组件左上角
        start: 0, // 渐变起始角度
        end: 360, // 渐变结束角度
        colors: [
            ['#046FFF', 0.0], ['#25AFFF', 0.2],    // 蓝色系起始和结束点
            ['#A566FF', 0.2], ['#F066FF', 0.6],    // 紫色系起始和结束点
            ['#34CDCB', 0.6], ['#65FF9A', 1],      // 绿色系起始和结束点
        ],
        rotation: 270 // 将原始渐变整体顺时针旋转 270°
    })
  }
}
```

上述代码具体含义如下。

➢ Column 组件长和宽均为 200vp，使用 borderRaius 属性将圆角设为 100（长和宽的一半），这样就得到了饼状图的圆形。

➢ 以组件左上角为坐标原点，找到点[100, 100]作为渐变中心点，使用颜色数组将饼状图分为 3 块，蓝色、紫色、绿色的分配比例为 1∶1∶2。在色块交界处使用两种不同的颜色，从而做到界限分明。最后将整个组件旋转 270°。

上述代码运行结果如图 5.17 所示。

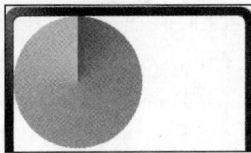

图 5.17　扇形渐变实现饼状图运行结果

> **注意点** （1）渐变角度为 0~360°，若渐变角度超出这一范围，则仅绘制纯色。
> （2）若 colors 数组中最后一个元素的百分比位置小于 1，且不重复着色，则从该处向后一直都是该纯色。
> （3）若 repeating 参数为 true，结束色的百分比位置小于 1，则结束角度和起始角度之间的角度差会产生一定的压缩。

3. radialGradient 属性

radialGradient 属性用于设置径向渐变（辐射渐变），使颜色像水波流动一样渐变。

（1）属性方法

```
radialGradient(value: { center: [Length, Length], radius: number | string, colors:
Array<[ResourceColor, number]>, repeating?: boolean })
```

（2）属性释义

参数 value 是一个包含 center（渐变中心）、radius（渐变半径）、colors（渐变颜色组）、repeating（渐变色是否重复着色）等属性的对象。

center：渐变中心，类型为[Length, Length]，用于表示渐变中心相对于组件左上角的坐标，横、纵坐标均非负。

radius：渐变半径，必须大于或等于 0。

colors：指定某百分比位置处的颜色，若设置非法颜色，则直接跳过。其类型为[ResourceColor, number]。

repeating：指定渐变色是否重复着色，默认为 false，即不重复着色。

【案例实战 5-9】径向渐变实现蓝天中的七色彩虹。

```
// RainbowExample.ets
@Entry
@Component
struct RainbowExample {
  build() {
    Column() {}
    .radialGradient({
      colors: [
        ['#66CCFF', 0.25], // 下方的天蓝色
        ['#9900FF', 0.3], // 紫色
        [Color.Blue, 0.4], // 蓝色
        ['#66FF66', 0.5], // 青色
        [Color.Green, 0.6], // 绿色
        [Color.Yellow, 0.7], // 黄色
        [Color.Orange, 0.8], // 橙色
        [Color.Red, 0.9], // 红色
        ['#66CCFF', 1], // 上方的天蓝色
      ],
      radius: '100%',
      center: ['50%', 280]
    })
    .width('100%').height(250)
  }
}
```

上述代码中的 Column 组件使用 radialGradient 属性实现了蓝天中横挂彩虹的效果。由于径向渐变像水波一样是以同心圆向外进行渐变的，为展现彩虹桥形状，需要将渐变中心定在组件底边的下方，如代码中的 y 坐标为 280，超过了组件高度。此外，为展示天空的颜色，在 colors 数组的首尾放置天蓝色。径向渐变实现蓝天中的七色彩虹效果如图 5.18 所示。

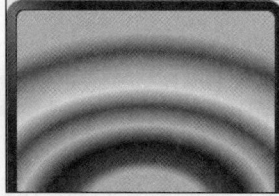

图 5.18　径向渐变实现蓝天中的七色彩虹效果

> **注意点**　（1）不重复着色，超出渐变半径时仅绘制纯色（默认为结束色）。
> （2）若 repeating 参数为 true，结束色的百分比位置小于 1，则会对实际渐变半径进行压缩。

5.1.5　形状裁剪属性

美团 App 个人中心页面如图 5.19 所示，其中头像部分的形状是圆形，并且带有一定的阴影效果。其他页面中的各个模块都带有一定的圆角。要实现这些效果，可以使用之前介绍的 borderRadius 属性，也可以使用 ArkUI 提供的功能更加强大的形状裁剪属性。

1. clipShape 属性

clipShape 属性用于对组件按指定形状进行裁剪。

（1）属性方法

```
clipShape(value: CircleShape | EllipseShape | RectShape | PathShape)
```

（2）属性释义

可以设置裁剪形状为 CircleShape（圆形）、EllipseShape（椭圆形）、RectShape（矩形）、PathShape（定制路径形状）。

图 5.19　美团 App 个人中心页面

CircleShape：CircleShape 可以用包含 width、height 字段的对象进行构造，分别表示横向直径和纵向直径，两者必须都提供。如果 width 值不等于 height 值，则以较小的值为直径。示例如下。

```
.clipShape(new CircleShape({width: 100, height: 60})) // 设置圆形，直径为 60vp
```

EllipseShape：EllipseShape 可以用包含 width、height 字段的对象进行构造，两者必须都提供，width 表示椭圆的横轴长度，height 表示椭圆的纵轴长度。示例如下。

```
.clipShape(new EllipseShape({width: 30, height: 20})) // 设置椭圆形，横轴长度为
30vp，纵轴长度为 20vp
```

RectShape：RectShape 用包含 width、height、radius 字段的对象进行构造，分别表示矩形的长、宽、圆角半径。若不提供圆角半径，则默认为 0。示例如下。

```
.clipShape(new RectShape({width: 30, height: 20, radius: 5})) // 矩形，长度为 30vp，
宽度为 20vp，圆角半径为 5vp
```

PathShape：PathShape 用包含字段 commands 的对象进行构造，commands 常使用 SVG 路径，以裁剪出特殊形状。示例如下。

```
.clipShape(new PathShape({commands: 'M100 0 L200 240 L0 240 Z'})) //使用 SVG 路
径绘制特殊形状
```

2. maskShape 属性

maskShape 属性用于将组件裁剪成指定形状并添加遮罩。

（1）属性方法

```
maskShape(value: CircleShape | EllipseShape | RectShape | PathShape)
```

（2）属性释义

可以添加的遮罩形状有 CircleShape（圆形）、EllipseShape（椭圆形）、RectShape（矩形）、PathShape（定制路径形状）。其使用方法与 clipShape 类似，但是需要在形状后使用 fill 方法添加遮罩填充色。

【案例实战 5-10】对图片进行不同形状的裁剪及遮罩的添加。

```
// ClipShapeExample.ets
@Entry
@Component
struct ClipShapeExample {
  build() {
    Column({ space: 1 }) {
      Text('圆形 和 遮罩圆形')
      Image($r('app.media.tiger')).width(60).height(60)
        .clipShape(new CircleShape({width: 40, height: 60}))
      Image($r('app.media.tiger')).width(60).height(60)
        .maskShape(new CircleShape({width: 60, height: 60}).fill('#999999'))

      Text('椭圆形 和 遮罩椭圆形')
      Image($r('app.media.tiger')).width(90).height(90)
        .clipShape(new EllipseShape({width: 90, height: 60}))
      Image($r('app.media.tiger')).width(90).height(90)
        .maskShape(new EllipseShape({width: 90, height: 90}).fill('#AAAAAA'))

      Text('矩形 和 遮罩矩形')
      Image($r('app.media.tiger')).width(90).height(60)
        .clipShape(new RectShape({width: 90, height: 60, radius: 30}))
      Image($r('app.media.tiger')).width(90).height(60)
        .maskShape(new RectShape({width: 90, height: 60}).fill(Color.Gray))

      Text('自定义路径 和 遮罩自定义路径')
      Image($r('app.media.tiger')).width(80).height(80)
        .clipShape(new PathShape({commands: 'M100 0 L200 240 L0 240 Z'}))
      Image($r('app.media.tiger')).width(60).height(60)
        .maskShape(new PathShape({commands: 'M100 0 L200 240 L0 240 Z'}).fill
(Color.Gray))
    }.borderRadius(50).width('100%')
  }
}
```

上述代码运行结果如图 5.20 所示。代码分别使用 Image 组件的 clipShape 属性和 maskShape 属性对图片进行了裁剪。

➢ CircleShape 的 width 和 height 取值如果不相等，则取两者中较小的值作为圆形的直径。

➢ EllipseShape 的 width 和 height 取值如果相等，则裁剪的形状为圆形。

➢ RectShape 的 radius 取值不同，可以让矩形有不同半径的圆角。

➢ PathShape 利用 SVG 路径进行裁剪。"M100 0"表示"moveto"命令，将绘图的起始点移动到坐标(100, 0)。"L200 240"表示"lineto"命令，从当前点(100, 0)绘制一条直线到坐标 (200, 240)。"L0 240"从当前点(200, 240)绘制一条直线到坐标(0, 240)。"Z"表示"closepath"命令，将路径闭合，即从当前点(0, 240)绘制一条直线到路径的起始点(100, 0)，形成一个封闭的图形。此外，从上述代码中还能发现，虽然使用 PathShape 定义的三角形在绝对坐标下可能很大，但裁剪时会根据图片的尺寸进行适配。

> **注意点** （1）对于不同形状的裁剪，需要提供对应图形的必要参数，否则会导致裁剪出错。例如，
> 当裁剪形状为圆形时，如果只提供 width，则会导致出错。
> （2）SVG 路径绘制指令可以通过在线网站绘制形状之后自动生成。

5.1.6 动态交互属性

微妙的透明度调整，不仅能提升页面整体的平衡感，还能增加元素之间的层次感和空间感。在美团订酒店页面中上滑，如图 5.21 所示，会出现标题栏透明度变化的过程，标题栏下方的组件会逐渐变清晰，这个过程可以通过动态控制 opacity 属性的值来实现。

图 5.20 裁剪及遮罩效果

图 5.21 在美团订酒店页面中上滑

1. opacity 属性

opacity 属性是不透明度属性，用于设置组件的不透明度。

（1）属性方法

```
opacity(value: number | Resource)
```

（2）属性释义

number：0~1 的数值，1 表示不透明，0 表示完全透明，默认值为 1。示例如下。

```
.opacity(0.6) // 不透明度为 0.6
```

Resource：使用资源文件中定义的不透明度。

float.json 文件中有以下资源定义。

```
{"name": "float_0dot6","value": "0.6"}
```

ETS 文件中可以使用以下代码。

```
.opacity($r('app.float.float_0dot6')) // 读取并使用 float.json 文件中定义的不透明度
```

【案例实战 5-11】不透明度效果对比。

```
// OpacityExample.ets
@Entry
@Component
struct OpacityExample {
  build() {
    Column({ space: 5 }) {
```

```
        Text('opacity(0)').fontSize(15).width('90%').fontColor(Color.Black)
        Text().width('90%').height(50).opacity(0).backgroundColor(Color.Green)
        Text('opacity(0.1)').fontSize(15).width('90%').fontColor(Color.Black)
        Text().width('90%').height(50).opacity(0.1).backgroundColor
(Color.Green)
        Text('opacity(0.4)').fontSize(15).width('90%').fontColor(Color.Black)
        Text().width('90%').height(50).opacity(0.4).backgroundColor
(Color.Green)
        Text('opacity(0.7)').fontSize(15).width('90%').fontColor(Color.Black)
        Text().width('90%').height(50).opacity(0.7).backgroundColor
(Color.Green)
        Text('opacity(1)').fontSize(15).width('90%').fontColor(Color.Black)
        Text().width('90%').height(50).opacity(1).backgroundColor(Color.Green)
      }
      .width('100%').padding({ top: 5 })
    }
  }
```

上述代码运行结果如图 5.22 所示。

从图 5.22 可以发现，当不透明度为 0 时，组件将不可见，但是实际上组件还占据着布局空间。

> **注意点** 子组件会继承父组件的不透明度，并与自身不透明度相乘叠加。例如，若父组件不透明度为 0.8，子组件自身不透明度为 0.3，则子组件真正的不透明度为 0.8×0.3=0.24。

美团 App 个人中心页面"神券"显隐对比如图 5.23 所示，左侧展示的是未领取"神券"时的页面，右侧为领取"神券"后的页面。同一个页面在不同的条件下需要显示一些组件、隐藏一些组件。在 ArkUI 中可以通过显隐属性 visibility 对组件的显示和隐藏进行控制。

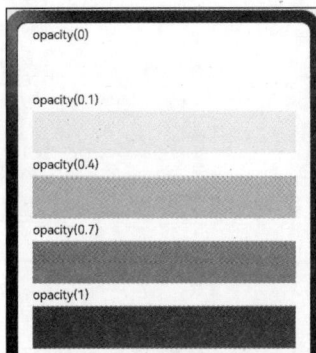

图 5.22 不透明度效果对比

图 5.23 美团 App 个人中心页面"神券"显隐对比

2. visibility 属性

visibility 属性是显隐属性，用于控制组件的显示和隐藏。

（1）属性方法

```
visibility(value: Visibility)
```

（2）属性释义

Visibility：Visibility 为枚举类型，包含 Hidden（隐藏，占位）、Visible（显示）、None（隐藏，不占位）这 3 个枚举值。组件默认处于 Visible 状态。

【案例实战 5-12】显隐属性取不同值的效果。

```
// VisibilityExample.ets
@Entry
```

```
@Component
struct VisibilityExample {
  build() {
    Column() {
      // 隐藏，不参与占位
      Text('None 不可见 不占位').fontSize(15).width('90%').fontColor(Color.Black)
      Row().visibility(Visibility.None).width('90%').height(80).
backgroundColor(Color.Red)
      // 隐藏，参与占位
      Text('Hidden 不可见 占位').fontSize(15).width('90%').fontColor(Color.Black)
      Row().visibility(Visibility.Hidden).width('90%').height(80).
backgroundColor(Color.Red)
      // 正常显示，组件默认的显示模式
      Text('Visible 可见').fontSize(15).width('90%').fontColor(Color.Black)
      Row().visibility(Visibility.Visible).width('90%').height(80).
backgroundColor(Color.Red)
    }.width('100%').margin({ top: 5 })
  }
}
```

上述代码运行结果如图 5.24 所示。从图 5.24 可以看到，使用 None 时，组件不占据任何布局空间；使用 Hidden 时，组件仍然占据布局空间，只是组件不可见。

3. enabled 属性

图 5.25 展示的是美团 App 意见反馈页面，该页面底部有一个"提交反馈"按钮。在未输入内容时，该按钮呈现灰化状态，不可点击；输入文字后，该按钮呈现高亮状态，可以点击。在 ArkUI 中通过禁用控制属性 enabled 来实现同一个按钮的不同状态。

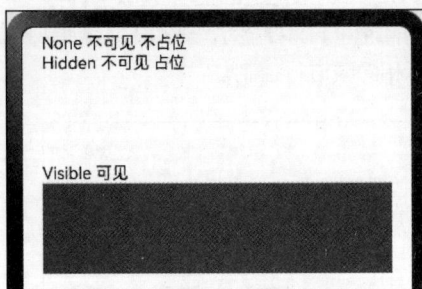

图 5.24　显隐属性取不同值的效果

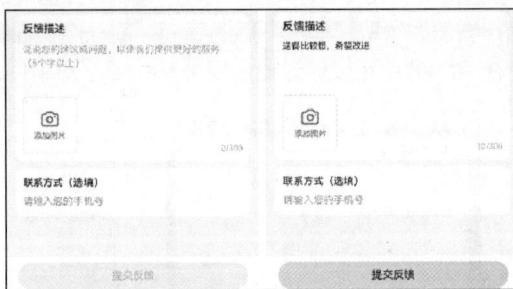

图 5.25　美团 App 意见反馈页面

（1）属性方法

```
enabled(value: boolean)
```

（2）属性释义

boolean： boolean 为 true 代表组件可交互，这是默认状态；为 false 代表组件被禁用，不可交互。

【案例实战 5-13】组件禁用与可用效果。

```
// EnabledExample.ets
@Entry
@Component
struct EnabledExample {
  build() {
    Column({space: 5}) {
      // 点击后没有反应，背景色自动变淡
      Button('禁用').enabled(false)
      Button('可用')
      // 点击后没有反应，"禁用"和"可用"按钮在背景色上无差别，需要额外设置不透明度
      TextInput({placeholder: '禁用'}).enabled(false)
      TextInput({placeholder: '禁用，设置不透明度'}).enabled(false).opacity(0.5)
      TextInput({placeholder: '可用'})
```

```
    }.width('100%')
  }
}
```

上述代码运行结果如图 5.26 所示。结合代码来看，某些组件（如 TextInput 组件）的可用状态和禁用状态在视觉上差别不大，因此需要给禁用组件添加额外的样式进行区分，通常可以通过颜色和不透明度进行调整。

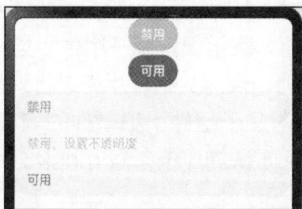

图 5.26　组件禁用与可用效果

任务 5.2　学习组件手势事件

在 UI 设计中，手势事件是提供流畅用户体验的关键。它允许用户通过直观的触摸操作与应用进行交互。本任务将介绍如何进行手势绑定，以及应用开发中 3 种常用的手势：点击手势、长按手势、组合手势。读者可以自行学习其他手势的相关内容。

5.2.1　手势事件原理

在学习如何处理手势事件之前，先了解手势事件从触发到响应的一般流程，如图 5.27 所示。

（1）**用户触摸**：用户通过手指或触控笔与触屏设备接触，产生触摸点。

（2）**驱动捕获**：触屏设备上的硬件驱动程序捕获触摸点的物理位置和触摸事件类型（如触摸、释放、移动等）。硬件驱动程序将这些原始触摸数据转换成操作系统可以理解的格式。

（3）**多模管理**：当硬件驱动程序发送触摸数据时，鸿蒙系统中的多模输入管理器接收触摸数据，并根据系统的配置和当前的焦点状态决定如何处理这些输入数据。

图 5.27　手势事件从触发到响应的一般流程

（4）**窗口分配**：操作系统中的窗口管理系统接收到触摸事件后，根据当前的活动窗口和触摸点的位置，确定触摸事件应该发送到哪个窗口（窗口必须是活动的，且可以接收触摸事件）。

（5）**框架处理**：当窗口接收到触摸事件后，系统会进一步处理这些触摸事件，将其转换为 ArkUI 可以理解的手势事件，并根据需要进行适当的处理，如触发动画或更新界面状态。

（6）**回调执行**：开发者在应用中绑定在组件上的回调函数被触发。

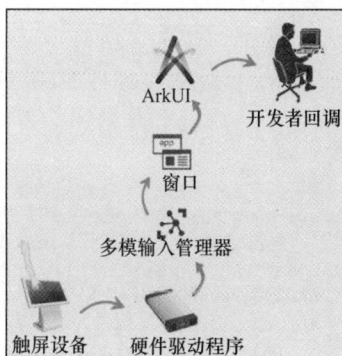

5.2.2　绑定手势

绑定手势是实现交互功能的重要手段，可通过组件的 gesture 和 parallelGesture 属性实现。这两种方式各有特点，适用于不同的交互场景。

1. 通过 gesture 绑定手势

在 ArkUI 中，通过 gesture 方法对组件进行手势的绑定。

```
.gesture(gesture: GestureType, mask?: GestureMask)
```

绑定手势

参数 gesture 的类型为 GestureType，它是一个能接收点击手势（TapGesture）、长按手势（LongPressGesture）、拖动手势（PanGesture）、捏合手势（PinchGesture）、旋转手势（RotationGesture）、滑动手势（SwipeGesture）的别名类型。该参数为手势处理参数，无论使用哪种类型的手势，都需要使用 onAction 方法进行具体的处理。

可选参数 mask 的类型为 GestureMask，包含 Normal 和 IgnoreInternal 两个枚举值。该参数仅需在父组件上设置，且当父组件和子组件在它们的重叠区域同时绑定了手势时生效。

Normal：不显式设置时的默认值，表示仅识别子组件手势。

IgnoreInternal：忽略子组件手势，仅对父组件手势进行识别。

可选参数 mask 在 gesture 中对父子组件手势事件的响应如图 5.28 所示，父子组件均通过 gesture 绑定手势，父组件的 gesture 方法的可选参数 mask 分别为 Normal 和 IgnoreInternal 时，点击子组件所触发手势事件的响应情况不同。

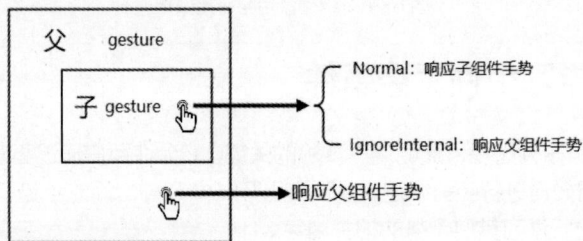

图 5.28　可选参数 mask 在 gesture 中对父子组件手势事件的响应

以下代码展示了如何使用 gesture 绑定点击手势。

```
Column() {
  // 内部 Text 组件使用 gesture 绑定点击手势
  Text('内部 Text').backgroundColor(Color.Red).gesture(TapGesture().
onAction(() => {
    // 子组件处理回调
  }))
}
.width(100).height(100).backgroundColor(Color.Green)
// 外部 Column 组件使用 gesture 绑定点击手势
.gesture(TapGesture().onAction((event) => {
// 父组件处理回调
}), mask) // 父组件可选参数 mask
```

2. 通过 parallelGesture 绑定手势

在某些情况下，可能需要同时处理父组件手势和子组件手势，如在订单列表中，既要处理列表滑动手势，又要让每一个订单子组件都可以被点击。这时就需要对父组件使用 parallelGesture 方法，它可以让父子组件的手势事件同时得到响应。

```
.parallelGesture(gesture: GestureType, mask?: GestureMask)
```

parallelGesture 方法中两个参数的类型与 gesture 方法一样，但可选参数 mask 设置效果略有不同。mask 参数仅需要对父组件进行设置，其取值如下。

Normal：不显式设置时的默认值。先响应子组件手势事件，当子组件手势事件执行完成后，响应父组件手势事件。

IgnoreInternal：忽略子组件手势事件，只响应父组件手势事件。

可选参数 mask 在 parallelGesture 中对父子组件手势事件的响应如图 5.29 所示。父组件通过 parallelGesture 方法绑定手势，子组件通过 gesture 绑定手势。父组件的 parallelGesture 方法的可选参数 mask 分别为 Normal 和 IgnoreInternal 时，点击子组件所触发手势事件的响应情况不同。

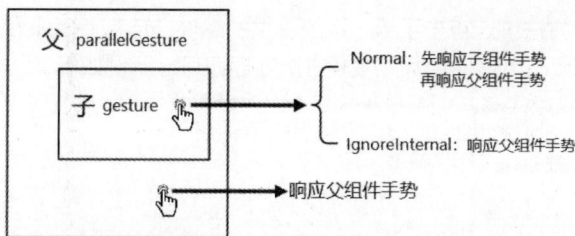

图 5.29　可选参数 mask 在 parallelGesture 中对父子组件手势事件的响应

下面的代码中，父组件使用 parallelGesture、子组件使用 gesture 绑定点击手势。

```
Column() {
  // 内部 Text 组件使用 gesture 绑定点击手势
  Text('内部 Text').backgroundColor(Color.Red).gesture(TapGesture().
onAction(() => {
    // 子组件处理回调
  }))
}
.width(100).height(100).backgroundColor(Color.Green)
// 外部 Column 组件使用 parallelGesture 绑定点击手势
.parallelGesture(TapGesture().onAction((event) => {
  // 父组件处理回调
}), mask) // 父组件可选参数 mask
```

5.2.3　点击手势

点击手势分为单次点击和多次点击，在 ArkUI 中用 TapGesture 实现。

```
TapGesture(value?:{
    count?:number, // 连续点击次数
    fingers?:number // 触发手指数
}).onAction((event: TapGestureEvent) => {
    // 回调处理逻辑代码
})
```

TapGesture 的调用签名函数的参数 value 是一个包含 count 和 fingers 两个可选字段的对象，当点击事件被触发时，在 onAction 中实现具体回调。

count 表示连续点击次数，默认值为 1；fingers 表示触发该次事件的手指数，默认值为 1，最大值为 10。如果要响应双击事件，则可以将 count 设置为 2。

在应用中，单击的使用场景很多，双击的使用场景相对较少，但在设计妥当的情况下，双击会带来用户体验的提升，如双击图片进行缩放等。在美团 App 订单页面中，如果正在浏览很久之前的订单，那么只要双击页面顶部，页面就会自动回滚到顶部最新订单，美团 App 订单页面顶部双击回滚效果如图 5.30 所示。

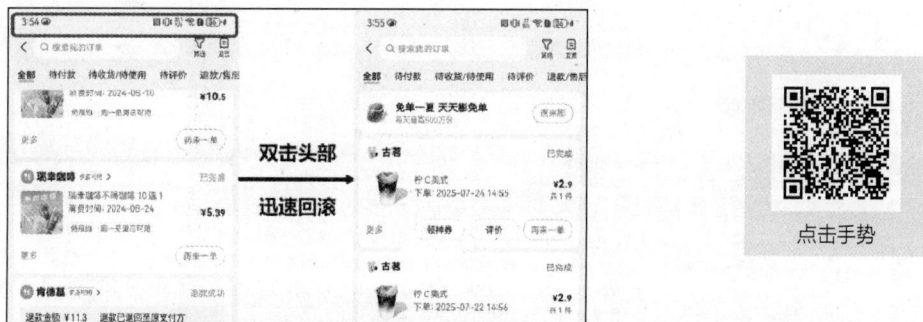

图 5.30　美团 App 订单页面顶部双击回滚效果

除了使用 gesture 方法绑定点击手势，系统提供的组件还自带 onClick 方法来简化点击事件处理。在大多数情况下，点击事件使用 onClick 方法处理即可。示例如下。

```
.onClick(event: (event: ClickEvent) => void): T
```

【案例实战 5-14】TapGesture、onClick 点击事件演示。

```
// TapGestureExample.ets
@Entry
@Component
struct TapGestureExample {
  build() {
    Column({ space: 10}) {
      Text('1.gesture 单击').backgroundColor(Color.Pink).padding(10)
        .gesture(TapGesture().onAction((event: TapGestureEvent) => {
          console.log('gesture', '单击')
        })
      Text('2.gesture 双击').backgroundColor(Color.Yellow).padding(10)
        .gesture(TapGesture({count: 2}).onAction(() => {
          console.log('gesture', '双击')
        })
      Text('3.onClick 单击').backgroundColor('#99D71A').padding(10)
        .onClick((event) => {
          console.log('onClick', '单击')
        })
      Column() {
        Text('4.外部为 gesture, Normal').backgroundColor(Color.Orange).padding(10)
          .gesture(TapGesture().onAction(() => {
            console.log('内部 gesture', '单击')
          }))
      }.gesture(TapGesture().onAction(() => {
        console.log('外部 gesture Normal', '单击')
      }))

      Column() {
        Text('5.外部为 gesture, IgnoreInternal')
          .fontColor(Color.White).backgroundColor(Color.Brown).padding(10)
          .gesture(TapGesture().onAction(() => {
            console.log('内部 gesture', '单击')
          }))
      }.gesture(TapGesture().onAction(() => {
        console.log('外部 gesture IgnoreInternal', '单击')
      }), GestureMask.IgnoreInternal)
      Column() {
        Text('6.外部为 parallelGesture, Normal')
          .fontColor(Color.White).backgroundColor(Color.Red).padding(10)
          .gesture(TapGesture().onAction(() => {
            console.log('内部 gesture', '单击')
          }))
      }.parallelGesture(TapGesture().onAction(() => {
        console.log('外部 parallelGesture Normal', '单击')
      }))
      Column() {
        Text('7.外部为 parallelGesture, IgnoreInternal')
          .fontColor(Color.White).backgroundColor(Color.Gray).padding(10)
          .gesture(TapGesture().onAction(() => {
            console.log('内部 gesture', '单击')
          }))
      }.parallelGesture(TapGesture().onAction(() => {
        console.log('外部 parallelGesture IgnoreInternal', '单击')
      }), GestureMask.IgnoreInternal)
    }
```

```
        .width('100%')
    }
}
```

上述代码运行结果如图 5.31 所示。

结合代码，按顺序逐个点击按钮，在底部 Log 面板查看输出结果。

➢ 单击第 1 个按钮，输出"gesture 单击"。

➢ 双击第 2 个按钮，输出"gesture 双击"。

➢ 单击第 3 个按钮，输出"onClick 单击"。

➢ 单击第 4 个按钮，输出"内部 gesture 单击"。

➢ 单击第 5 个按钮，输出"外部 gesture IgnoreInternal 单击"。

➢ 单击第 6 个按钮，先输出"内部 gesture 单击"，再输出 "外部 parallelGesture Normal 单击"。

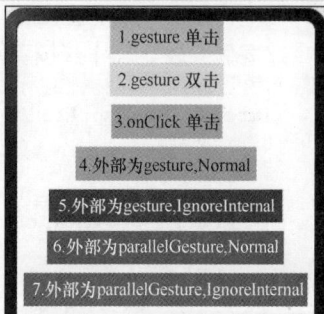

图 5.31 点击事件演示效果

➢ 单击第 7 个按钮，输出"外部 parallelGesture IgnoreInternal 单击"。

> **注意点** 在上述 onAction((event: GestureEvent) => { })回调函数中，event 对象包含了手势详细信息，供开发者进行手势事件的个性化开发。

5.2.4 长按手势

长按手势在应用中也比较常见，如长按触发删除、修改功能等。在美团 App 订单页面中，长按某条订单，将弹出订单删除确认框，如图 5.32 所示。

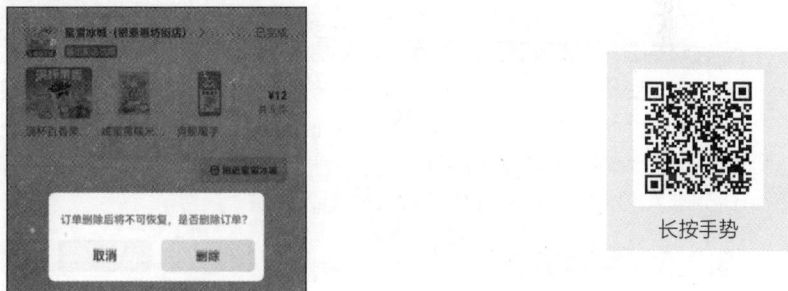

图 5.32 弹出订单删除确认框

长按手势

在 ArkUI 中，长按手势绑定通过 LongPressGesture 实现。

```
LongPressGesture(value?: {
    fingers?: number, // 触发所需最少手指数
    repeat?: boolean, // 是否连续触发
    duration?: number // 触发所需最短时间
})
.onAction((event: LongPressGestureEvent) => {
    // 长按手势识别成功回调
})
.onActionEnd((event: LongPressGestureEvent) => {
    // 长按手势识别成功，最后一根手指抬起回调
})
.onActionCancel(() => {
    // 长按手势识别成功，接收到触摸事件取消回调
})
```

LongPressGesture 的调用签名函数的参数 value 是一个包含 fingers、repeat、duration 这 3 个可选字段的对象，fingers 表示触发长按事件需要的最少手指数，默认值为 1，最大值为

10；repeat 表示是否连续触发长按事件，默认值为 false；duration 表示触发长按事件需要的最短时间，单位为毫秒，默认值为 500。LongPressGesture 有 3 个回调方法，分别是 onAction、onActionEnd、onActionCancel。

【案例实战 5-15】长按事件演示。

```
// LongPressGestureExample.ets
import { promptAction } from '@kit.ArkUI';
@Entry
@Component
struct LongPressGestureExample {
    @State private count: number = 0;
    build() {
        Column() {
            Text('长按识别:' + this.count).fontSize(28).padding(20)
                .backgroundColor(Color.Pink)
                .gesture(LongPressGesture({ repeat: true })
                    // 由于 repeat 设置为 true，长按过程中会连续触发
                    .onAction((event: LongPressGestureEvent) => {
                        if (event && event.repeat) {
                            this.count++
                        }
                    })
                    // 长按结束后触发
                    .onActionEnd((event: GestureEvent) => {
                        promptAction.showDialog({title: '温馨提醒', message: '您触发了长按结束'})
                    })
                )
            }
        }
    }
}
```

上述代码运行结果如图 5.33 所示，其具体含义如下。

➢ 定义变量 count，计算长按事件触发次数。为 Text 组件绑定允许重复触发的长按事件。

➢ onAction 在长按过程中每隔 500ms 触发一次，count 值加 1。

➢ onActionEnd 在长按结束后触发，同时弹出弹窗，弹窗需要通过代码 import { promptAction } from '@kit.ArkUI'导入相应模块后进行设置。

5.2.5　组合手势

前面介绍了如何在组件上绑定单一手势，在实际应用中，可能需要在一个组件上绑定不同的手势，图 5.34 所示的美团 App 外卖商家列表页面中，点击可以查看商家店铺，长按则会弹出"找相似""不喜欢"蒙版。

图 5.33　长按事件演示效果

图 5.34　美团 App 外卖商家列表页面

组合手势

ArkUI 提供了组合手势 GestureGroup，为同一组件绑定不同的手势识别。

```
GestureGroup(mode: GestureMode, ...gesture: GestureType[])
```

GestureGroup 的调用签名函数的参数 mode 用来设置组合手势的识别模式，它的类型是 GestureMode 枚举类型；参数 gesture 使用剩余参数的形式，可以设置一个或多个不同类型的手势。

GestureMode 枚举值如下。

Sequence：顺序识别。按照手势的注册顺序进行识别，直至所有手势识别成功。若有一个手势识别失败，则后续手势识别均失败。顺序识别手势组中仅有最后一个手势可以响应 onActionEnd。

Parallel：并发识别。注册的手势同时识别，直至所有手势识别结束，各个手势的识别互不影响。

Exclusive：互斥识别。注册的手势同时识别，若有一个手势识别成功，则结束识别。

在实际开发中，Exclusive 用得最多。

【案例实战 5-16】模仿美团 App 外卖商家列表点击、长按事件。

```
// GestureGroupExample.ets
import { promptAction } from '@kit.ArkUI'

@Entry
@Component
struct GestureGroupExample {
  tapOnAction(event: GestureEvent) {
    promptAction.showActionMenu({
      title: '点击弹窗', buttons: [{text: '这是点击事件回调', color: '#000000',
primary: true,}]
    })
  }

  longPressOnAction(event: GestureEvent) {
    promptAction.showDialog({title: '长按弹窗'})
  }

  build() {
    Column({space: 5}) {
      Row( {space: 5}) {
        Image($r('app.media.startIcon')).width(60).height(60)
        Text('商家名称').fontSize(20)
      }.gesture(GestureGroup(
        GestureMode.Exclusive,
        TapGesture().onAction(this.tapOnAction), // 点击
        LongPressGesture().onAction(this.longPressOnAction)) // 长按
      )

      Divider().color(Color.Gray).height(1)

      Row( {space: 5}) {
        Image($r('app.media.startIcon')).width(60).height(60)
        Text('商家名称').fontSize(20)
      }.gesture(GestureGroup(
        GestureMode.Exclusive,
        TapGesture().onAction(this.tapOnAction),
        LongPressGesture().onAction(this.longPressOnAction))
    }.padding(10).alignItems(HorizontalAlign.Start)
  }
}
```

上述代码对商家列表项 Row 绑定了 GestureGroup 组合手势，组合手势包含了一个点击手势和一个长按手势，两个手势采用互斥识别。当点击商家列表项时，弹出点击弹窗，如图 5.35 所示；当长按商家列表项时，弹出长按弹窗，如图 5.36 所示。

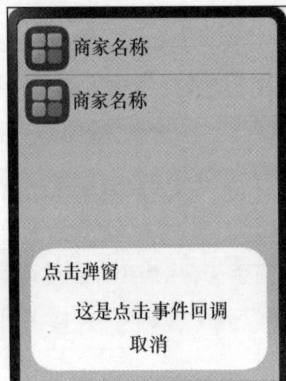

图 5.35　点击弹窗　　　　　　图 5.36　长按弹窗

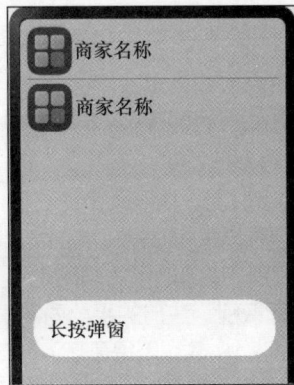

任务 5.3　综合案例：随手而动的小球

创建一个简单的 UI，当手指按下时，会出现一个颜色线性渐变的小球，小球可以随手指拖动而移动，这个综合案例将帮助读者理解如何处理手势事件和更新组件的位置。

```
// DragBallExample.ets
import { CircleShape } from '@kit.ArkUI';
@Entry
@Component
struct DragBallExample {
    @State ballX: number = 100; // 小球初始横坐标
    @State ballY: number = 200; // 小球初始纵坐标
    @State isDragging: boolean = false; // 是否正在拖动小球

    build() {
      Column() {
        // 使用 Row 组件来实现小球
        Row()
          .position({x: this.ballX, y: this.ballY})
          .linearGradient({
            colors: [ [Color.Blue, 0.0], [Color.Red, 0.5], [Color.Yellow, 1.0] ],
            direction: GradientDirection.LeftBottom
          })
          .width(80).height(80)
          .clipShape(new CircleShape({width: 80, height: 80}))
          // 根据手指状态决定是否显示小球
          .visibility(this.isDragging ? Visibility.Visible : Visibility.Hidden)
      }
      .width('100%').height('100%')
      .onTouch((event) => { // onTouch 是组件的触摸事件属性
        console.log(JSON.stringify(event));
        if (event.type === TouchType.Down) { // 当手指按下时
          this.ballX = event.touches[0].windowX; // 将手指的 X 坐标赋值给小球的 X 坐标
          this.ballY = event.touches[0].windowY; // 将手指的 Y 坐标赋值给小球的 Y 坐标
          this.isDragging = true; // 将状态设置为"正在拖动"
        } else if (event.type === TouchType.Move && this.isDragging) { // 当手
指移动且状态为"正在拖动"时
          this.ballX = event.touches[0].windowX; // 将手指的 X 坐标赋值给小球的 X 坐标
          this.ballY = event.touches[0].windowY; // 将手指的 Y 坐标赋值给小球的 Y 坐标
        } else if (event.type === TouchType.Up) { // 当手指抬起时
          this.isDragging = false; // 将状态设置为"不在拖动"
        }
      })
```

```
        }
    }
```

上述代码运行结果如图 5.37 所示。其实现原理如下。

➢ 使用 Row 组件来绘制小球：使用 clipShape 属性来裁剪形状，让小球显示为圆形；使用 position 属性实现绝对定位；使用 linearGradient 属性实现小球的渐变色外观。

➢ 使用 onTouch 事件来处理用户的触摸操作：触摸开始、触摸移动和触摸结束。当手指按下时，isDragging 字段为 true；当手指抬起时，isDragging 字段为 false。小球的显示与否由 visibility 属性及 isDragging 字段的值决定。

➢ 通过输出 event 了解回调事件中的字段，找出需要的坐标字段 windowX 和 windowY，从而在触摸移动的事件处理方法中更新小球的位置。

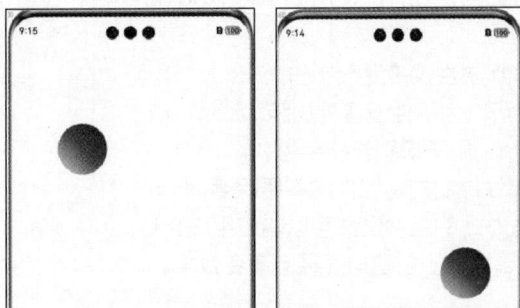

图 5.37　随手而动的小球综合案例运行结果

【项目小结】

本项目重点介绍了 ArkUI 组件库的通用属性和手势事件处理等内容，这对于构建动态交互式的 UI 至关重要。通过具体案例，读者可掌握如何使用尺寸属性、边框属性、背景属性等来设计和布局组件。本项目还介绍了如何处理用户的点击和长按手势，以及如何使用组合手势来响应复杂的手势操作。最后，通过综合案例"随手而动的小球"，巩固了尺寸属性、颜色渐变属性、形状裁剪属性和动态交互属性的相关知识，并且利用 onTouch 触摸事件，挖掘手势事件的底层原理。

【技能提升】

一、单选题

1. 在 ArkUI 中，用于设置组件宽度的属性是（　　　）。
   A. height　　　　　　　　B. width　　　　　　　　C. size　　　　　　　　D. margin
2. 在 ArkUI 中，用于设置组件内边距的属性是（　　　）。
   A. borderWidth　　　　　　　　　　　　B. padding
   C. margin　　　　　　　　　　　　　　D. backgroundColor
3. （　　　）手势事件是 ArkUI 支持的。
   A. SwipeGesture　　　　　　　　　　　B. PinchGesture
   C. RotationGesture　　　　　　　　　　D. 以上都是
4. 在 ArkUI 中，（　　　）方法用于绑定手势。
   A. onClick　　　　　　　B. gesture　　　　　　C. parallelGesture　D. onTouch
5. 若要使组件在页面上不可见但占据布局空间，则应该使用（　　　）属性。
   A. visibility　　　　　　　B. opacity　　　　　　C. enabled　　　　　　D. background

6. 在 ArkUI 中，若要同时响应点击和长按事件，则应使用（ ）组合手势。

    A. TapGesture   B. LongPressGesture

    C. GestureGroup 下的 Sequence 模式   D. GestureGroup 下的 Parallel 模式

二、填空题

1. 在 ArkUI 中，使用_____属性可以设置组件的宽度和高度。

2. 要设置组件的背景色，应使用_____属性。

3. TapGesture 用于_____事件。

4. 要使组件在触摸时移动，需要绑定_____事件处理方法。

5. 使用_____属性可以设置组件的背景图片，并通过_____枚举值控制图片的重复方式。

6. 要设置组件的边框圆角半径，应使用 borderRadius 属性，其值可以是数字或_____。

三、判断题

1. 在 ArkUI 中，width 属性仅接受数字作为值。（ ）

2. 使用 margin 属性可以为组件设置外边距。（ ）

3. LongPressGesture 用于识别长按手势。（ ）

4. 组件的 visibility 属性控制的是组件的不透明度。（ ）

5. 设置 opacity 属性为 0 的组件仍然可以响应用户交互。（ ）

6. sweepGradient 属性用于创建角度径向渐变效果。（ ）

四、简答题

1. 创建一个页面，其中有一个按钮。点击按钮时，页面上的文本随机变换成一个取值范围为 1～100 的数字。

2. 创建一个页面，其中有一个滑块，用户可以通过拖动滑块来改变页面上的一个圆形组件的颜色（从红变蓝，再变绿）。

【AIGC 实验室】MindSpore Lite Kit：HarmonyOS 的轻量化 AI 引擎

MindSpore Lite Kit（昇思推理框架服务）是 HarmonyOS 内置的轻量化 AI 引擎，专为全场景智能应用而设计。它支持多处理器架构，能够为开发者提供端到端的解决方案。通过 MindSpore Lite Kit，开发者可以轻松构建和部署 AI 应用，推动人工智能软硬件应用生态的繁荣发展。

1. 应用场景

MindSpore Lite Kit 已广泛应用于各种场景，包括图像分类、目标检测、图像分割、人脸识别和文字识别等。以下是一些常用场景的简要介绍。

（1）**图像分类**：这是基础的计算机视觉应用，属于有监督学习。例如，给定一张图像（如猫、狗、飞机、汽车等），MindSpore Lite Kit 可以判断图像所属的类别。

（2）**目标检测**：开发者可以使用预置的目标检测模型，检测摄像头输入帧中的对象、添加标签，并用边框标识出来。

（3）**图像分割**：图像分割用于检测目标在图片中的位置，或者判断图片中某一像素属于何种对象。

MindSpore Lite Kit 需要特定的硬件支持，因此当前仅适用于手机和平板设备，不支持使用模拟器运行调试。

2. 亮点与优势

MindSpore Lite Kit 提供面向不同硬件设备的 AI 模型推理能力，支持全场景智能应用。其主要优势如下。

（1）**更优性能**：高效的内核算法和汇编级优化，支持 CPU 和 NNRt 专用芯片的高性能推理，最大化发挥硬件算力，同时最小化推理时延和功耗。

（2）**轻量化**：提供超轻量的解决方案，支持模型量化压缩，使模型更小且运行更快，能够在极限环境下部署和执行 AI 模型。

（3）**全场景支持**：兼容多种操作系统和嵌入式系统，适配多种软硬件智能设备上的 AI 应用。

（4）**高效部署**：支持 MindSpore、TensorFlow、Caffe 和 ONNX 等多种模型格式，提供模型压缩和数据处理能力，统一训练和推理中间表示（Intermediate Representation，IR），方便用户快速部署。

3. 开发方式

MindSpore Lite Kit 已作为系统部件内置在 HarmonyOS 标准系统中。基于 MindSpore Lite Kit 开发 AI 应用的开发方式有以下两种。

（1）使用 MindSpore Lite ArkTS API 开发 AI 应用。开发者可以直接在 UI 代码中调用 MindSpore Lite ArkTS API 加载模型并进行 AI 模型推理，这种方式可以快速验证效果。

（2）使用 MindSpore Lite Native API 开发 AI 应用。开发者可以将算法模型和调用 MindSpore Lite Native API 的代码封装成动态库，并通过 N-API 封装成 ArkTS 接口，供 UI 调用。

4. 使用 MindSpore Lite Kit 实现图像推理分类

以对相册中的一张图片进行推理为例，使用 MindSpore Lite Kit 实现图像推理分类。先选择图像分类模型，然后在端侧使用 MindSpore Lite Kit 推理模型，实现对所选图片的分类。具体步骤如下。

（1）将图像分类预训练模型文件 mobilenetv2.ms 放置在 entry/src/main/resources/rawfile 工程目录中。在 DevEco Studio 工程的 entry/src/main 目录中，手动创建 syscap.json 文件，配置系统推理能力。

（2）从相册获取图片。根据模型的输入尺寸，调用@ohos.multimedia.image（实现图片处理）、@ohos.file.fs（实现基础文件操作）API 对所选图片进行裁剪、获取图片缓存数据，并进行标准化处理，调用@ohos.ai.mindSporeLite 实现端侧推理。

（3）加载模型文件，调用推理函数，对相册选择的图片进行推理，并对推理结果进行处理。

在设备上，点击"选取照片"按钮，选择相册中的一张图片，点击"确定"按钮。在图片下方显示此图片占比前 4 的分类信息，效果如图 5.38 所示。

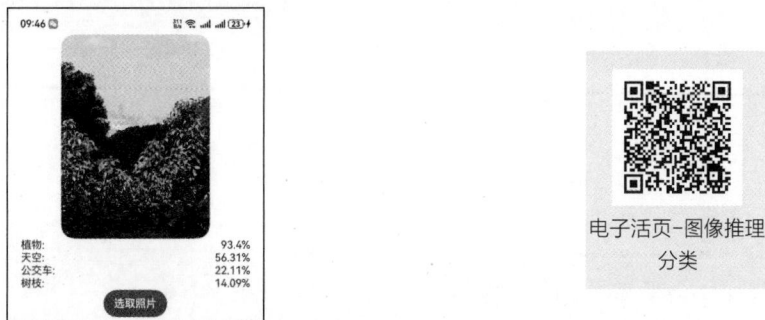

电子活页-图像推理
分类

图 5.38　MindSpore Lite Kit 实现图像推理分类的效果

【项目评价】

完成所有学习任务之后，请按照以下要求完成学习效果评价。

全班同学每 4 人一组，各组成员结合课前、课中和课后的学习情况，以及项目实训和项目考核情况，按照下表中的评价内容进行自评和互评（组内成员互相打分），并配合教师完成师评及总评。

评价 类别	评价内容	分值	评价得分		
			自评	互评	师评
知识 （55%）	掌握组件的尺寸、边框、背景、颜色渐变、形状裁剪和动态交互等属性	30			
	理解手势事件的基本原理	5			
	掌握为组件添加不同的手势事件的方法	10			
	掌握组合手势绑定的特点	10			
能力 （35%）	能够独立设置组件属性并实现动态交互	10			
	能够实现并处理点击、长按和组合手势事件	10			
	能够将所学知识应用于设计和实现交互页面	15			
素养 （10%）	培养勇于探索未知领域的能力	5			
	培养正确的审美观念，能够欣赏和创造美的事物	5			
合计		100			
总评	总评分=自评（20%）+互评（20%）+师评（60%）=	综合等级：	教师（签名）：		

注：综合等级可以为"优"（总评分≥90）、"良"（80≤总评分＜90）、"中"（60≤总评分＜80）、"差"（总评分＜60）。

项目6

精通ArkUI组件构建——
模仿美团App消息列表页面

06

【项目引言】

本项目将详细介绍如何利用ArkUI组件进行高效构建和布局设计。通过掌握一系列容器组件和基础组件的使用，读者将能够构建出既美观又实用的UI。本项目将从布局的基本原则出发，逐步探索线性布局、弹性布局、层叠布局、相对布局、网格布局、列表布局等多样化布局方式。同时，本项目将介绍如何使用文本显示与输入、图片与视频，以及按钮与选择等基础组件，为页面添加丰富的交互元素。

【学习目标】

本项目将开启一段新的旅程，学习ArkUI组件构建，领略ArkUI组件的精妙与美感。ArkUI的组件库不仅是构建UI的工具，还是实现创意和提升用户体验的画笔及颜料。通过本项目的学习，应该达到以下目标。

【知识目标】

➢ 理解线性布局、弹性布局、层叠布局、相对布局、网格布局和列表布局的应用场景。
➢ 掌握文本显示与输入组件、图片与视频组件、按钮与选择组件的基本使用和配置方法。
➢ 学会通过属性和事件处理来增强组件的交互性。

【能力目标】

➢ 能够根据需求选择合适的布局组件，实现页面的合理布局。
➢ 能够熟练使用各种基础组件，为页面添加所需的功能和交互。
➢ 能够在开发过程中识别并解决与布局和组件相关的常见问题。
➢ 探索和实现创新的布局设计，提升用户体验和页面美观度。

【素养目标】

➢ 培养自主学习和终身学习的能力。
➢ 培养准确理解他人需求的能力。
➢ 培养正确的审美观念，能够欣赏和创造美的事物。

项目6彩图

【思维导图】

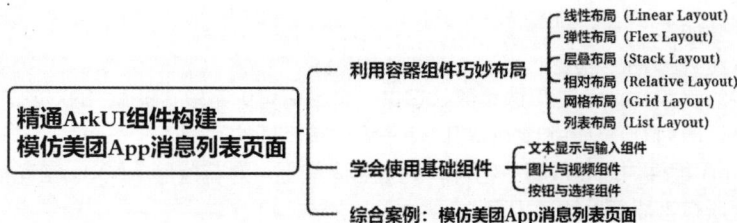

【学习任务】

任务 6.1　利用容器组件巧妙布局

布局是应用的骨架，而容器组件是塑造骨架的关键工具，往容器组件中添加各种各样的组件，就形成了各具特色的页面。在本任务中，读者将学习线性布局、弹性布局、层叠布局、相对布局、网格布局、列表布局等主要布局形式及其对应的容器组件。准备好深入了解如何使用这些布局来优化页面了吗？现在开始本任务的学习，一步步打造出既美观又实用的布局。

6.1.1　线性布局（Linear Layout）

在 UI 设计中，元素按直线（水平或垂直方向）排列元素，这种布局叫作线性布局。线性布局简单直观、易于实现，广泛应用于各种应用和网页设计中。在 ArkUI 中，线性布局通过 Column（列）和 Row（行）进行实现。Column 和 Row 的布局示意如图 6.1 所示。

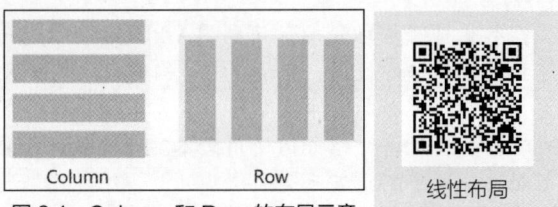

图 6.1　Column 和 Row 的布局示意

线性布局

在学习具体容器组件之前，首先需要明确线性布局的几个概念。

主轴（Main Axis）：线性布局容器组件在布局方向上的轴，即子组件默认的排列方向。

交叉轴（Cross Axis）：线性布局容器组件中垂直于主轴方向的轴，Column 和 Row 的主轴、交叉轴示意如图 6.2 所示。

子元素间距（Space）：线性布局容器组件内的子组件在排列方向上的间距，Column 和 Row 的子组件间距示意如图 6.3 所示。

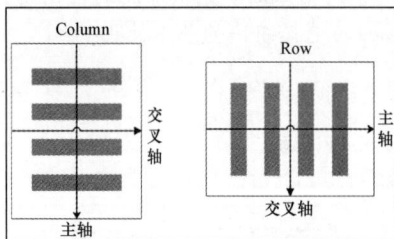

图 6.2　Column 和 Row 的主轴、交叉轴示意

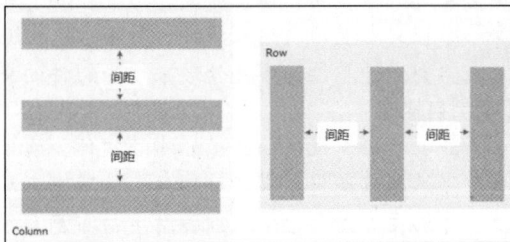

图 6.3　Column 和 Row 的子组件间距示意

1. Column 组件

Column 组件以其垂直方向的连续性，提供了一种直观且易于导航的页面设计方案。它的优点在于能够自然地引导用户的视线自上而下流动，符合用户阅读习惯。这种布局方式在实现上简单明了，使得内容的添加和组织变得直接而高效。在图 6.4 所示的美团红包页面中，美团红包列表、红包内左侧信息就采用了 Column 布局。

（1）容器接口

容器接口方法如下。

```
Column(value?: {space?: string | number})
```

接口方法中的参数 value 是可选参数，它是一个带有可选字段 space 的对象，space 表示子组件的间距，默认值为 0。设置 space 可以使子组件有相同的间距。

如果 Column 组件内需要放置子组件，则在后面加上一对花括号（{ }），在花括号内写入子组件即可，这也是所有容器组件的通用写法。

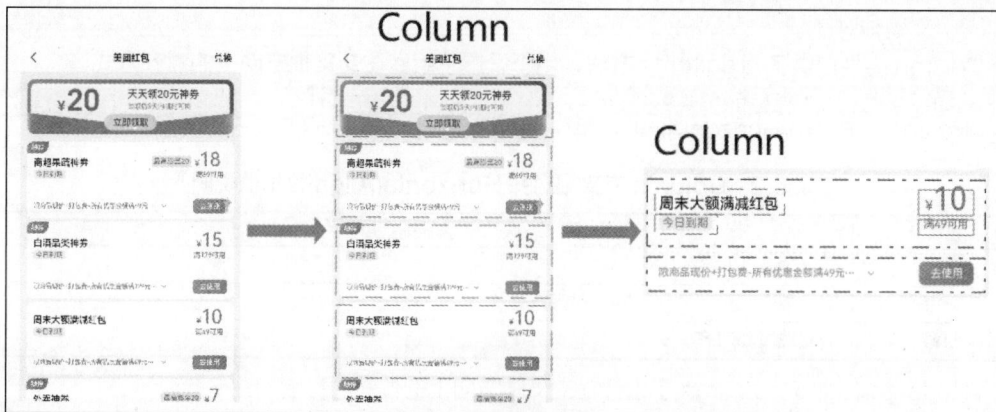

图 6.4　美团红包页面

```
Column(value?: {space?: string | number}) {
    // 子组件
}
```

（2）主轴对齐

线性布局容器组件提供了 justifyContent 方法，用于设置子组件在主轴方向上的对齐方式。

```
justifyContent(value: FlexAlign)
```

justifyContent 方法中的 FlexAlign 为枚举类型，其枚举值说明如表 6.1 所示。

表 6.1　Column 主轴对齐 FlexAlign 枚举值说明

名称	描述
Start	主轴首部对齐。第一个元素与首部对齐，后面的元素与前一个元素对齐。其为默认对齐方式
Center	主轴中间对齐。第一个元素到首部的距离与最后一个元素到尾部的距离相同
End	主轴尾部对齐。最后一个元素与尾部对齐，前面的元素与后一个元素对齐
SpaceBetween	第一个元素与首部对齐，最后一个元素与尾部对齐，相邻元素之间距离相同
SpaceAround	第一个元素到首部的距离和最后一个元素到尾部的距离是相邻元素之间距离的一半
SpaceEvenly	第一个元素到首部的距离、最后一个元素到尾部的距离、元素与元素之间的距离，三者相等

FlexAlign 对 Column 子组件在主轴方向上的位置的影响如图 6.5 所示。

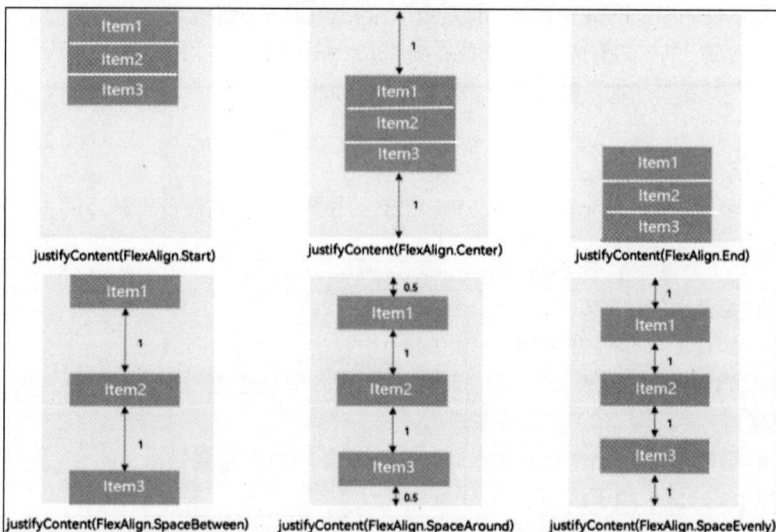

图 6.5　FlexAlign 对 Column 子组件在主轴方向上的位置的影响

（3）交叉轴对齐

Column 组件提供了 alignItems 方法，用于设置子组件在交叉轴方向上的对齐方式。

```
alignItems(value: HorizontalAlign)
```

alignItems 方法中 HorizontalAlign 是枚举类型，其枚举值说明如表 6.2 所示。

表 6.2　Column 交叉轴对齐 HorizontalAlign 枚举值说明

名称	描述
Start	交叉轴首部对齐
Center	交叉轴中间对齐，其为默认对齐方式
End	交叉轴尾部对齐

HorizontalAlign 对 Column 子组件在交叉轴方向上的位置的影响如图 6.6 所示。

2. Row 组件

Row 也是线性布局容器组件中的一种，只不过它的主轴和交叉轴方向正好与 Column 相反。Row 组件以其水平布局的特性，在 UI 设计中提供了一种高效且灵活的方式来排列元素。它允许开发者轻松地在水平方向上组织多个组件，如按钮、文本标签或其他自定义组件，同时保持它们在视觉和功能上的连贯性。美团红包中的 Row 布局如图 6.7 所示。

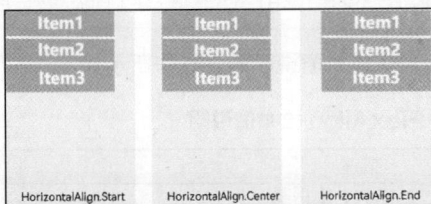

图 6.6　HorizontalAlign 对 Column 子组件
在交叉轴方向上的位置的影响

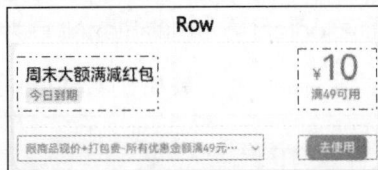

图 6.7　美团红包中的 Row 布局

（1）容器接口

容器接口方法如下。

```
Row(value?: {space?: string | number})
```

接口方法中的参数 value 是可选参数，它是一个带有可选字段 space 的对象，space 表示子组件的间距，默认值为 0。设置 space 可以使子组件有相同的间距。

如果要在 Row 组件内放置子组件，则在后面加上一对花括号（{}），在花括号内写入子组件即可。

```
Row(value?: {space?: string | number}) {
  // 子组件
}
```

（2）主轴对齐

线性布局容器组件提供了 justifyContent 方法，用于设置子组件在主轴方向上的对齐方式。

```
justifyContent(value: FlexAlign)
```

justifyContent 方法中的 FlexAlign 为枚举类型，其枚举值说明如表 6.1 所示。

FlexAlign 对 Row 子组件在主轴方向上的位置的影响如图 6.8 所示。

（3）交叉轴对齐

与 Column 组件一样，Row 组件也提供了 alignItems 方法，用于设置子组件在交叉轴方向上的对齐方式。但其参数

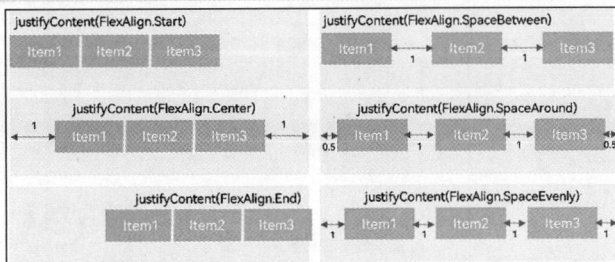

图 6.8　FlexAlign 对 Row 子组件在主轴方向上的位置的影响

类型有所不同，是 VerticalAlign 枚举类型，其枚举值说明如表 6.3 所示。

```
alignItems(value: VerticalAlign)
```

表 6.3　Row 交叉轴对齐 VerticalAlign 枚举值说明

名称	描述
Top	交叉轴首部对齐
Center	交叉轴中间对齐，其为默认对齐方式
Bottom	交叉轴尾部对齐

VerticalAlign 对 Row 子组件在交叉轴方向上的位置的影响如图 6.9 所示。

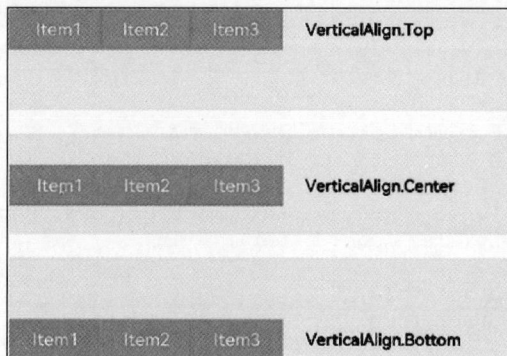

图 6.9　VerticalAlign 对 Row 子组件在交叉轴方向上的位置的影响

【案例实战 6-1】使用 Column 和 Row 组件实现美团红包页面布局。

```
// ColumnRowExample.ets
@Entry
@Component
struct ColumnRowExample {
  // 生成红包样式
  @Builder renderRedPacket(money: number) {
   // 红包细节最外层采用 Column 布局
   Column() {
    // 红包细节上部采用 Row 布局
    Row() {
     // 红包细节上部左侧使用 Column 显示信息
     Column() {
      Text('周末大额满减红包')
      Text('今日到期')
     }
     .id('c-1-1-1')
     // 红包细节上部左侧 Column 交叉轴方向采用首部对齐方式
     .alignItems(HorizontalAlign.Start)

     // 红包细节上部右侧使用 Column 显示信息
     Column() {
      Text(`￥${money}`)
      Text('满 49 可用')
     }
     .id('c-1-1-2')
     // 红包细节上部右侧 Column 交叉轴方向采用尾部对齐方式
     .alignItems(HorizontalAlign.End)
    }
    .id('r-1-1').width('100%')
    // 红包细节上部 Row 主轴方向采用两端对齐方式
    .justifyContent(FlexAlign.SpaceBetween)
```

```
    // 红包细节下部采用 Row 布局
    Row() {
      Text('限外卖使用')
      Text('去使用').borderWidth(1)
    }
    .id('r-1-2').width('100%').padding({top: 15})
    // 红包细节下部 Row 主轴方向采用两端对齐方式
    .justifyContent(FlexAlign.SpaceBetween)
  }
  .id('c-1').borderRadius(5).backgroundColor(Color.White).padding(10)
}

build() {
  // 红包页面采用 Column 布局
  Column({ space: 10}) {
    // 顶部神券
    Column() {
      Text('天天神券 20 元').fontColor(Color.White)
    }
    .width('100%').height(60).backgroundColor(Color.Red)
    .justifyContent(FlexAlign.Center)
    // 传入金额生成红包
    this.renderRedPacket(10)
    this.renderRedPacket(20)
  }
  .width('100%').height('100%').padding(10).backgroundColor('#F6F6F6')
  // 红包页面主轴方向采用首部对齐方式
  .justifyContent(FlexAlign.Start)
}
}
```

上述代码具体含义如下。

➢ build 方法中的 Column 组件用于实现整体页面布局。在主轴方向采用首部对齐方式，使得各个红包从顶部自上往下排列。

➢ 自定义组件方法 renderRedPacket 中，需传入 number 类型的参数，用来显示红包金额。

➢ id 为 c-1 的 Column 组件将红包划分为上下两部分，不显式设置主轴对齐方式，即默认采用首部对齐方式。c-1 中的子组件包括两个 Row 组件，id 分别为 r-1-1、r-1-2，对齐方式均为两端对齐。

➢ 在 r-1-1 内部又有两个 Column 组件，id 分别为 c-1-1-1、c-1-1-2。c-1-1-1 组件在交叉轴方向上使用首部对齐方式，使得"周末大额满减红包"和"今日到期"在左端对齐。c-1-1-2 组件在交叉轴方向上使用尾部对齐方式，使得"￥10"和"满 49 可用"在右端对齐。

➢ 在 r-1-2 内部放置了 2 个文本组件，而 r-1-2 在主轴方向使用两端对齐方式，使得两个文本组件分开。

上述代码运行结果如图 6.10 所示。

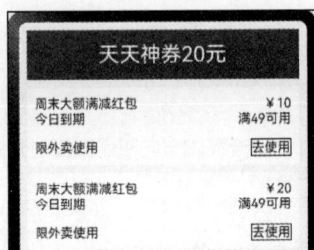

图 6.10　使用 Column 和 Row 组件实现美团红包页面布局

6.1.2　弹性布局（Flex Layout）

在 ArkUI 的布局世界中，Column 和 Row 为页面设计提供了垂直与水平方向的基本骨架。然而，当设计需求变得更加复杂时，Column 和 Row 布局可能无法满足设计需求。例如，某个 Row 组件包含了 3 个子组件，但是这 3 个子组件宽度并不确定，它们会根据其内部内容自动伸缩，可能无法在一行完全显示；又如，某个 Row 组件包含 3 个子组件，在大屏设备上这个 Row 能在一行完全显示，但是在小屏设备上后面的子组件可能无法显示。Row 布局的不足如图 6.11 所示。此时需要一种更加灵活的布局方案，让后面几个组件自动换行显示。这就是弹性布局，而 Flex 便是弹性布局中的一种容器组件。

在图 6.12 所示的美团 App 订单评价页面中，底部的话题标签区域和推荐菜标签区域就采用了典型的弹性布局。

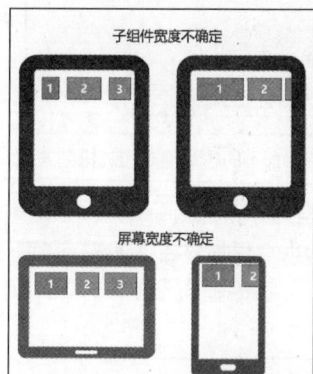

图 6.11　Row 布局的不足

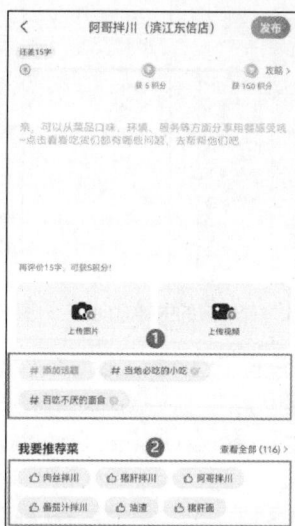

图 6.12　美团 App 订单评价页面

Flex 组件是弹性布局的具体实现，可以把 Flex 组件看作是更加灵活的 Column 和 Row 组件，因此 Flex 也有主轴、交叉轴、间距等概念。

（1）容器接口

容器接口方法如下。

```
Flex(value?: FlexOptions)
```

接口方法中的参数 value 是 FlexOptions 对象。对象中的字段均为可选字段，具体字段如下。

```
{
  direction?: FlexDirection, // 容器组件的主轴方向
  wrap?: FlexWrap, // 容器组件是采用单列/行还是采用多列/行布局的
  justifyContent?: FlexAlign, // 子组件的主轴对齐方式
  space?: FlexSpaceOptions, // 子组件在主轴、交叉轴方向上的间距
  alignItems?: ItemAlign, // 子组件的交叉轴对齐方式
  alignContent?: FlexAlign // 交叉轴方向上有额外空间时，多行内容的对齐方式
}
```

（2）接口参数

direction：用于设置 Flex 组件的主轴方向，参数类型为 FlexDirection，含有 Column（列方向）、Row（行方向）、ColumnReverse（列方向反转）、RowReverse（行方向反转）这 4 个枚举值。其默认值为 FlexDirection.Row，该值在实际开发中最常用。FlexDirection 不同枚举值对应的主轴方向如图 6.13 所示。

wrap：设置容器组件是采用单行/列还是采用多行/列布局，参数类型为 FlexWrap，包含以下枚举值。

NoWrap：不换行/列，默认值。当子组件在主轴上的宽度总和大于父组件时（即一行或一列排不下时），子组件宽度会被压缩。

Wrap：换行/列。每一行/列子组件按照主轴方向排列。

WrapReverse：换行/列。每一行/列子组件按照主轴反方向排列。

FlexWrap 不同枚举值对应的排列方式如图 6.14 所示。

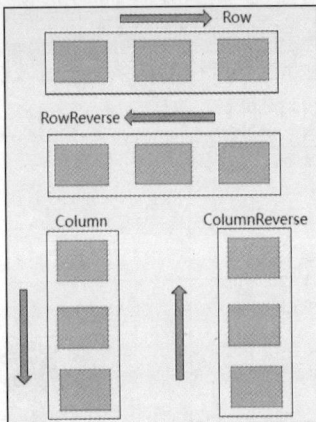

图 6.13　FlexDirection 不同枚举值对应的主轴方向

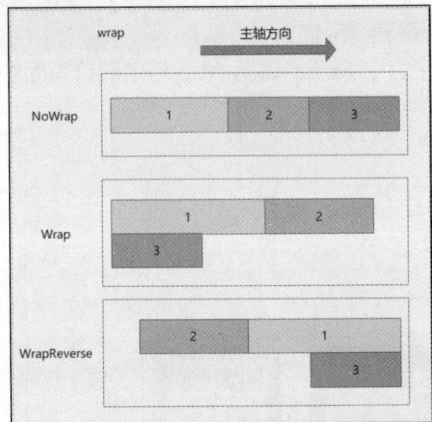

图 6.14　FlexWrap 不同枚举值对应的排列方式

justifyContent：用于设置子组件的主轴对齐方式，参数类型为 FlexAlign，包括枚举值 Start、Center、End、SpaceBetween、SpaceAround、SpaceEvenly，其具体含义如表 6.1 所示。其默认值为 FlexAlign.Start。direction 取 FlexDirection.Row 时，FlexAlign 不同枚举值对应的子组件对齐效果如图 6.15 所示。

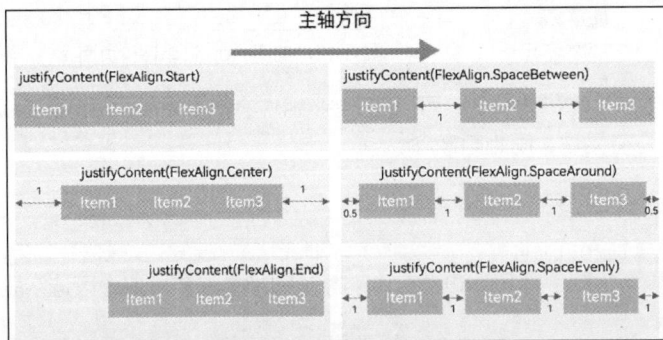

图 6.15　FlexAlign 不同枚举值对应的子组件对齐效果

space：用于设置弹性布局中子组件在主轴、交叉轴方向上的间距。FlexSpaceOptions 是一个包含 main（主轴间距）和 cross（交叉轴间距）字段的对象，main 和 cross 的类型为 LengthMetrics。其默认值为 {main: LengthMetrics.vp(0), cross: LengthMetrics.vp(0)}。需要注意的是，space 的设置与 justifyContent 的设置有叠加效果。

alignItems：用于设置子组件的交叉轴对齐方式，参数类型为 ItemAlign，包含枚举值 Auto（默认）、Start（首部对齐）、Center（中间对齐）、End（尾部对齐）、Stretch（拉伸填充）、Baseline（文本基线对齐）。其默认值为 ItemAlign.Start。当 direction 取 FlexDirection.Row 时，alignItems 不同枚举值对应的子组件对齐效果如图 6.16 所示。需要注意的是，当 alignItems 取值为 ItemAlign.Stretch 时，所有子组件在交叉轴方向上的宽度会被拉伸为最大子组件的宽度。

alignContent: 用于设置交叉轴方向上有额外空间时,多行内容的对齐方式,参数类型为 FlexAlign。该参数仅在 wrap 参数取值为 Wrap 或 WrapReverse 时生效。当 direction 取 FlexDirection.Row 时,alignContent 不同枚举值对应的对齐效果如图 6.17 所示。

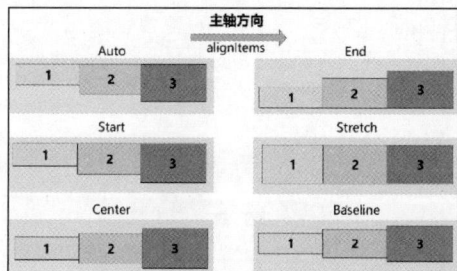

图 6.16 alignItems 不同枚举值
对应的子组件对齐效果

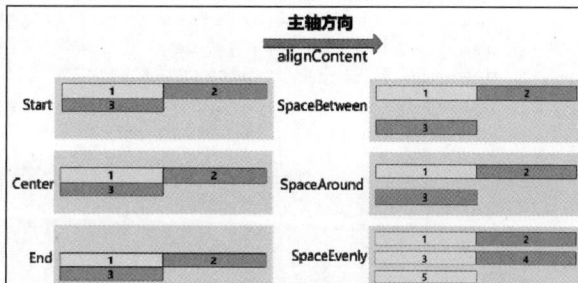

图 6.17 alignContent 不同枚举值对应的对齐效果

（3）子组件 alignSelf 属性

属性方法如下。

```
alignSelf(value: ItemAlign)
```

对于 Column、Row、Flex 组件中的子组件,还可以设置 alignSelf 来控制其在父组件中的交叉轴方向上的位置,其优先级高于父组件的 alignItems。

【案例实战 6-2】使用 Flex 组件实现美团 App 订单评价页面推荐菜功能。

```
// DishVO.ets
// 定义推荐菜类, 同时增加状态管理注解
@ObservedV2
export class DishVO {
  @Trace public name: string; // 菜品名称
  @Trace public select: boolean = false; // 是否被选中
  constructor(name: string) {
    this.name = name;
  }
}
// FlexExample.ets
// 扩展 Text 组件样式: 高亮状态
@Extend(Text) function highlightText() {
  .fontColor('#FF4500')
  .fontSize(12)
}
// 扩展 Text 组件样式: 正常状态
@Extend(Text) function normalText() {
  .fontColor('#AAAAAA')
  .fontSize(12)
}
// 定义组件复用样式: 高亮标签
@Styles function tagHighlight() {
  .padding({left: 15, right: 15, top: 9, bottom: 9})
  .borderRadius(15)
  .backgroundColor('#FFE4B5')
}
// 定义组件复用样式: 正常标签
@Styles function tagNormal() {
  .padding({left: 15, right: 15, top: 9, bottom: 9})
  .borderRadius(15)
  .backgroundColor('#EFEFEF')
}
```

```
@Entry
@Component
struct FlexExample {
  // 状态管理: 定义推荐菜数组
  @State private topDishes: Array<DishVO> = [
    new DishVO('肉丝拌川'), new DishVO('猪肝拌川'),
    new DishVO('阿哥拌川'), new DishVO('番茄汁拌川'),
    new DishVO('油渣'), new DishVO('猪肝面')
  ]

  build() {
    // 定义 Column 分为上下两部分
    Column({space: 20}) {
      // 上部使用 Flex 布局, 主轴采取两端对齐方式, 交叉轴采用基线对齐方式
      Flex({justifyContent: FlexAlign.SpaceBetween, alignItems: ItemAlign.Baseline}) {
        Text('我要推荐菜').fontWeight(800).fontSize(18)
        Text('查看全部(116) >').fontSize(11)
      }
      // 下部使用 Flex 布局, 采用多行布局, 主轴间距为 8vp, 交叉轴间距为 10vp
      Flex({ space: { main: LengthMetrics.vp(8), cross: LengthMetrics.vp(10)},
wrap: FlexWrap.Wrap}) {
        // 使用 ForEach 循环生成推荐菜标签
        ForEach(this.topDishes, (dish: DishVO, i: number) => {
          // 使用 if...else 条件渲染: 根据选中状态, 显示推荐菜标签状态
          if (dish.select) {
            Row() {
              // 点赞拇指矢量图标
              SymbolGlyph($r('sys.symbol.hand_thumbsup')).fontColor(['#FF4500'])
              Text(' ' + dish.name).highlightText()
            }.tagHighlight().onClick(() => {
              // 点击事件中: 改变选中状态值
              dish.select = !dish.select;
            })
          } else {
            Row() {
              SymbolGlyph($r('sys.symbol.hand_thumbsup')).fontColor(['#555555'])
              Text(' ' + dish.name).normalText()
            }.tagNormal().onClick(() => {
              dish.select = !dish.select;
            })
          }
        }, (dish: DishVO, i: number) => util.generateRandomUUID(false))
      }
    }
    .width('100%').backgroundColor(Color.White)
    .padding({ left: 15, right: 15, top: 20, bottom: 20})
  }
}
```

上述代码运行结果如图 6.18 所示，其具体含义如下。

➢ 定义并导出类 DishVO，用于保存推荐菜的名称及
选中状态，默认不选中。使用状态管理装饰器@ObservedV2
和@Trace 分别装饰类和字段，配合页面中的@State 装饰
器，实现对对象和字段的状态观察与记录。

➢ 在页面文件中，使用@Extend 装饰器定义了 Text
组件的扩展样式。使用@Styles 装饰器定义了公共样式，方
便组件使用。@Styles 装饰器支持对通用属性和通用事件的封装。@Extend 装饰器除了支持对通用属

图 6.18　美团 App 订单评价页面推荐菜功能

性和通用事件的封装，还能封装指定组件的私有属性、私有事件和自身定义的全局方法。

➤ 页面整体采用 Column 作为框架，分上下两部分。

➤ 上部显示"我要推荐菜"标题和"查看全部(116)"。使用 Flex 组件，主轴采用两端对齐方式，交叉轴采用基线对齐方式。

➤ 下部显示具体的推荐菜标签。使用 Flex 组件，采用多行布局，主轴间距为 8vp，交叉轴间距为 10vp。推荐菜标签使用 ForEach 循环动态生成，其定义如下。

```
ForEach(arr: Array<any>, itemGenerator: (item: any, index: number) => void,
keyGenerator?: (item: any, index: number) => string)
```

arr：提供循环所需的数组。

itemGenerator：根据索引 index 和索引处数据 item 生成组件。

keyGenerator：为组件提供 key 值，如果不显式提供，则系统默认根据索引 index 生成 key 值。虽然该参数为可选参数，但是建议提供，可以使用数据自带的 id 字段或 util.generateRandomUUID 方法。如果使用系统默认 key 值，则数据源 arr 在插入或删除数据时会造成显示问题。

➤ 推荐菜标签的颜色根据字段 select 使用 if...else 条件渲染，支持 if、else 和 else if 语句。推荐菜标签被点击后 select 值会更改，从而刷新推荐菜标签状态。

> **注意点** Flex 组件在渲染时存在二次布局过程，因此在对性能有严格要求的场景下建议使用 Column、Row。

▌编程育人▐

灵活应变，顺势而为

Flex布局能够根据不同的屏幕尺寸和需求，自动调整组件的排列和大小，既保持整体的秩序感，又具备强大的适应性。这启示我们，在学习和生活中应学会在有序中寻求创新，在变化中保持从容，这样才能更好地应对各种挑战，实现自我成长和发展。

6.1.3 层叠布局（Stack Layout）

随着对 ArkUI 布局系统探索的不断深入，我们已经领略了 Column 和 Row 线性布局的简洁之美，以及 Flex 布局的灵活性。这些工具为构建直观、有序的页面提供了坚实的基础。然而，在页面设计的世界中，总有一些场景对布局的要求超越了简单的线性排列，如在同一块区域上需要放置多个元素等，这就需要一种更为立体和动态的解决方案，于是层叠布局应运而生。图 6.19 所示为美团 App 外卖商家列表页面中的层叠布局：长按透明层叠加在底部商家信息上，商家 Logo 右上角叠加了"品质优选"标签等。

层叠布局

Stack 组件是层叠布局的一种实现。Stack 组件在屏幕上预留一块区域来显示可以重叠的布局。类似于数据结构中的栈，Stack 组件中的子组件依次入栈，后一个子组件覆盖前一个子组件。不过在 Stack 组件中，子组件可以依次叠加，也可以设置层叠层次。

（1）容器接口

容器接口方法如下。

```
Stack(value?: {alignContent?: Alignment})
```

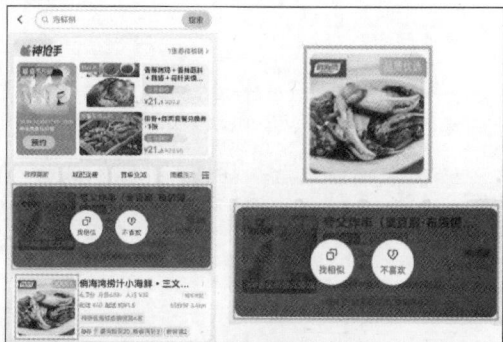

图 6.19 美团 App 外卖商家列表页面中的层叠布局

接口参数 value 是包含 alignContent 可选字段的对象，用于控制 Stack 组件中子组件的位置。alignContent 类型为 Alignment，其枚举值如表 5.1 所示。层叠布局中，alignContent 默认值为 Alignment.Center，即居中堆叠。alignContent 不同枚举值对应的子组件位置如图 6.20 所示。

（2）Z 序控制

前面说过，Stack 组件中子组件默认按加入顺序堆叠，先加入的子组件在下层，后加入的子组件在上层，但这并不是绝对的。通过对 Stack 中子组件的 zIndex 属性赋值，可以改变子组件的层级：zIndex 的值越大，子组件的层级越高，显示越在上层。

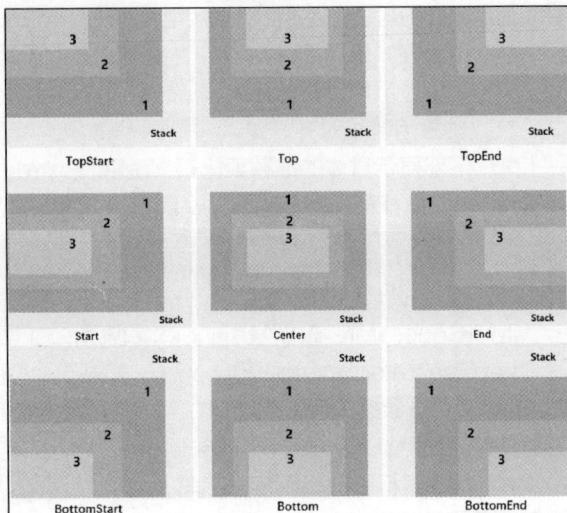

图 6.20　alignContent 不同枚举值对应的子组件位置

【案例实战 6-3】使用 Stack 组件实现美团 App 外卖商家列表页面的层叠布局。

```
// StackExample.ets
@Entry
@Component
struct StackExample {
    // 定义状态变量，用于控制是否显示遮罩层
    @State showMask: boolean = false;

    build() {
        // 整体采用 Stack 布局，分为上下两层
        Stack({alignContent: Alignment.Center}) {
            // 上层遮罩层
            Row({space: 20}) {
                Text('找相似').width(50).height(50).borderRadius(25)
                    .backgroundColor(Color.White)
                    .fontSize(12).textAlign(TextAlign.Center)
                    .onClick(() => {
                        this.showMask = false;
                    })
                Text('不喜欢').width(50).height(50).borderRadius(25)
                    .backgroundColor(Color.White)
                    .fontSize(12).textAlign(TextAlign.Center)
                    .onClick(() => {
                        this.showMask = false;
                    })
            }
            .zIndex(2)
            .alignItems(VerticalAlign.Center)
            .justifyContent(FlexAlign.Center)
            .width('100%').height(80)
            .visibility(this.showMask ? Visibility.Visible : Visibility.Hidden)
            .backgroundColor(0xAA777777).borderRadius(15)
            .onClick(() => {
                this.showMask = false;
            })

            // 下层商家信息层
            Row() {
```

```
    // 商家 Logo Stack
    Stack({alignContent: Alignment.TopEnd}) {
      Image($r('app.media.good_service_flag'))
        .width(50).height(25).borderRadius(15)
        .objectFit(ImageFit.Fill)
    }
    .backgroundImage(($r('app.media.huawei_seller_logo')))
    .backgroundImageSize(ImageSize.FILL)
    .width(80).height(80)
    .borderRadius(15).borderWidth(3).borderColor(Color.Gray)

    Blank()
    Text('商家信息展示').fontSize(20).width('calc(100% - 90vp)')
  }
  .zIndex(1)
  .height(80).width('100%').borderRadius(15)
  .gesture(LongPressGesture().onAction(() => {
    this.showMask = true;
  }))
  }
  .height(90).margin(10).borderRadius(10)
  .backgroundColor('#F5F5F5').padding(5)
  }
}
```

上述代码运行结果如图 6.21 所示，其具体含义如下。

➢ 在 struct 中定义了状态变量 showMask，用于控制是否显示遮罩层，默认为 false，不显示遮罩层。

➢ 在最外层直接使用 Stack 作为容器组件，并在其中分别放置了上层遮罩层 Row 和下层商家信息层 Row。通过将遮罩层的 zIndex 属性设置为 2，商家信息层的 zIndex 属性设置为 1，让遮罩层在上层。

➢ 在遮罩层内放置两个可点击圆形文本组件。遮罩层还设置了 visibility 属性，通过判断 showMask 值的三元表达式来确定是否可见。通过点击事件恢复 showMask 的值为 false，从而让遮罩层不可见。

➢ 商家信息层左边的 Logo 也采用 Stack 布局，把商家图片作为 Stack 的背景。Stack 设置子组件布局方式为 TopEnd（右上），并在 Stack 中放入"优质"横幅。整个商家信息层绑定长按手势，用于显示遮罩层。

> **注意点** 在 Stack 布局中，确定子组件的位置后，子组件再通过外边距 margin 调整自己的位置会比较麻烦。因此，当子组件散落在不同方位时，不建议使用 Stack 布局。

6.1.4 相对布局（Relative Layout）

在前面的内容中，所涉及的页面并不是很复杂，但是读者可能已经感觉到，容器组件嵌套容器组件的方法虽然在某些情况下可以解决问题，但是随着应用的扩展和页面需求的增加，这种方法可能会带来一些挑战，如代码的冗余、维护的困难，以及更重要的问题——性能瓶颈。容器组件嵌套过深会带来额外的开销，那么有没有一种布局可以有效减少嵌套、提升性能呢？它就是相对布局。在图 6.22 所示的美团 App 直播页面中，页面元素的排布就非常适合使用相对布局来实现。

相对布局

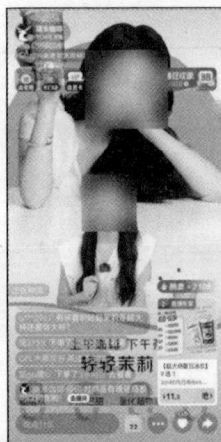

图 6.21　美团 App 商家列表页面中的层叠布局实现　　图 6.22　美团 App 直播页面

RelativeContainer 组件是一种实现相对布局的容器组件，它支持子组件以父组件或兄弟组件为基准进行定位。在深入学习 RelativeContainer 之前，先明确相对布局的以下两个要素。

锚点（anchor）： 即参照点，通过锚点可以明确当前组件基于哪个组件进行定位。

对齐方式（align）： 设置组件基于锚点的垂直对齐（上、中、下）和水平对齐（左、中、右）。

相对布局中的锚点和对齐方式如图 6.23 所示。

（1）容器接口

接口无须提供任何参数。

```
RelativeContainer()
```

（2）子组件 alignRules 属性

在 RelativeContainer 组件内的子组件会自动获得 alignRules 属性，用来设置子组件的对齐方式。

```
.alignRules({
  left?: {anchor: string, align: HorizontalAlign}, // 子组件左边界的对齐方式
  middle?: {anchor: string, align: HorizontalAlign}, // 子组件横向中线的对齐方式
  right?: {anchor: string, align: HorizontalAlign}, // 子组件右边界的对齐方式
  top?: {anchor: string, align: VerticalAlign}, // 子组件上边界的对齐方式
  center?: {anchor: string, align: VerticalAlign}, // 子组件纵向中线的对齐方式
  bottom?: {anchor: string, align: VerticalAlign} // 子组件下边界的对齐方式
})
```

从上述方法中可以看出，针对横向和纵向都可以设置对齐方式。每个方向都由 anchor（锚点）和 align（对齐方式）组成。anchor 中填入锚点组件的 id，align 按照水平方向或垂直方向取 HorizontalAlign 或 VerticalAlign 枚举的值。在水平方向上，对齐位置可以设置为 Start、Center、End。在垂直方向上，对齐位置可以设置为 Top、Center、Bottom。若子组件不设置横向对齐，则默认为左边界起始对齐；若不设置纵向对齐，则默认为上边界顶部对齐。组件相对锚点的边界线如图 6.24 所示。

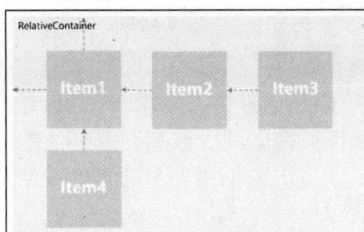

图 6.23　相对布局中的锚点和对齐方式

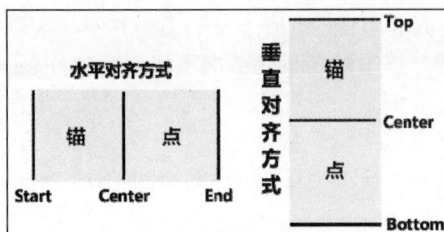

图 6.24　组件相对锚点的边界线

此外，还需要注意的是，直接被 RelativeContainer 包裹的子组件必须设置 id 属性，否则该子组件在低版本的 DevEco Studio 中将不会被绘制。而容器组件 RelativeContainer 的 id 默认为"__container__"（在 container 单词前后都需要两条下画线）。

【**案例实战 6-4**】边界对齐效果。

```
// RelativeContainerExample.ets
@Entry
@Component
struct RelativeContainerExample {
  build() {
    RelativeContainer() {
      // t1 组件：左边界设置 HorizontalAlign.Center,下边界设置 VerticalAlign.Center
      Text('t1').id('t1')
        .fontColor(Color.White).fontSize(18)
        .backgroundColor(Color.Red).padding(20)
        .alignRules({
          left: {anchor: '__container__', align: HorizontalAlign.Center},
          bottom: {anchor: '__container__', align: VerticalAlign.Center}
        })

      // t2 组件: 右边界设置 HorizontalAlign.End, 纵向中线设置 VerticalAlign.Bottom
      Text('t2').id('t2')
        .fontColor(Color.White).fontSize(18)
        .backgroundColor(Color.Green).padding(20)
        .alignRules({
          right: {anchor: '__container__', align: HorizontalAlign.End},
          center: {anchor: '__container__', align: VerticalAlign.Bottom}
        })
        .offset({x: 0, y: -30})  //对位置进行精确调整

      // t3 组件：上边界设置在组件 t1 的底部，左边界未设置，默认左边界为容器组件的左边界
      Text('t3').id('t3')
        .fontColor(Color.White).fontSize(18)
        .backgroundColor(Color.Brown).padding(20)
        .alignRules({
          top: {anchor: 't1', align: VerticalAlign.Bottom}
        })

      // t4 组件无法显示，t4 组件设置了左边界为 HorizontalAlign.End, t4 组件超出了屏幕
显示区域
      Text('t4').id('t4')
        .fontColor(Color.White).fontSize(18)
        .backgroundColor(Color.Blue).padding(20)
        .alignRules({
          left: {anchor: '__container__', align: HorizontalAlign.End}
        })
    }.width('100%').height('200vp').backgroundColor(Color.Pink)
  }
}
```

上述代码运行结果如图 6.25 所示。

那么上述代码为什么会出现这样的布局效果呢？

➢ t1 组件通过代码 left: {anchor: '__container__', align: HorizontalAlign.Center}使左边界对准容器组件的横向中线，通过代码 bottom: {anchor: '__container__', align: VerticalAlign.Center}使下边界对准容器组件的纵向中线。

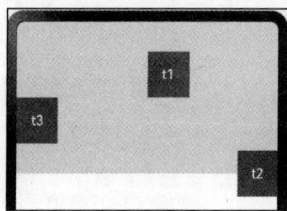

图 6.25　RelativeContainer 边界对齐效果

➢ t2 组件通过代码 right: {anchor: '__container__', align: HorizontalAlign.End}使右边界对准容器组件的右边界，通过代码 center: {anchor: '__container__', align: VerticalAlign.Bottom}使纵向中线对准容器组件的下边界。正是后面一句代码，使 t2 组件下半部分在容器组件外。

➢ t3 组件只通过代码 top: {anchor: 't1', align: VerticalAlign.Bottom}使上边界对准容器组件的纵向中线，所以 t3 组件的左边界默认对准容器组件的左边界。

➢ t4 组件并没有被绘制在屏幕上，因为代码 left: {anchor: '__container__', align: HorizontalAlign.End}把 t4 组件的左边界对准了容器组件的右边界，使得整个 t4 组件位于屏幕显示区域右侧。

> **注意点**　RelativeContainer 子组件布局要注意以下两点：（1）在同一方向上（横向/纵向）只允许设置一个锚点；（2）要避免子组件之间互为锚点、循环依赖的问题。

（3）精确调整子组件位置：offset 属性

子组件通过 alignRules 属性，只能设置自己在容器组件内的大概位置，如果需要更精确地调整位置，则可以使用 margin 属性或者 offset 属性。在【案例实战 6-4】中，t2 组件溢出容器组件，可以使用以下代码，使 t2 组件回到容器组件内部。

```
.offset({x: 0, y: -30})
```

offset 属性中的 x 代表横向偏移距离，向右偏移为正；y 代表纵向偏移距离，向下偏移为正。

设置 offset 属性之后，t2 组件回到容器组件内，如图 6.26 所示。

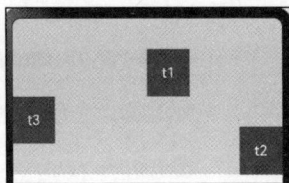

图 6.26　t2 组件回到容器组件内

在使用 offset 的时候要注意：如果在 RelativeContainer 中有子组件 A 和子组件 B，子组件 A 设置了 offset，子组件 B 以子组件 A 为锚点，那么这个锚点位置是子组件 A 偏移之前的位置，而非子组件 A 偏移之后的位置。

【案例实战 6-5】美团 App 直播页面相对布局效果。

```
// RelativeContainerMeituanLive.ets
@Entry
@Component
struct RelativeContainerMeituanLive {
    build() {
        // 最外层使用 RelativeContainer 布局
        RelativeContainer() {
            // 品牌区域使用 id 为 row_brand 的 Row 实现，使用默认左上角布局
            Row({space: 15}) {
                Image($r('app.media.icon_luckin_round')).width(30).height(30)
                Column() {
                    Text('瑞幸咖啡').fontColor(Color.White).fontSize(16)
                    Text('11.5万 观看').fontColor(Color.White).fontSize(10)
                }
            }
            .id('row_brand')
            .width('auto').height('auto')
            .padding({left: 10, right: 20, top: 10, bottom: 10})
            .borderRadius(50).backgroundColor(0x60333333)
```

```
// 排行榜信息使用 id 为 row_top_list 的 Row 实现
Row({space: 15}) {
  Image($r('app.media.icon_reward_cup')).width(15).height(15)
  Column() {
    Text('美食实时榜第 1 名').fontColor(Color.White).fontSize(10)
  }
}
.id('row_top_list')
.width('auto').height('auto')
.padding({left: 10, right: 20, top: 10, bottom: 10})
.borderRadius(50).backgroundColor(0x60333333)
// 左边界默认与容器组件的左边界对齐，上边界以 row_brand 的下边界为基准
.alignRules({
  'top': {'anchor': 'row_brand', 'align': VerticalAlign.Bottom}
})
// 向下偏移 10vp
.offset({x: 0, y: 10})

// 红包使用 id 为 img_red_packet 的 Image 组件实现
Image($r('app.media.icon_red_packet'))
  .id('img_red_packet')
  .width(30).height(30).padding(5)
  // 左边界默认与容器组件的左边界对齐，上边界以 row_top_list 的下边界为基准
  .alignRules({
    top: {anchor: 'row_top_list', align: VerticalAlign.Bottom}
  })
  // 向下偏移 15vp
  .offset({x: 0, y: 15})

// 福袋使用 id 为 img_lucky_bag 的 Image 组件实现
Image($r('app.media.icon_lucky_bag'))
  .id('img_lucky_bag')
  .width(30).height(30).padding(5)
  // 左边界以 img_red_packet 的右边界为基准，上边界以 row_top_list 的下边界为基准
  .alignRules({
    left: {anchor: 'img_red_packet', align: HorizontalAlign.End},
    top: {anchor: 'row_top_list', align: VerticalAlign.Bottom}
  })
  // 向右偏移 10vp，向下偏移 15vp
  .offset({x: 10, y: 15})

// VIP 卡使用 id 为 img_vip_card 的 Image 组件实现
Image($r('app.media.icon_vip_card'))
  .id('img_vip_card')
  .width(30).height(30).padding(5)
  // 左边界以 img_lucky_bag 的右边界为基准，上边界以 row_top_list 的下边界为基准
  .alignRules({
    left: {anchor: 'img_lucky_bag', align: HorizontalAlign.End},
    top: {anchor: 'row_top_list', align: VerticalAlign.Bottom}
  })
  // 向右偏移 10vp，向下偏移 15vp
  .offset({x: 10, y: 15})

// 分享按钮使用 id 为 img_share 的 Image 组件实现
Image($r('app.media.icon_live_share'))
  .id('img_share')
  .backgroundColor(0x60333333)
  .width(40).height(40).padding(6)
  .borderRadius(25)
```

```
          // 分享按钮以容器组件为锚点，右边界与容器组件的右边界对齐，下边界与容器组件的下边界对齐
          .alignRules({
              right: {anchor: '__container__', align: HorizontalAlign.End},
              bottom: {anchor: '__container__', align: VerticalAlign.Bottom}
          })
          // 不偏移
          .offset({x: 0, y: 0})

      Image($r('app.media.icon_love')) // 喜欢组件
          .id('img_love')
          .backgroundColor(0x60333333)
          .width(40).height(40).padding(6)
          .borderRadius(25)
          .alignRules({
              right: {anchor: 'img_share', align: HorizontalAlign.Start},
              bottom: {anchor: '__container__', align: VerticalAlign.Bottom}
          })
          .offset({x: -10, y: 0})

      Image($r('app.media.icon_3_dot')) // 设置组件
          .id('img_3_dot')
          .backgroundColor(0x60333333)
          .width(40).height(40).padding(6)
          .borderRadius(25)
          .alignRules({
              right: {anchor: 'img_love', align: HorizontalAlign.Start},
              bottom: {anchor: '__container__', align: VerticalAlign.Bottom}
          })
          .offset({x: -20, y: 0})

      Image($r('app.media.icon_shopping_bag')) // 购物袋组件
          .id('img_bag')
          .backgroundColor(0x60333333)
          .width(40).height(40).padding(6)
          .borderRadius(25)
          .alignRules({
              right: {anchor: 'img_3_dot', align: HorizontalAlign.Start},
              bottom: {anchor: '__container__', align: VerticalAlign.Bottom}
          })
          .offset({x: -30, y: 0})

      // 输入框使用 id 为 input_sth 的 TextInput 组件实现
      TextInput()
          .id('input_sth')
          .backgroundColor(0x60333333)
          .width('calc(100% - 200vp)').height(40)
          .borderRadius(25)
          // 右边界以 img_bag 的左边界为基准，下边界与父容器组件的下边界对齐
          .alignRules({
              right: {anchor: 'img_bag', align: HorizontalAlign.Start},
              bottom: {anchor: '__container__', align: VerticalAlign.Bottom}
          })
          // 向左移动 40vp
          .offset({x: -40, y: 0})
    }
    .backgroundImage($r('app.media.hwphone_wallpaper'))
    .backgroundImageSize(ImageSize.FILL)
    .padding(15).width('100%').height('100%')
  }
}
```

上述代码运行结果如图 6.27 所示，其主要含义如下。

➢ 最外层使用 RelativeContainer 作为容器组件，使其内部组件可以使用相对布局。

➢ 顶部品牌区域使用 id 为 row_brand 的 Row 实现，不显式设置 alignRules，默认使用左上角布局。

➢ 排行榜信息使用 id 为 row_top_list 的 Row 实现，左边界默认与容器组件的左边界对齐，上边界以 row_brand 的下边界为基准向下偏移 10vp。

➢ 红包、福袋、VIP 卡这 3 个组件的上边界均以 row_top_list 的下边界为基准，向下偏移 15vp；红包组件左边界以容器组件左边界为基准，福袋组件左边界以红包组件右边界为基准，VIP 卡组件左边界以福袋组件右边界为基准。

➢ 底部布局从右下角的分享按钮开始，依次向左实现喜欢、设置、购物袋、输入框等组件的布局。其中，输入框的长度使用 calc 进行计算。

> **注意点** 从上面的案例实战可以发现：子组件散落在容器组件各个方向的问题，可在相对布局中得到很好的解决。在利用相对布局编写代码时，不要出现锚点互相依赖的情况，否则组件会因为锚点无法确认而得不到绘制。

6.1.5　网格布局（Grid Layout）

主页往往决定了用户对应用的第一印象，它不仅仅是用户进入应用的第一站，也是引导用户探索其他功能的门户。要在有限的屏幕空间内有效地展示应用的丰富功能，同时保持页面清晰、有吸引力，这要求设计师进行精心的布局规划，以确保用户能够快速、直观地找到其需要的功能。

美团 App 主页如图 6.28 所示，该页面上布满了各种功能的图标，用户可以一目了然地找到想要的功能。要实现上述页面的效果，就需要使用网格布局的强大功能。网格布局是一种灵活的布局系统，它允许开发者在二维空间内创建行和列，从而构建结构化的网格系统。

网格布局

图 6.27　美团 App 直播页面相对布局效果

图 6.28　美团 App 主页

网格布局是一种二维布局，由"行"和"列"分割出的单元格组成。Grid 组件支持自定义行列数，允许子组件跨行列显示。当 Grid 组件尺寸发生变化时，所有子组件尺寸及间距会等比例进行调整，实现网格布局的自适应。网格布局示意如图 6.29 所示，Grid 组件可以用来实现图 6.29 中的布局，但不仅限于图 6.29 中的布局。

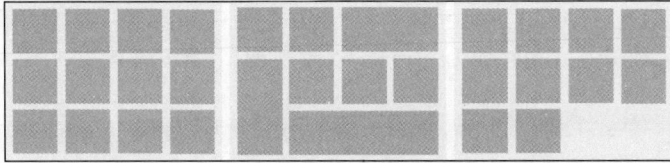

图 6.29　网格布局示意

（1）容器接口

容器接口方法如下。

```
Grid(scroller?: Scroller, layoutOptions?: GridLayoutOptions)
```

接口方法中的参数分别用于控制滚动和具体布局。Grid 组件的子组件只能是 GridItem 组件，GridItem 组件只能有一个直接子组件。因此，如果要在 GridItem 中显示比较复杂的内容，那么应该选择一个容器组件作为它的子组件，在容器组件中实现复杂的布局。

```
Grid(scroller?: Scroller, layoutOptions?: GridLayoutOptions) {
  GridItem()
  GridItem()
  ...
}
```

（2）接口参数

scroller：滚动控制器，与可滚动组件进行绑定，用代码控制滚动，为可选参数。一个 scroller 只能绑定一个可滚动组件。其参数类型为 Scroller，可直接通过 new Scroller()创建 Scroller 对象。Scroller 对象的主要方法如表 6.4 所示。

表 6.4　Scroller 对象的主要方法

名称	描述	名称	描述
scrollTo	滚动到指定位置	scrollEdge	滚动到容器组件边缘
fling	按指定初始速度进行惯性滚动	scrollPage	滚动到上一页或下一页
currentOffset	返回当前滚动偏移量	scrollToIndex	滚动到指定索引处
scrollBy	滚动指定距离	isAtEnd	是否处于底部
getItemRect	获取索引处组件的大小和位置		

layoutOptions：网格布局选项，用于设置布局中子组件的大小规则，为可选参数。

（3）设置主轴方向

Grid 默认按照 Row 方向进行布局，但可以使用以下代码来设置主轴方向。

```
layoutDirection(value: GridDirection)
```

GridDirection 枚举类型有 Row、Column、RowReverse、ColumnReverse，这 4 个值可以用来设置 Grid 组件的主轴方向（可以参考 Flex 组件的 4 个主轴方向）。

（4）设置行列间距

Grid 组件提供了 rowsGap 和 columnsGap 方法来设置 GridItem 组件的行间距和列间距，如图 6.30 所示。

```
Grid(this.scroller) {
// 若干 GridItem 组件
}
.columnsGap(10)
.rowsGap(10)
```

（5）设置行列数量

在网格布局中，首要任务是进行网格的划分，Grid 组件提供了 rowsTemplate 和 columnsTemplate 方法来进行网格的划分，分别用于对 Grid 组件进行行划分和列划分。

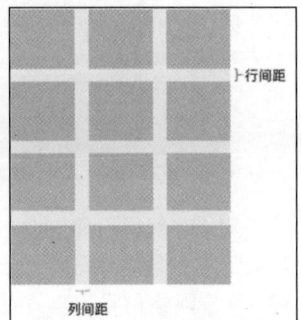

图 6.30　行间距和列间距

```
rowsTemplate(value: string)    // 把 Grid 组件划分成若干行
columnsTemplate(value: string) // 把 Grid 组件划分成若干列
```

这两个方法的参数是由"数字+fr"间隔空格拼接而成的字符串，"fr"是 fraction 的缩写，代表片段。如下代码将构建一个 3 行 3 列的网格布局。.rowsTemplate('1fr 1fr 1fr')将 Grid 组件的高度划分成 3 份，每 1 行占 1 份高度；.columnsTemplate('1fr 2fr 1fr')将 Grid 组件的宽度划分为 4 份，第 1 列占 1 份，第 2 列占 2 份，第 3 列占 1 份。网格划分示意如图 6.31 所示。

```
Grid() {
  // 9 个 GridItem 组件
}
.rowsTemplate('1fr 1fr 1fr')
.columnsTemplate('1fr 2fr 1fr')
```

（6）设置子组件所占行列数

通过 rowsTemplate 和 columnsTemplate 方法可以将 Grid 组件划分成大小相等的小块，也可以划分成大小不等的小块。如果要把 Grid 划分成不规则的小块（见图 6.32），那么仅仅通过 rowsTemplate 和 columnsTemplate 方法是无法实现的。此时，子组件 GridItem 的 rowStart（起始行）方法、rowEnd（结束行）方法、columnStart（起始列）方法、columnEnd（结束列）方法可以使单个网格横跨多行和（或）多列。

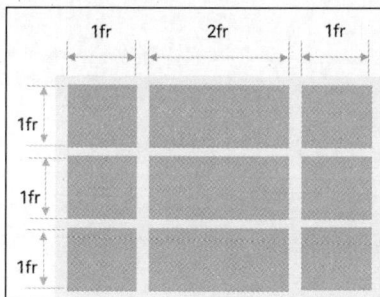

图 6.31　网格划分示意

图 6.32　网格划分为不规则的小块

```
rowStart(value: number) // 起始行
rowEnd(value: number) // 结束行
columnStart(value: number) // 起始列
columnEnd(value: number) // 结束列
```

rowStart 和 rowEnd 的取值范围为 0～（总行数-1），且 rowEnd≥rowStart。同理，columnStart 和 columnEnd 的取值范围为 0～（总列数-1），且 columnEnd≥columnStart。

【案例实战 6-6】实现图 6.32 中的不规则网格分布。

```
// GridExample.ets
@Entry
@Component
struct GridExample {

    private scroller: Scroller = new Scroller()

    build() {
      Grid(this.scroller) {
        GridItem() {
          Text('1')
        }.backgroundColor('#58D3F7')

        GridItem() {
          Text('2')
        }.backgroundColor('#58D3F7')
```

```
        GridItem() {
          Text('3')
        }
        .rowStart(0).rowEnd(0)
        .columnStart(2).columnEnd(3)
        .backgroundColor('#58D3F7')

        GridItem() {
          Text('4')
        }.backgroundColor('#58D3F7')
        .rowStart(1).rowEnd(2)

        GridItem() {
          Text('5')
        }.backgroundColor('#58D3F7')

        GridItem() {
          Text('6')
        }.backgroundColor('#58D3F7')

        GridItem() {
          Text('7')
        }.backgroundColor('#58D3F7')

        GridItem() {
          Text('8')
        }.backgroundColor('#58D3F7')
        .rowStart(2).rowEnd(2)
        .columnStart(1).columnEnd(3)
      }.width('100%').height(260).padding(10)
      .rowsTemplate('1fr 1fr 1fr') .rowsGap(10)
      .columnsTemplate('1fr 1fr 1fr 1fr').columnsGap(10)
    }
  }
```

上述代码运行结果如图 6.33 所示。Grid 组件被等分为 3 行 4 列，并且每个 GridItem 组件均被添加了序号，用以清楚地展示其在代码中的书写顺序。此外，在编写代码时，一定要按照 Grid 组件的主轴方向来逐个布局，如果把 4 和 5 的书写顺序调换，那么将得不到正确的布局。默认最小单元可以不设置起止行列号。

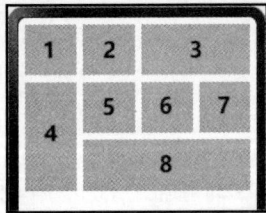

图 6.33　不规则网格分布效果

（7）设置网格可滚动

在图 6.28 所示的美团 App 主页中，功能区采用可左右滚动的网格布局。要实现可滚动的网格布局，可通过仅设置 rowsTemplate 属性或仅设置 columnsTemplate 属性来实现。

当仅设置 rowsTemplate 属性时，如果 GridItem 组件按给定行数排列后，超过 Grid 组件可显示区域的宽度，则 Grid 组件可以在 Row 方向滚动。

当仅设置 columnsTemplate 属性时，如果 GridItem 组件按给定列数排列后，超过 Grid 组件可显示区域的高度，则 Grid 组件可以在 Column 方向滚动。在某些情况下，Column 嵌套 Grid，会使 Grid 无法滚动。

【案例实战 6-7】实现美团 App 主页功能入口网格布局。

```
// 服务名及图片信息类
export class ServiceImgVO {
  private _name: string;
  private _img: Resource;
  // 省略 getter、setter、constructor
```

```
    }
    @Entry
    @Component
    struct GridMeituanDemo {
        @State private btnText: string = '滚动到最后'

        // 定义服务数据
        private services: Array<ServiceImgVO> = [
            new ServiceImgVO('外卖', $r('app.media.ic_waimai')),
            new ServiceImgVO('超市便利', $r('app.media.ic_chaoshibianli')),
            new ServiceImgVO('酒店民宿', $r('app.media.ic_jiudianminsu')),
            // 囿于篇幅, 省略部分数据
        ]

        private scroller: Scroller = new Scroller()

    build() {
        Column({ space: 5 }) {
            Grid(this.scroller) {
                ForEach(this.services, (service: ServiceImgVO, index) => {
                    GridItem() {
                        Column() {
                            Image(service.img).width('60%').height('60%').objectFit
(ImageFit.Fill)
                            Text(service.name).fontSize(12).fontWeight(600).margin({top: 5})
                        }
                    }
                    .width('calc(20%)').height(80)
                }, (service: ServiceImgVO, index: number) => service.id)
            }
            // 只设置 rowsTemplate 属性, 当内容超出 Grid 组件可显示区域时, 可左右滚动
            .rowsTemplate('1fr 1fr 1fr')
            .rowsGap(15).columnsGap(0)
            .height(250).scrollBarWidth(0)

            Button(this.btnText).onClick(() => {
                // 判断是否已滚动到底部
                if (this.scroller.isAtEnd()) {
                    this.scroller.scrollPage({next: false}) // 滚动到顶部
                    this.btnText = '滚动到最后'
                } else {
                    this.scroller.scrollPage({next: true}) // 滚动到底部
                    this.btnText = '滚动到最前'
                }
            })
        }.width('100%').height('100%').backgroundColor($r('app.color.bg_color'))
    }
}
```

上述代码运行结果如图 6.34 所示, 其主要含义如下。

➤ 最外层以 Column 组件为骨架, 内部放置 Grid 组件和滚动操作按钮。

➤ Grid 组件初始化时, 传入 Scroller 对象, 使得下方按钮可以操作 Grid 组件进行滚动。Grid 组件仅设置 rowsTemplate 属性, 使其可以左右滚动。在 Grid 组件内部, 基于 service 数组使用 ForEach 进行循环渲染, 减少冗余代码。同时, 为了美观, 使用.scrollBarWidth(0)将滚动条宽度设置为 0, 达到隐藏滚动条的目的。

➤ 按钮文字显示使用状态变量, 根据 Scroller 对象的 isAtEnd 方法判断是否已滚动到底部来更改按钮文字, 同时使用 scrollPage 方法让 Grid 组件进行左右滚动。

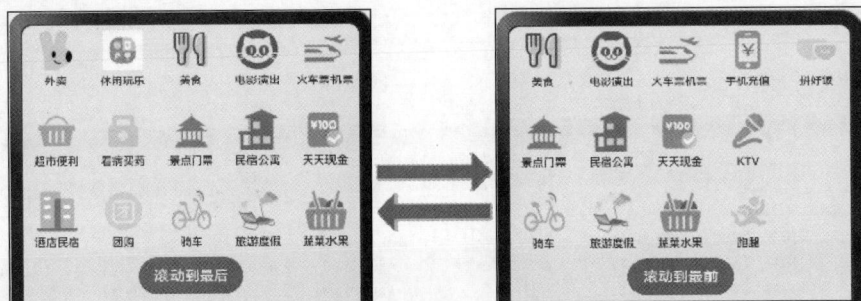

图 6.34　美团 App 主页功能入口网格布局实现效果

| 编程育人 |

有条不紊，井然有序

　　网格布局通过将页面划分为行和列，形成一个结构化的网格框架，从而实现内容的有序排列。这种布局方式启示我们，在学习和生活中，要善于通过规划和组织来提升效率和维持秩序。正如网格布局通过明确的框架和规则来安排元素一样，我们也需要学会为自己的目标和任务设定清晰的结构，做到有条不紊、井然有序。只有这样，才能在复杂多变的环境中，更好地管理时间和资源，实现高效学习和成长。

6.1.6　列表布局（List Layout）

　　本节将介绍 UI 设计中极为关键的布局——列表布局。列表布局简洁且具有连续性，提供了一种高效的信息呈现方式。它不仅能够优化内容的垂直展示，还能够通过分组和分隔增强信息的层次感及逻辑性。列表项可以包含文本、图标、图像，甚至是开关和按钮，使得列表既是展示信息的载体，又是用户进行操作的页面。下面详细介绍列表布局的构建和优化，最终实现图 6.35 所示的美团 App 消息列表页面。

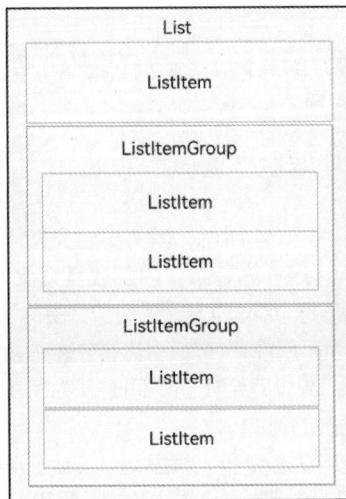

　　List 组件是列表布局的实现，它是一种复杂的容器组件，可以轻松高效地展示结构化、可滚动的信息。通过在 List 组件中添加若干个 ListItemGroup（分组列表项）或 ListItem（单列表项）子组件，可构建一个功能强大的列表。List 组件的列表结构如图 6.36 所示。

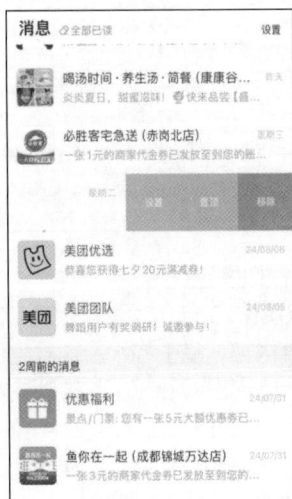

图 6.35　美团 App 消息列表页面

图 6.36　List 组件的列表结构

列表布局

（1）容器接口

```
List(value?:{space?: number | string, initialIndex?: number, scroller?:
Scroller})
```

space：主轴方向上的子组件间距。

initialIndex：列表初次加载时，屏幕中列表视窗的第一个位置显示的元素的索引。

scroller：滚动控制器，在 Grid 组件的相关内容中已有介绍。

（2）设置组件布局

设置主轴方向：List 组件通过 listDirection 方法设置主轴方向，默认主轴方向为纵向，大部分情况下主轴方向均为纵向。Axis 枚举包含 Horizontal（横向）和 Vertical（纵向）。代码如下。

```
listDirection(value: Axis)
```

设置交叉轴布局：List 组件还支持在交叉轴方向上对子组件进行布局。代码如下。

```
lanes(value: number | LengthConstrain, gutter?: Dimension)
```

lanes 方法中，value 用来设置交叉轴方向上的列数或行数，gutter 用来设置交叉轴方向上子组件的间距。例如，下面的代码在交叉轴方向上划分 3 行 3 列，设置子组件间距为 10vp。代码如下。

```
.lanes(3, 10)
```

（3）添加列表样式

添加分隔线：List 组件可以通过 divider 方法给列表添加分隔线样式，strokeWidth 表示分隔线宽度，color 表示分隔线颜色，startMargin、endMargin 表示分隔线距离 List 组件交叉轴方向的两条边的距离。代码如下。

```
divider(value: {
    strokeWidth: Length,
    color?: ResourceColor,
    startMargin?: Length,
    endMargin?: Length
} | null)
```

添加滚动条：List 组件可以通过 scrollBar 方法控制滚动条的显示状态。BarState 包括 Auto（操作时显示）、Off（始终不显示）、On（始终显示）这 3 个状态。代码如下。

```
scrollBar(value: BarState)
```

此外，还能通过 scrollBarColor 属性和 scrollBarWidth 属性来设置滚动条的颜色和宽度。代码如下。

```
scrollBarColor(color: Color | number | string)
scrollBarWidth(value: number | string)
```

（4）渲染列表数据

List 组件的子组件只能是 ListItem 和 ListItemGroup。ListItem 用于显示不分组的列表项，ListItemGroup 用于设置分组显示。

子组件 ListItem：ListItem 组件接口方法如下。其中，ListItemStyle 包含 NONE（无样式）和 CARD（卡片样式）两个值，默认值为 NONE。代码如下。

```
ListItem(value?: {style: ListItemStyle})
```

ListItem 组件有一个非常实用的属性 swipeAction，用于设置 ListItem 组件滑出时展示的组件。其具体形式如下，以 List 垂直布局为例，start 为 ListItem 组件向右滑出时展示的组件，end 为 ListItem 组件向左滑出时展示的组件，edgeEffect 为滑动效果，onOffsetChange 为进行实时返回滑动操作时的偏移量。代码如下。

```
swipeAction({
  start?: CustomBuilder | SwipeActionItem,
  end?: CustomBuilder | SwipeActionItem,
  edgeEffect?: SwipeEdgeEffect,
  onOffsetChange?: (offset: number) => void
})
```

另外，还有非常重要的一点：ListItem 组件只能有一个子组件，因此要想实现复杂的列表项，必须在 ListItem 组件内放置一个合适的容器组件。

【案例实战 6-8】 创建性别列表。

```
// ListExample1.ets
@Entry
@Component
struct ListExample1 {
    build() {
        // 创建 List 组件，子组件主轴方向间距为 10vp
        List({space: 10}) {
            // 在 ListItem 组件中放置 Row 组件，用于实现"图标+文字"的效果
            ListItem() {
                Row() {
                    Image($r('app.media.ic_gender_male')).width(50).height(50)
                    Text('男').fontSize(30)
                }
                .width('100%')
                .justifyContent(FlexAlign.SpaceEvenly)
            }.height(100)

            ListItem() {
                Row() {
                    Image($r('app.media.ic_gender_female')).width(50).height(50)
                    Text('女').fontSize(30)
                }
                .width('100%')
                .justifyContent(FlexAlign.SpaceEvenly)
            }.height(100)

            ListItem() {
                Row() {
                    Image($r('app.media.ic_gender_unknown')).width(50).height(50)
                    Text('未知').fontSize(30)
                }
                .width('100%')
                .justifyContent(FlexAlign.SpaceEvenly)
            }.height(100)

        }
        // 分隔线宽度为 1vp，颜色为灰色，距离 List 容器组件左右边界各 10vp
        .divider({
            strokeWidth: 1,
            color: Color.Gray,
            startMargin: 10,
            endMargin: 10
        })
        // 默认为垂直布局，此行可省略
        .listDirection(Axis.Vertical)
    }
}
```

上述代码创建了一个主轴方向上子组件间距为 10vp 的 List 容器组件，
设置宽度为 1vp、颜色为灰色、距离 List 容器组件左右边界各 10vp 的分隔
线。List 容器组件内部使用了 ListItem 组件，为实现"图标+文字"的效果，
在 ListItem 组件中放置 Row 组件。上述代码运行结果如图 6.37 所示。

子组件 ListItemGroup：ListItemGroup 是可以让列表内容按规定的
分组显示的组件，如常见的通信录按拼音首字母分组顺序展示就可以使用
ListItemGroup 组件实现。其接口方法如下。

图 6.37　性别列表效果

```
ListItemGroup({
    header?: CustomBuilder,
    footer?: CustomBuilder,
    space?: number | string,
    style?: ListItemGroupStyle
})
```

参数 header 和 footer 分别为用于构建 ListItemGroup 组件头部和尾部的箭头函数，space 为 ListItemGroup 组件内部 ListItem 组件的间距，其中，ListItemGroupStyle 包含 NONE（无样式）和 CARD（卡片样式）两个值，默认值为 NONE。ListItemGroup 组件的子组件只能是 ListItem。ListItemGroup 组件通过 divider 方法可以为其内部的 ListItem 组件设置分隔线。

【案例实战 6-9】实现按拼音首字母分组的通信录。

```
// ContactData.ets
import { ArrayList } from '@kit.ArkTS';

// 单个联系人信息
export class ContactVO {
  name: string;  // 姓名
  avatar: Resource;  // 头像
  constructor(name: string, avatar: Resource) {
    this.name = name;
    this.avatar = avatar;
  }
}
// 联系人分组信息
export class ContactGroupVO {
  // 分组字母
  letter: string;
  // 组内联系人
  contacts: Array<ContactVO> | null;
  constructor(letter: string, contacts: Array<ContactVO>) {
    this.letter = letter;
    this.contacts = contacts;
  }
}

export let contactArray: ArrayList<ContactGroupVO> = new ArrayList()
contactArray.add(new ContactGroupVO('A', [
  new ContactVO('安静', $r('app.media.avatar2')),
]))
contactArray.add(new ContactGroupVO('B', [
  new ContactVO('鲍信', $r('app.media.avatar3')),
  new ContactVO('步骘', $r('app.media.avatar4')),
  new ContactVO('白胜', $r('app.media.avatar5')),
  new ContactVO('包大人', $r('app.media.avatar6')),
]))
contactArray.add(new ContactGroupVO('C', [
  new ContactVO('曹操', $r('app.media.avatar7')),
  new ContactVO('曹仁', $r('app.media.avatar8')),
  new ContactVO('陈宫', $r('app.media.avatar9')),
  new ContactVO('陈群', $r('app.media.avatar1')),
  new ContactVO('柴进', $r('app.media.avatar2')),
]))
contactArray.add(new ContactGroupVO('D', [
  new ContactVO('貂蝉', $r('app.media.avatar3')),
  new ContactVO('典韦', $r('app.media.avatar4')),
  new ContactVO('戴宗', $r('app.media.avatar5')),
  new ContactVO('杜才文', $r('app.media.avatar6')),
  new ContactVO('邓飞', $r('app.media.avatar7')),
```

```
      new ContactVO('杜干', $r('app.media.avatar8')),
  ]))
contactArray.add(new ContactGroupVO('E', [
    new ContactVO('薛宝钗', $r('app.media.avatar6')),
]))

// ListItemGroupExample.ets
import { contactArray, ContactGroupVO, ContactVO } from './vo/ContactData'

@Entry
@Component
struct ListItemGroupExample {
    // @Builder 用于定义联系人分组头部组件
    @Builder itemHead(text: string) {
      // 对应联系人分组 A、B 等位置的组件
     Text(text)
       .fontSize(20)
       .fontWeight(FontWeight.Bold)
       .backgroundColor('#fff1f3f5')
       .width('100%')
       .padding({left: 30, top: 10, bottom: 10 })
   }

  build() {
     // 使用 List 作为页面基础容器组件
     List() {
       // 根据数据 contactArray，使用 ForEach 循环生成各个 ListItemGroup
       ForEach(contactArray.convertToArray(), (groupVO: ContactGroupVO, index) => {
         ListItemGroup({
             // 联系人分组的头部组件
             header: this.itemHead(groupVO.letter),
             // 设置 ListItem 组件间距为 10vp
             space: 10
         }) {
             // 在每个分组中，根据具体联系人生成 ListItem
            ForEach(groupVO.contacts, (contactVO: ContactVO) => {
              ListItem() {
                Row() {
                  Image(contactVO.avatar).width(50).margin({right: 50})
                  Text(contactVO.name)
                }.width('100%')
              }.padding({left: 15, right: 15, top: 10, bottom: 10})
            })
         }
       })
     }
     // sticky 属性配合 ListItemGroup 生效，用于设置分组头是否吸顶或分组尾是否吸底
     .sticky(StickyStyle.Header)
   }
}
```

上述代码运行结果如图 6.38 所示，其主要含义如下。

➤ ContactData.ets 文件作为数据文件，构建符合 ListItemGroup 展示的数据结构。

➤ 页面以 List 组件为基础框架，其内部使用 ListItemGroup 作为子组件，每一个字母使用一个 ListItemGroup 来展示。根据数据 contactArray，使用 ForEach 循环生成各个 ListItemGroup。

➤ 每个 ListItemGroup 使用初始化属性 header，配合由@Builder 装饰的函数 itemHead，生成联系人分组的头部组件。ListItemGroup 内部继续根据具体联系人信息使用 ForEach 循环生成 ListItem。

> List 最后的 sticky 属性只有在 List 包含 ListItemGroup 时才生效,用于设置分组头是否吸顶或分组尾是否吸底。参数 StickyStyle 枚举值包含 Header(分组头吸顶)、Footer(分组尾吸底)和 None(无样式)。

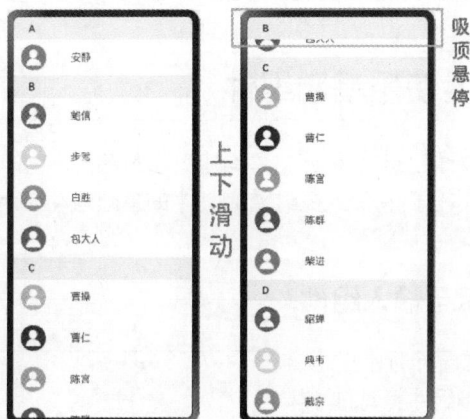

图 6.38   通信录实现效果

(5)列表性能优化

① LazyForEach。通过前面的学习,读者已经可以根据数据使用 ForEach 循环生成子组件了。然而,当数据量非常大时,如果直接使用 ForEach 循环,则系统会一次性加载所有的列表元素,这会带来性能上的问题,导致应用卡顿。为了解决这个问题,系统提供了 LazyForEach(懒加载循环)的方式实现按需迭代数据,从而提升性能。它的工作原理如下:当组件滑出显示区域时,框架会对组件进行回收,以减少内存占用。LazyForEach 渲染控制格式如下。

```
LazyForEach((dataSource: IDataSource, itemGenerator: (item: any, index:
number) => void, keyGenerator?: (item: any, index: number) => string))
```

(a)dataSource:数据源,IDataSource 接口类型。需要开发者具体实现以下 4 个方法。

totalCount(): number。该方法用于获取数据总条数。

getData(index: number): any。该方法用于获取指定索引处的数据。

registerDataChangeListener(listener: DataChangeListener): void。该方法用于注册数据变化监听器,由系统自动调用。监听器内部有诸如 onDataReload、onDataAdd、onDataMove、onDataDelete、onDataChange 等用于通知数据变化的方法。

unregisterDataChangeListener(listener: DataChangeListener): void。该方法用于取消注册数据变化监听器,由系统自动调用。

(b)itemGenerator:子组件生成函数,为数组中的每一个数据项创建一个子组件。

(c)keyGenerator:键生成函数,用于给数据源中的每一个数据项生成唯一且固定的键。

② cachedCount。当使用 LazyForEach 的方式去渲染列表时,列表滑动时存在列表项实时生成的情况,不可避免地会产生滑动白块。为此,List 组件提供了 cachedCount 属性来设置缓存列表项数目。

```
List() {
  ...
}
.lanes(m)
.cachedCount(n)
```

如果上述 List 组件的子组件为 ListItem,则 List 组件会在其视窗的前后各缓存 m×n 个 ListItem 组件;如果上述 List 组件的子组件为 ListItemGroup,则 List 组件会在其视窗的前后各缓存 n 个 ListItemGroup 组件。

> **注意点** （1）cachedCount 的值并不是越大越好，因为这会加大应用对 CPU 和内存的开销。
> （2）使用 LazyForEach + cachedCount 模式，除了显示区域中的列表项和缓存的列表项，其他列表项都会被销毁，因此在列表滑动时不可避免地存在内存抖动。

任务 6.2　学会使用基础组件

基础组件作为页面显示最细粒度单元，是构建页面的基石，它们不仅展示了页面的具体内容，还负责响应用户的交互。本任务将深入探讨 ArkUI 中的基础组件，介绍如何使用这些组件构建响应式和用户友好的页面。

6.2.1　文本显示与输入组件

在任何应用中，文字的显示几乎无处不在，而这往往是通过文本组件实现的。如果按照功能来划分，则文本组件大致可以分为两类：文本显示组件和文本输入组件。前者主要包括 Text、Span 等组件，后者主要包括 TextInput、TextArea 等组件。美团隐私政策概要页面和意见反馈页面中的典型文本组件如图 6.39 所示。

文本显示组件通常用于显示静态或动态的文本信息，它们可以通过样式属性来调整字号、颜色等，以达到预期的视觉效果。而文本输入组件允许用户输入和编辑文本，它们通常伴随着键盘的弹出和相应的输入验证功能。

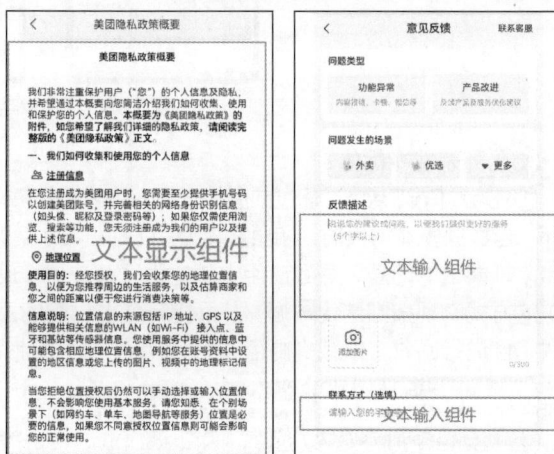

图 6.39　美团隐私政策概要页面和意见反馈页面中的典型文本组件

文本组件通用样式属性如表 6.5 所示。这些属性不仅包括基本的文本格式设置，还包括行高、文本装饰线等高级样式，使得文本组件能够灵活地适应各种复杂的布局和设计要求。

表 6.5　文本组件通用样式属性

名称	参数类型	描述
fontColor	ResourceColor	设置文本颜色
fontSize	number | string | Resource	设置文本字号，默认单位为 fp。 number：直接输入数字，单位为 fp，如.fontSize(12)等。 string：可以带单位输入，如.fontSize('10fp')、.fontSize('10px')等。 Resource：使用资源中定义的字号，如$r('app.float.fs_10')等
fontStyle	FontStyle	设置文本的样式。FontStyle 为枚举类型，有 Normal（正常）和 Italic（斜体）两个值
fontWeight	number | FontWeight | string	设置文本粗细。 number：取值范围为 100~900 的 9 个整百数，默认值为 400，值越大表示文字越粗。 FontWeight：枚举类型。其枚举值按 number 值从小到大排列有 Lighter、Normal、Regular、Medium、Bold、Bolder。其中，Normal 对应的 number 值为 400。 string：支持取值范围为 100~900 的整百数的字符串形式，如 900。也可以使用 FontWeight 的枚举值的首字母小写形式，如 lighter

续表

名称	参数类型	描述
lineHeight	string | number | Resource	设置文本行高，单位为 fp。若其值为负数，则表示不限制行高。 **number**：直接指定数值，默认单位为 fp。 **string**：可以指定单位，如 50px。 **Resource**：使用资源中定义的行高，如$r('app.float.line_height_20')
decoration	DecorationStyleInterface	设置文本装饰线。 DecorationStyleInterface 类型定义了 type（类型）、color（颜色）和 style（样式）这 3 个属性。其中，type 为 TextDecorationType，包含 Underline（下画线）、LineThrough（删除线）、Overline（上画线）、None（无装饰线）；color 为 ResourceColor；style 为 TextDecorationStyle，包含 SOLID（单实线）、DOUBLE（双实线）、DOTTED（点线）、DASHED（虚线）、WAVY（波浪线）

1. Text 组件

Text 是用于展示文本的组件，通常用于在页面上展示一段文本信息。当 Text 组件包含 Span、ImageSpan、SymbolSpan 和 ContainerSpan 等子组件时，Text 组件就能让一段文本呈现丰富的样式，从而满足不同的视觉和信息展示需求。

Text 组件

（1）组件接口

Text 组件的接口如下。

```
Text(content?: string | Resource , value?: TextOptions)
```

content：文本的字符串内容，可选参数。content 支持常见的转义字符，如\r、\n 等。

value：文本组件控制器，可选参数。value 用于控制文本显示的一些特性，如动态设置文本样式、关闭文本选择菜单等。

（2）文本对齐方式

Text 组件的 textAlign 属性用来设置文本段落在水平方向上的对齐方式。不设置该属性时，默认为首部对齐。

```
textAlign(value: TextAlign)
```

textAlign 枚举值有 Start（首部对齐）、Center（居中对齐）、End（尾部对齐）、JUSTIFY（两端对齐），默认值为 Start。当使用 JUSTIFY 时，最后一行文本的对齐方式仍然为首部对齐。

【案例实战 6-10】textAlign 属性使用演示。

```
// TextAlignExample.ets
@Extend(Text) function style(textAlign: TextAlign) {
  .textAlign(textAlign)
  .fontSize(14)
  .border({ width: 1 })
  .padding(10)
  .width('100%')
}

@Entry
@Component
struct TextAlignExample {
  content: string = '文本对齐使用 textAlign 属性，文本对齐使用 textAlign 属性。这是首部对齐显示：';
  build() {
    Column({ space: FlexAlign.SpaceBetween }) {
      Text('textAlign 使文本对齐: ').fontSize(18).fontColor(0x333333)
      Text(this.content + 'TextAlign.Start.').style(TextAlign.Start)
      Text(this.content + '枚举 TextAlign.Center。').style(TextAlign.Center)
      Text(this.content + 'TextAlign.End.').style(TextAlign.End)
      Text(this.content + 'TextAlign.JUSTIFY.').style(TextAlign.JUSTIFY)
```

```
        }.height('auto').width('auto').padding(20).alignItems(HorizontalAlign.
Center).margin('6%')
    }
}
```

上述代码实现了 4 种不同的文本对齐方式，文本对齐效果如图 6.40 所示。

（3）处理文本溢出显示

Text 组件默认可以显示无限长的内容，但实际上由于页面交互设计的原因，不可能在所有地方都显示完整的文本，在图 6.41 所示的美团 App 商家评价列表中，通过"…"的形式来表示文本未完整显示。要实现这样的效果，需要对文本组件进行以下设置：限制文本行数，超过指定行数时的处理方式。

图 6.40　文本对齐效果　　　　图 6.41　美团 App 商家评价列表

Text 组件提供了 maxLines 属性，用于设置文本最多显示的行数。该属性往往与 textOverflow 属性一起使用。

```
maxLines(value: number)
```

当 Text 组件设置 maxLines 属性时，如果文本长度超过限制行数，则会出现文本显示不全的结果。textOverflow 属性用来决定文本溢出时该如何显示。

```
textOverflow(value: {overflow: TextOverflow})
```

TextOverflow 为枚举类型，包含 None（直接截断）、Clip（直接截断）、Ellipsis（显示不下的内容用省略号代替）、MARQUEE（全部内容以跑马灯形式展示）等枚举值。当使用 MARQUEE 时，maxLines 的值自动变为 1。

【案例实战 6-11】maxLines 和 textOverflow 联合使用对文本显示的影响。

```
// TextOverflowMaxLinesExample.ets
@Extend(Text) function style1(TextAlign: TextAlign) {
 .textAlign(TextAlign)
 .fontSize(16)
 .border({ width: 1 })
 .padding(10)
 .width('100%')
}

@Entry
@Component
struct TextOverflowMaxLinesExample {
  build() {
    Column({ space: FlexAlign.SpaceBetween }) {
      // 文本溢出时的显示方式
      Text('maxLines + textOverflow 文本溢出显示: ').fontSize(17).fontColor(0x333)
      // 超出 maxLines 时截断内容
      Text('文本被maxLines 属性限制为 2 行。不设置 textOverflow 属性，超出 2 行内容直接被截断。')
        .maxLines(2)
        .style1(TextAlign.Start)
      // 超出 maxLines 时截断内容
      Text('文本被 maxLines 属性限制为 2 行。textOverflow 属性为 TextOverflow.None,
超出 2 行内容直接被截断。')
```

```
          .textOverflow({ overflow: TextOverflow.None })
          .maxLines(2)
          .style1(TextAlign.Start)
      // 超出 maxLines 时截断内容
      Text('文本被 maxLines 属性限制为 2 行。textOverflow 属性为 TextOverflow.Clip,
超出 2 行内容直接被截断。')
          .textOverflow({ overflow: TextOverflow.Clip })
          .maxLines(2)
          .style1(TextAlign.Start)
      // 超出 maxLines 时显示省略号
      Text('文本被 maxLines 属性限制为 2 行。textOverflow 属性为 TextOverflow.Ellipsis,
超出 2 行内容显示为省略号。')
          .textOverflow({ overflow: TextOverflow.Ellipsis })
          .maxLines(2)
          .style1(TextAlign.Start)
      // 以跑马灯形式显示文本, maxLines 的值自动设置为 1
      Text('文本被 maxLines 属性限制为 2 行。textOverflow 属性为 TextOverflow.MARQUEE,
内容被强制显示成 1 行, 以跑马灯形式展现。')
          .textOverflow({ overflow: TextOverflow.MARQUEE })
          .maxLines(1)
          .style1(TextAlign.Start)
    }.height('auto').width('auto').padding(20).alignItems(HorizontalAlign.
Center).margin('6%')
  }
```

上述代码展示了 3 种不同的文本溢出处理方式, 通过代码.maxLines(2)限制文本最多显示 2 行。通过文本组件的 textOverflow 属性设置不同的值, 显示效果也不一样。

➢ 不设置 textOverflow 属性, 与设置为 TextOverflow.None 或 TextOverflow.Clip, 有相同的显示效果, 即直接截断, 剩余文本不显示。

➢ TextOverflow.Ellipsis 用于表示内容未完全显示。

➢ TextOverflow.MARQUEE 是网站端比较流行的跑马灯形式, 且系统自动把 maxLines 设置为 1。

上述代码运行结果如图 6.42 所示。

图 6.42 maxLines 和 textOverflow 联合使用对文本显示的影响

（4）文本首行缩进

textIndent 属性用来设置文本的首行缩进。

```
textIndent(value: Length)
```

【案例实战 6-12】实现美团隐私政策概要页面的文本显示。

```
// TextMeituanPrivacyPolicy.ets
@Entry
@Component
struct TextMeituanPrivacyPolicy {
    @Builder IconText(icon: Resource, text: string) {
```

```
      Text() {
        ContainerSpan() {
         ImageSpan(icon).width(20).margin({right: 10})
         Span(text).fontWeight(600).decoration({type: TextDecorationType.
Underline})
        }
      }.margin({top: 15, bottom: 15})
    }

  build() {
    Column() {
      Text('美团隐私政策概要')
        .alignSelf(ItemAlign.Center).lineHeight(50)
        .font({ size: 20, weight: FontWeight.Bold }).margin({bottom: 30})

      Text() {
        Span('我们非常注重保护用户（"您"）的个人信息及隐私，并希望通过本概要向您简洁介绍我
们如何收集、使用和保护您的个人信息。')
        Span('本概要为').fontWeight(600)
        Span('《美团隐私政策》').fontWeight(600).fontColor(Color.Blue)
        Span('的附件。如您希望了解我们详细的隐私政策，请阅读完整版的《美团隐私政策》正文。
\n').fontWeight(600)
      }

      Text('一、我们如何收集和使用您的个人信息').fontWeight(600)

      this.IconText($r('app.media.icon_register'), '注册信息')

      Text('在您注册成为美团用户时，您需要至少提供手机号码以创建美团账号，并完善相关的网络
身份识别信息（如头像、昵称及登录密码等）；如果您仅需使用浏览、搜索等功能，您无须注册成为我们的用户
以及提供上述信息。')

      this.IconText($r('app.media.icon_location'), '地理位置')

      Text() {
        Span('使用目的: ').fontWeight(600)
        Span('经您授权，我们会收集您的地理位置信息，以便为您推荐周边的生活服务，以及估算商
家和您之间的距离以便于您进行消费决策等。\n')
      }
    }
    .alignItems(HorizontalAlign.Start)
    .padding({left: 10, right: 10})
    .width('100%').height('auto')
  }
}
```

上述代码使用 Text 组件完成了美团隐私政策概要页面的文本显示，美团隐私政策概要页面实现效果如图 6.43 所示。

➢ 标题部分直接用内容字符串填充 Text 组件，而内容部分把 Text 组件当作容器组件来对待。

➢ Span 作为显示行内文本的组件，拥有文本组件的一些通用属性，但其只能作为 Text、RichEdit、ContainerSpan 等组件的子组件存在。

➢ ContainerSpan 组件是用于管理多个 Span、ImageSpan 组件的容器组件，通过 textBackgroundStyle 和 attributeModifier 属性统一管理背景色及圆角弧度。

2. RichText 组件

尽管 Text 组件在文本显示中占据着非常重要的地位，但它并非万能的。

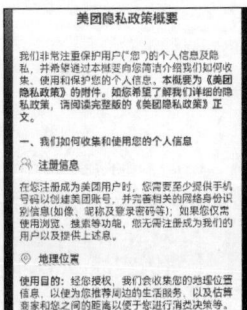

图 6.43　美团隐私政策
概要页面实现效果

当文本内容带有 HTML 标签时，Text 组件将会直接显示 HTML 标签，而 RichText 组件会对相应的 HTML 标签进行解析，呈现丰富的样式，RichText 组件也叫作富文本组件。图 6.44 展示了 Text 组件和 RichText 组件对同一段文本的不同显示效果。

```
<h1 style="font-size: 100px; font-family: verdana;
color: rgb(24,78,228)">这是一段HTML文本</h1>
```

这是一段HTML文本

图 6.44　Text 组件和 RichText 组件对同一段文本的不同显示效果

（1）组件接口

RichText 组件的接口如下。

```
RichText(content: string)
```

参数 content 为文本内容字符串，可以解析指定 HTML 标签。支持的 HTML 标签包括<h1>、<h2>、<h3>、<h4>、<h5>、<h6>、<p>、
、<font>、<hr>、<image>、<div>、<i>、<u>、<style>、<script>以及标签内的 style 属性等。

（2）支持的属性

RichText 组件只支持通用属性中的 width、height、size、layoutWeight 属性。

> **注意点** RichText 组件不支持通过属性或事件来修改背景色、字体颜色、字号，以及替换内容等操作，且 RichText 组件比较占用内存。对于复杂的 HTML 文本，建议使用 Web 组件替代 RichText 组件。

3. TextInput 组件

TextInput 组件是单行文本输入组件，允许用户输入和编辑文本，是实现登录、搜索等功能不可或缺的组件。

（1）组件接口

TextInput 组件的接口如下。

```
TextInput(value?:{placeholder?: ResourceStr, text?: ResourceStr,
controller?: TextInputController})
```

TextInput 组件

placeholder：输入框无输入时的占位提示文本。

text：设置输入框内容。建议在 onChange 回调中实时保存该值，以防页面刷新产生问题。

controller：输入框控制器，提供了一些可以设置 TextInput 状态的方法，包括 stopEditing（停止编辑，缩回键盘）、caretPosition（光标位置）、setTextSelection（设置文本选中）等。

（2）占位提示文本样式

在 TextInput 组件的构建接口中，提供了 placeholder 字段来显示占位提示文本，要改变占位提示文本的样式，可以使用 placeholderColor 和 placeholderFont。

```
placeholderColor(value: ResourceColor)
placeholderFont(value?: Font)
```

（3）输入框的种类

通过巧妙地定制输入验证规则和页面表现，输入框可以被细分为多种专门化的形式，以满足各种具体的数据输入需求。例如，密码输入框通过遮蔽输入内容，增强了安全性，同时提供显示/隐藏密码的功能，以便用户在输入时进行确认；对于只能输入数字的场景，数字输入框移除了非数值字符的输入能力，确保收集的数据符合预期的格式。这样的分类不仅提高了数据准确性，还优化了用户的输入体验。

在 ArkUI 中，TextInput 组件通过一个简单的属性 type，就能轻松实现多样化的输入框需求。

```
type(value: InputType)
```

value 的类型为 InputType，InputType 枚举值说明如表 6.6 所示。

表 6.6　InputType 枚举值说明

名称	描述	名称	描述
Normal	正常输入模式，默认模式	Password	密码输入模式
Email	邮箱输入模式	Number	纯数字输入模式
PhoneNumber	电话号码输入模式	USER_NAME	用户名输入模式
NEW_PASSWORD	新密码输入模式	NUMBER_PASSWORD	数字密码输入模式
NUMBER_DECIMAL	带小数点的数字输入模式	URL	带 URL 的输入模式

当 TextInput 组件的 type 属性值为 InputType.Password 时，通过点击输入框中右侧的眼睛状图标可以切换密码的显示状态，密码不可见与可见状态如图 6.45 所示。

图 6.45　密码不可见与可见状态

（4）限制字符数

默认情况下，输入框允许无限输入字符，但是在具体的应用场景下，输入框可能需要限制输入的字符数。例如，输入手机号码时，除了只能输入数字，还会限制位数为 11 位。

TextInput 组件提供了 maxLength 属性，用于设置允许输入的最大字符数。

```
maxLength(value: number)
```

在使用有字符数限制的输入框时，用户往往需要时刻关注已输入字符数。然而，人工计数不仅不便，还容易出错。TextInput 组件提供了 showCounter 属性，它能够实时显示用户已输入字符数和限制字符数，为用户提供直观的进度，从而轻松管理字符数，确保输入内容符合要求。例如，"3/11"表示已输入 3 个字符，限制输入 11 个字符。

```
showCounter(value: boolean, options?: InputCounterOptions)
```

value：是否显示字符进度计数器。true 表示显示，false 表示隐藏。

options：一个包含可选字段 thresholdPercentage 和 highlightBorder 的对象，类型分别为 number 和 boolean。thresholdPercentage 的取值范围为[0, 100]，它决定何时显示字符进度计数器。当已输入字符数 >= Math.floor(maxLength * thresholdPercentage / 100)，即达到显示阈值时，显示字符进度计数器。highlightBorder 表示字符已满时，输入框边框是否变红提示。

【案例实战 6-13】TextInput 实现输入字符数限制和进度提示。

```
// TextInputLengthCounterExample.ets
@Entry
@Component
struct TextInputLengthCounterExample {
    controller = new TextInputController()
    text = ''
    build() {
        Column() {
          TextInput({placeholder: '请输入手机号', text: this.text, controller:
this.controller})
            .onChange((value: string, previewText?: PreviewText) => {
              this.text = value;
            })
            .maxLength(11)
            .showCounter(true, {
              thresholdPercentage: 30,
              highlightBorder: true,
            })
            .type(InputType.Number)
```

```
        }
      }
    }
```

上述代码运行结果如图 6.46 所示。

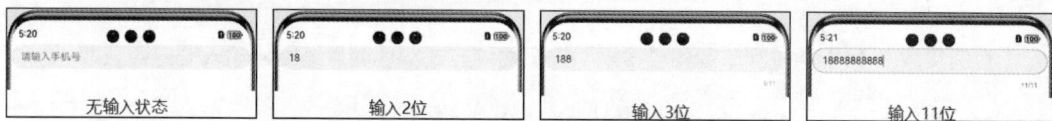

图 6.46　TextInput 实现输入字符数限制和进度提示

上述代码中的.maxLength(11)给输入框设置了限制字符数为 11，通过代码.type(InputType. Number)设置输入框只允许输入数字。虽然 showCounter 属性被设置为 true，但是由于设置了显示阈值，并不会时刻显示字符进度计数器。代码中输入框的显示阈值= Math.floor(11 * 30 / 100) = 3，因此在输入 2 位数字时，并没有显示字符进度计数器，而当输入第 3 个数字时，输入框右下角显示 "3/11"。当输入 11 位数字时，输入框右下角字符进度计数器变为红色，且由于 highlightBorder 设置为 true，输入框边框同时变红。

（5）实时获取文本内容

用户在 TextInput 组件内输入内容时，如果可以实时获取内容信息，则可以提前进行智能预测、实时反馈和动态交互，如根据用户输入推荐可能的完成选项，或者监测输入格式是否符合要求等。TextInput 组件提供了 onChange 事件来实现实时获取文本内容这一功能。

```
onChange(callback: (value: string, previewText?: PreviewText) => void)
```

onChange 事件中的回调方法提供了输入框中的实时内容 value 和输入法预上屏内容 previewText。

预上屏是输入法应用的一项重要功能，它允许用户在文本编辑过程中，通过输入法应用的编辑功能来预览即将上屏的文本内容。预上屏功能使输入法应用更加智能、高效和用户友好。

（6）输入框键盘控制

输入法键盘中的回车键在不同的场景下会有不同的展现方式，美团 App 不同页面中的回车键如图 6.47 所示，其中，搜索页面中回车键显示的是 "搜索" 两个字；意见反馈页面中，回车键显示的是 "换行" 两个字。

在 TextInput 组件中，可以通过 enterKeyType 属性实现类似的回车键定制行为。它允许开发者根据输入框的用途，定义回车键的具体功能。

```
enterKeyType(value: EnterKeyType)
```

EnterKeyType 的枚举值有 Go（开始）、Search（搜索）、Send（发送）、Next（下一步）、Done（完成）、PREVIOUS（上一步）、NEW_ LINE（换行）。

回车键被点击时，将自动触发 TextInput 组件的 onSubmit 事件，同时 TextInput 组件失去焦点，键盘将自动缩回。

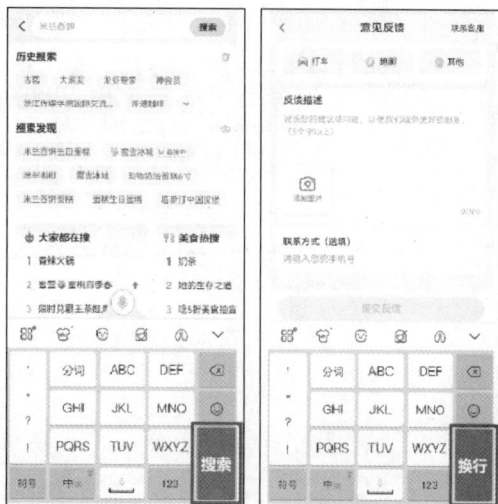

（a）搜索页面　　（b）意见反馈页面

图 6.47　美团 App 不同页面中的回车键

```
onSubmit(callback: (enterKey: EnterKeyType, event: SubmitEvent) => void)
```

在 onSubmit 事件的 callback 回调方法中，可以根据 enterKey 参数的值获取当前回车键的类型，通过 event.text 获取输入框中的字符串内容，并对内容进行进一步的处理，如把内容作为参数进行接口请求等。

> **注意点** 当 TextInput 组件的回车键类型为 EnterKeyType.NEW_LINE 时，onSubmit
> 事件并不会被触发。

【案例实战 6-14】通过回车键和"搜索"按钮两种方式实现键盘缩回和输入框内容获取。

```
// TextInputKeyboardExample.ets
import { promptAction } from '@kit.ArkUI'
import inputMethod from '@ohos.inputMethod'

@Entry
@Component
struct TextInputKeyboardExample {
  // 定义输入框控制器
  private controller = new TextInputController()
  // 定义输入框内容状态变量，并实时绑定
  @State private text: string = ''

  build() {
    RelativeContainer() {
      // 定义"搜索"按钮，实现与回车键同样的效果
      Button('搜索').onClick(() => {
        // 缩回键盘方法1
        this.controller.stopEditing()
        // 缩回键盘方法2
        // let inputMethodController = inputMethod.getController()
        // inputMethodController.stopInputSession()
        promptAction.showDialog({message: '按钮点击，内容: ' + this.text})
      })
        .id('btn_search').width(80)
        .alignRules({right: {anchor: '__container__', align: HorizontalAlign.End}})

      TextInput({placeholder: '请输入内容', text: this.text, controller:
this.controller})
        .onChange((value) => {
          // 在 onChange 事件内，同步保存输入框的值
          // 防止页面刷新时出现问题
          this.text = value
        })
        .id('input_content')
        .alignRules({right: {anchor: 'btn_search', align: HorizontalAlign.
Start}})
        .enterKeyType(EnterKeyType.Search)
        .onSubmit((enterKey, event) => {
          if (enterKey == EnterKeyType.Search) {
            promptAction.showDialog({message: '回车键点击，内容: ' + event.text})
          }
        })
        .width('calc(100% - 90vp)')
        .offset({x: -10})
    }.margin(20)
    .onClick(() => {
      // 点击输入框外的区域，自动缩回键盘
      this.controller.stopEditing()
    })
  }
}
```

上述代码运行后，分别点击键盘中的"搜索"按钮和输入框旁边的"搜索"按钮，产生的效果

如图 6.48 所示，其主要含义如下。

➤ 页面采用相对布局，右侧为"搜索"按钮 Button，左侧输入框 TextInput 以右侧 Button 为基准，向左排布。

➤ 定义输入框内容状态变量 text 和输入框控制器 controller，初始化 TextInput 组件时进行绑定。

➤ 通过代码.enterKeyType(EnterKeyType.Search)将 TextInput 组件唤出键盘时的回车键定制为"搜索"样式。

➤ 通过 onChange 事件将 TextInput 组件内容实时保存到状态变量 text 中。

➤ 为 TextInput 组件绑定 onSubmit 事件，使得键盘中的回车键被点击时，触发事件进行回调。回调事件中进行了回车键类型判断，并通过 promptAction 弹出弹窗，显示触发方式及输入框内容，输入框内容从 event 事件中获取。

➤ "搜索"按钮的 onClick 事件中，提供了 2 种缩回键盘的方式，同样通过弹出弹窗，显示触发方式及输入框内容，只不过输入框内容由 text 状态变量提供。

➤ 另外，为了更加真实地模拟美团 App 搜索页面，在最外层的 RelativeContainer 上添加了点击事件，通过代码 this.controller.stopEditing()，实现用户点击输入框之外的区域时输入框失去焦点，缩回键盘。

图 6.48　键盘缩回及输入框内容获取效果

（7）自定义输入法

在使用金融类或者购物类应用进行支付时，需要输入支付密码，而此时的输入法并非平常所用的系统输入法。出于安全考虑，这类应用使用了定制输入法，这种输入法通常不包含预测文本、自动完成或任何可能泄露用户输入内容的功能，以防恶意软件或旁观者捕捉敏感信息。

在 ArkUI 的 TextInput 组件中，通过 customKeyboard 属性就可以轻松定制属于自己的输入法。这个属性允许开发者指定一个自定义的键盘组件，它完全由开发者控制，可以完全按照应用的安全和功能需求来设计。例如，可以创建一个仅包含数字的键盘，用于支付密码的输入；或者创建一个仅包含特定字符集的键盘，用于复杂的认证流程。

```
customKeyboard(value: CustomBuilder, options?: KeyboardOptions)
```
value：CustomBuilder 函数类型，配合@Builder 构建键盘的页面功能。

options：设置自定义键盘是否支持避让功能。对象包含 boolean 类型的字段 supportAvoidance，用于设置输入框是否自动弹起以免被自定义键盘遮盖，true 表示自定义键盘支持避让功能，false 表示自定义键盘不支持避让功能，默认值为 false。

在开发自定义键盘的时候，需要注意以下几点。

➢ 自定义键盘的高度可以通过自定义组件根节点的 height 属性设置；宽度不可设置，使用系统默认值。

➢ 自定义键盘采用覆盖原始页面的方式呈现，不会对应用原始页面产生压缩或者上提作用。

➢ 自定义键盘无法获取焦点，但是会拦截手势事件。

➢ 默认在输入框失去焦点时缩回自定义键盘，开发者也可以通过 TextInputController 的 stopEditing 方法控制自定义键盘缩回。

➢ 如果设备支持拍摄输入功能，那么设置自定义键盘后，该输入框会不支持拍摄输入功能。

【案例实战 6-15】实现自定义键盘功能。

```
// TextInputCustomSoftInputExample.ets
@Entry
@Component
struct TextInputCustomSoftInputExample {
    controller: TextInputController = new TextInputController()
    // 定义状态变量，用于保存输入框内容
    @State inputValue: string = ""
    // 自定义键盘页面
    @Builder CustomKeyboardBuilder() {
      Column() {
        Button('关闭').onClick(() => {
          // 关闭自定义键盘
          this.controller.stopEditing()
        })
        // 使用 Grid 布局构建键盘，使用 ForEach 循环生成按键
        Grid() {
        ForEach([1, 2, 3, 4, 5, 6, 7, 8, 9, '*', 0, '#'], (item: number |
string) => {
          GridItem() {
            Button(item + "").fontSize(23)
            .width(110).onClick(() => {
              // 按键添加点击事件，追加内容
              this.inputValue += item
            })
          }
        })
        }.maxCount(3).columnsGap(10).rowsGap(10).padding(5)
      }.backgroundColor(0xFFDDDDDD)
    }

    build() {
      Column() {
        TextInput({ controller: this.controller, text: this.inputValue })
          // 绑定自定义键盘
          .customKeyboard(this.CustomKeyboardBuilder(), {supportAvoidance: true})
          .margin(10).border({ width: 1 }).height('48vp')
      }
    }
}
```

上述代码自定义了一个键盘，自定义键盘效果如图 6.49 所示，其主要含义如下。

➢ 定义状态变量 inputValue，用于保存输入框内容；定义输入框控制器 controller。在 TextInput 组件初始化时进行绑定。

➤ 使用@Builder 装饰器自定义键盘页面。页面使用 Grid 布局，通过 ForEach 循环生成按键。为每个按键添加点击事件，用于对 inputValue 的内容进行追加。"关闭"按钮通过代码 this.controller.stopEditing()使输入框失去焦点，从而使自定义键盘缩回。

➤ 通过代码.customKeyboard(this.CustomKeyboardBuilder(), {supportAvoidance: true})将自定义键盘与 TextInput 组件进行绑定，同时设置输入框自动弹起以免其被遮盖。

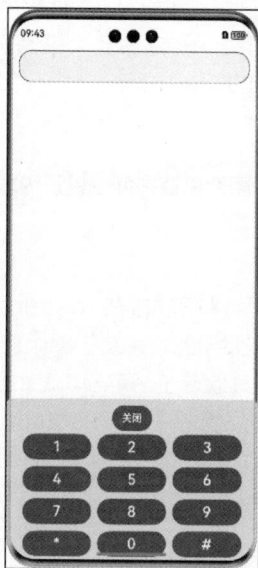

电子活页-空白与
分隔组件

图 6.49 自定义键盘效果

> **注意点** TextArea 作为多行文本输入框组件，其属性和事件与 TextInput 组件类似，使用时参考 TextInput 组件即可，本书不再展开讲解 TextArea 组件。

6.2.2 图片与视频组件

在现代 UI 设计中，视觉元素起着至关重要的作用。它们不仅丰富了用户的感官体验，还在传递信息、增强品牌识别度及提升用户参与度等方面发挥着关键作用。图像与视频因其丰富的视觉表现力和情感联结能力，能够将静态美和动态美融入应用。在图 6.50 所示的电影详情页面中，使用了图片与视频组件。在 ArkUI 中，图片组件为 Image，视频组件为 Video。

1. Image 组件

开发者经常需要在应用中显示一些图片，如按钮中的图标、网络图片、本地图片等。在 ArkUI 中显示图片需要使用 Image 组件实现，Image 组件支持的图片类型有 PNG、JPG、BMP、SVG、GIF 和 HEIF 等。

（1）组件接口

Image 组件提供了 2 个接口来实例化图片。

图 6.50 电影详情页面

```
Image(src: PixelMap | ResourceStr | DrawableDescriptor)
Image(src: PixelMap | ResourceStr | DrawableDescriptor, imageAIOptions:
ImageAIOptions)
```

接口参数 src 表示图片数据源，第二个接口比第一个接口多一个 imageAIOptions 参数，用于对图片进行 AI 支持，该属性在真机上才起作用。

（2）加载不同的图片资源

按照图片的来源，可以把图片资源分为本地图片、Resource 图片、媒体库图片和网络图片等。通过 Image 组件的强大功能，可以轻松加载不同的图片资源。

① 本地图片的加载。本地图片即直接放置于工程目录 ets 文件夹中任意位置的图片，使用路径字符串作为 Image 组件的参数。以 ets 为根目录，省略根目录书写逐级路径。本地图片路径如图 6.51 所示，图片 book_shelf.png 可以通过如下代码访问。

```
Image('pages/images/book_shelf.png')
```

> **注意点** 此种方式的图片访问存在局限性，即图片只有在同一模块内才能被 **Image** 组件使用，无法跨模块调用。

② Resource 图片的加载。Resource 图片是指放置在 resources 文件夹中的图片，通常被放置在 resources/base/media 文件夹中。如果图片需要被整个应用访问，则可以将图片放置到 AppScope 的 resources 文件夹中，否则将其放置于当前模块的 resources 文件夹中。无论是访问 AppScope 下的 Resource 图片，还是访问模块内的 Resource 图片，都需要使用任务 4.2 中介绍的 "$r" 资源访问符进行访问。Resource 图片路径如图 6.52 所示，图片 app_icon.png 和 avatar1.png 可以使用下面的代码进行访问。

```
Image($r('app.media.app_icon'))
Image($r('app.media.avatar1'))
```

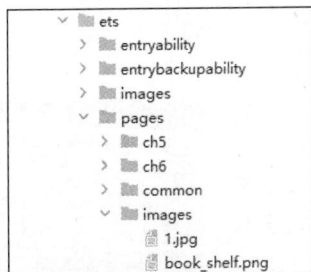

Image 组件（上）

图 6.51　本地图片路径

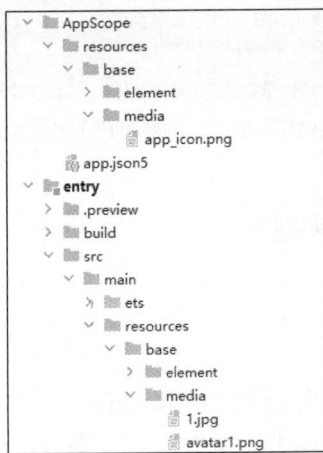

图 6.52　Resource 图片路径

如果图片被放置在 resources/rawfile 文件夹中，则需要使用 "$rawfile" 访问。下面的代码访问了一张放置在 resources/rawfile 文件夹中的图片 example.png。

```
Image($rawfile('example.png'))
```

除了手动放入的图片，框架本身也会带有 SVG 图片资源，通过使用系统资源路径进行访问。下面的代码访问了框架中的一张 SVG 图片。

```
Image($r('sys.media.wifi_router_fill'))
```

③ 媒体库图片的加载。对于当前设备媒体库中图片的访问，同样传入字符串作为 Image 组件的参数，只不过字符串内容变为媒体库图片 URI。那么如何获取图片 URI 呢？【案例实战 6-16】展示了如何从媒体库中获取图片 URI，并将图片展示在应用页面中。

【案例实战 6-16】加载媒体库图片。

```
// ImagePickerExample.ets
import { BusinessError } from '@kit.BasicServicesKit';
import { photoAccessHelper } from '@kit.MediaLibraryKit';

@Entry
@Component
struct ImagePickerExample {
    @State imgData: string[] = [];
    // 获取图片 URI 集
    getAllImg() {
      try {
        // 图片选择选项: 图片类型, 最多 5 张
        let photoOptions: photoAccessHelper.PhotoSelectOptions = new
photoAccessHelper.PhotoSelectOptions();
        photoOptions.MIMEType = photoAccessHelper.PhotoViewMIMETypes.IMAGE_TYPE;
        photoOptions.maxSelectNumber = 5;
        // 图片选择器
        let mPhotoPicker = new photoAccessHelper.PhotoViewPicker()
        // 图片选择器选取图片是一个异步过程, 使用 then 获取选取结果
        mPhotoPicker.select(photoOptions).then((photoResult) => {
         this.imgData = photoResult.photoUris // 图片以 URI 字符串数组形式返回
         console.info('图片选择成功, 图片 uri: ' + JSON.stringify(photoResult));
        }).catch((err: Error) => {
          let message = (err as BusinessError).message;
          let code = (err as BusinessError).code;
          console.error(`图片选择失败. Code: ${code}, message: ${message}`);
        })
      } catch (err) {
        let message = (err as BusinessError).message;
        let code = (err as BusinessError).code;
        console.error(`图片选择失败. Code: ${code}, message: ${message}`);
      }
    }

    // aboutToAppear 中调用上述函数, 获取媒体库中的所有图片 URI, 并将其保存在 imgData 中
    async aboutToAppear() {
      this.getAllImg();
    }

    // 使用 imgData 中的 URI 加载图片
    build() {
      Column() {
        Grid() {
          ForEach(this.imgData, (item:string) => {
            GridItem() {
              Image(item)
                .width(200)
            }
          }, (item:string):string => JSON.stringify(item))
        }
      }.width('100%').height('100%')
    }
}
```

上述代码演示了如何从媒体库中获取图片, 媒体库图片的 URI 格式通常为 "file://media/Photo/x/xxxx.png"。上述代码运行结果如图 6.53 所示。

④ 网络图片的加载。上面讨论的图片加载方式都是基于设备本地资源的, 它们提供了快速访问和离线可用的优势。然而, 在更多的场景中, 应用需要从网络上动态加载图片。

加载网络图片之前，需要在模块的 module.json5 文件下声明网络访问权限。module.json5
文件路径如图 6.54 所示。

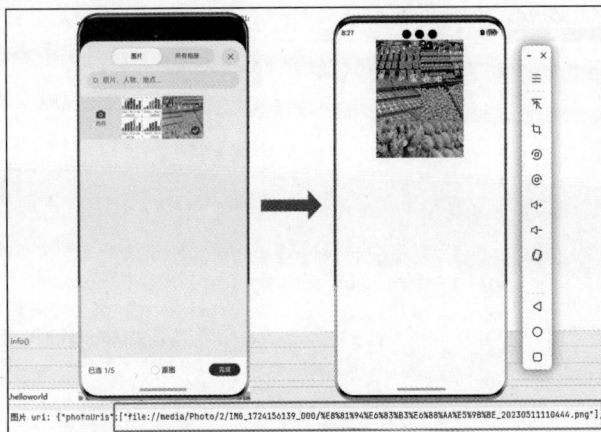

图 6.53　媒体库图片加载效果

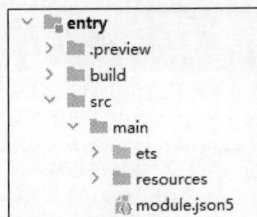

图 6.54　module.json5 文件路径

module.json5 文件内容如下。

```
{
  "module": {
    ...
    "requestPermissions":[
      {
        "name": "ohos.permission.INTERNET"
      }
    ],
    ...
  }
}
```

requestPermissions 是权限声明数组，其中，name 字段是某个权限的名称，由系统定义。
直接把图片的 URL 作为参数传入 Image 组件即可。

```
Image('https://xxgc.sxvtc.com/dfiles/10466/templates/202406/image/icon2.png'))
```

上述代码运行结果如图 6.55 所示。

图 6.55　网络图片加载效果

> **注意点**　当 URL 中有中文字符时，可能会无法加载图片，可使用 encodeURI 方法对 URL 进
> 行编码后传入 Image 组件。

（3）提升图片加载体验

随着科技的不断进步，人们享受到了超亿像素的拍摄设备和视网膜级别的屏幕所带来的极致视
觉体验。高分辨率的图片带来前所未有的清晰度和细节，无论是浏览在线相册、查看商品详情，还
是欣赏高清艺术作品，人们都能获得更为逼真的视觉享受。

然而，这一进步也带来了新的挑战：随着图片清晰度的提升，文件体积也随之增大，这对图片的加载速度和应用性能提出了更高的要求。

Image 组件通过增加占位图、图片同步/异步加载、降低图片分辨率等措施来提升网络图片的加载体验。

① 增加占位图。Image 组件的 alt 属性用来设置图片在加载过程中显示的占位图。

```
alt(value: string | Resource | PixelMap)
```

alt 属性支持本地图片，不支持网络图片。其默认值为 null。

在网络不稳定的情况下，占位图的作用尤为明显。它不仅减弱了用户的等待感知，还可以作为内容加载失败时的备选展示，提高了应用的容错性。美团 App 购物页面中的占位图如图 6.56 所示。

② 图片同步/异步加载。Image 组件默认启用异步加载，异步加载不会阻塞主线程，保证在加载图片时可以对应用做其他操作，同时异步加载会显示占位图。而 Image 组件提供的 syncLoad 属性可以让开发者控制图片的加载方式。

```
syncLoad(value: boolean)
```

参数 value 的类型为 boolean，true 表示同步加载，false 表示异步加载，默认值为 false。加载较小尺寸的图片时，建议采用同步加载，即设置为 syncLoad(true)。

③ 降低图片分辨率。在某些场景中，如果 Image 组件不

图 6.56　美团 App 购物页面中的占位图

大，不需要以高分辨率显示图片，则可以通过 Image 组件的 sourceSize 属性降低图片在设备端的解码尺寸，降低图片分辨率，从而减少占用的内存，实现页面性能优化。

```
sourceSize(value: { width: number; height: number })
```

参数 width 和 height 分别用于设置图片的解码尺寸宽度和解码尺寸高度，单位为 vp。

sourceSize 属性对 SVG 和 PixelMap 类型的图片不生效。当 objectFit 属性设置为 ImageFit.None 时，两者配合使用可在组件内显示小图。

【案例实战 6-17】sourceSize 对图片显示的影响对比。

```
// ImageSourceSizeExample.ets
@Entry
@Component
struct ImageSourceSizeExample {
  build() {
    Column({space: 10}) {
      Text('不设置 sourceSize')
      Image($r('app.media.big_pic_panda')).width('100%')
      Text('设置 sourceSize')
      Image($r('app.media.big_pic_panda'))
        .sourceSize({width: 5.8, height: 3.9}).width('100%')
    }
  }
}
```

上述代码中使用的图片的原始分辨率为 5884×3922，一个 Image 组件显示原始分辨率的图片，一个 Image 组件通过代码.sourceSize({width: 5.8, height: 3.9})等比例降低了图片分辨率，最终呈现效果如图 6.57 所示。

> **注意点**　降低解码尺寸并不是缩小 Image 组件的尺寸。因此，在 Image 组件的尺寸较小的时候，在不影响视觉效果的情况下，可以使用 sourceSize 属性减少占用的内存。

Image 组件（下）

图 6.57　sourceSize 对图片显示的影响对比

（4）图片加载事件监听

在使用 Image 组件加载图片，尤其是加载网络图片时，了解图片加载的完整生命周期对于构建一个健壮且用户友好的应用页面至关重要。onComplete 和 onError 事件作为图片加载过程中的重要环节，提供了对加载成功和加载失败情况的响应能力。

onComplete 事件在图片加载成功后触发，它是一个关键的信号，表明图片已经完全显示在页面上。利用这个事件，可以执行应用的后续操作，如记录用户行为、触发动画效果、更新应用的状态等。以下代码展示的是 onComplete 回调接口，在该接口中可以获得图片的宽度和高度、组件的宽度和高度等信息。

```
onComplete(callback: (event?: { width: number, height: number, componentWidth:
number, componentHeight: number, loadingStatus: number,contentWidth: number,
contentHeight: number, contentOffsetX: number, contentOffsetY: number }) => void)
```

onError 事件在图片加载过程中遇到错误时触发，这可能由网络问题、文件损坏、资源不存在等原因引起。通过监听 onError 事件，可以向用户提供错误信息，尝试重新加载图片或展示替代图片，从而增强应用的健壮性、提高用户的满意度。以下代码展示的是 onError 回调接口，从该接口中可以获得错误信息等。

```
onError(callback: ImageErrorCallback)
```

【案例实战 6-18】图片加载成功与加载失败回调事件。

```
// ImageOnCallbackExample.ets
@Entry
@Component
struct ImageOnCallbackExample {
    // 正常图片 URL
    private imgUrl: string = 'https://images.unsplash.com/photo-1526716173434-
a1b560f2065d?q=80&w=1887&auto=format&fit=crop&ixlib=rb-4.0.3&ixid=
M3wxMjA3fDB8MHxwaG90by1wYWdlfHx8fGVufDB8fHx8fA%3D%3D'
    // 起始时间
    @State private startTime: number = 0
    // 结束时间
    @State private endTime: number = 0
    // 错误时间
    @State private errorTime: number = 0
    // 错误信息
    @State private errMsg: string = ''
    // 图片 1 的占位图
    @State altImg1: Resource = $r('app.media.img_placeholder')
    // 图片 2 的占位图
    @State altImg2: Resource = $r('app.media.img_placeholder')
```

```
            // 在 aboutToAppear 方法中记录起始时间
            aboutToAppear(): void {
              this.startTime = new Date().getTime()
            }

            build() {
              Column({space: 10}) {
                // URL 正确
                Image(this.imgUrl)
                  .alt(this.altImg1)
                  .width('80%')
                  .height('30%')
                  .onComplete(() => {
                    // 记录结束时间
                    this.endTime = new Date().getTime()
                  })
                Text('起始时间（毫秒）: ' + this.startTime)
                Text('结束时间（毫秒）: ' + this.endTime)
                Text('成功间隔（秒）: ' + (this.endTime - this.startTime) / 1000).
            visibility(this.endTime > 0 ? Visibility.Visible : Visibility.Hidden)

                Divider()
                // URL 错误
                Image('http://abcdefg123.com')
                  .alt(this.altImg2)
                  .width('80%')
                  .height('30%')
                  .onError((error) => {
                    // 记录错误时间、错误信息，更改占位图
                    this.errorTime = new Date().getTime()
                    this.errMsg = error.message
                    this.altImg2 = $r('app.media.img_broken')
                  })
                Text('起始时间（毫秒）: ' + this.startTime)
                Text('错误时间（毫秒）: ' + this.errorTime)
                Text('错误间隔（秒）: ' + (this.errorTime - this.startTime) / 1000).
            visibility(this.errorTime > 0 ? Visibility.Visible : Visibility.Hidden)
                Text('错误信息: ' + this.errMsg)
              }.width('100%').height('100%')
            }
          }
```

上述代码中定义了两张图片，分别通过传入正确和错误的图片 URL，演示图片加载回调事件。上述代码运行结果如图 6.58 所示。

➢ 第一张图片使用正确的图片 URL 进行加载，在图片加载完成之后，回调了 onComplete 方法。由于图片较大，加载时间较长，在加载过程中始终显示了占位图。

➢ 第二张图片使用了错误的图片 URL，仅加载了 0.113 秒就回调了 onError 方法。在 onError 方法中，对错误时间、错误信息进行了记录，同时更改了占位图，刷新页面后显示了相关信息。

（5）掌握图片显示的自适应策略

图片的自适应显示是实现响应式布局和优化用户体验的关键。随着设备多样性的增加和用户对视觉质

图 6.58　图片加载回调事件演示

量要求的提高，图片不仅要在不同尺寸的屏幕上清晰显示，还要能够根据组件尺寸的变化灵活调整自身大小和比例。Image 组件通过 objectFit 和 autoResize 属性，提供了一套灵活的解决方案，确保图片内容无论在何种情况下都能得到合理的展示。

① **图片填充效果。** objectFit 属性赋予图片自适应能力，它允许图片根据组件的尺寸动态调整自身尺寸，以最佳的方式填充空间。无论是需要裁剪以聚焦于图片的核心部分，还是需要缩放以避免内容的失真，objectFit 都能够根据指定的策略进行智能调整。

```
objectFit(value: ImageFit)
```

参数 value 的类型为 ImageFit，它的枚举值有十几个，包含 Contain、Cover、Auto、Fill、ScaleDown、None 等，默认为 Cover。其常用枚举值说明如表 6.7 所示。

表 6.7　ImageFit 常用枚举值说明

名称	描述
Contain	按组件宽高中的小边进行等比例缩放，使图片完全显示在组件内。图片可能无法填满组件
Cover	按组件宽高中的大边进行等比例缩放，使图片覆盖组件。图片可能会显示不全
Auto	根据其自身尺寸和组件尺寸进行适当缩放，以在保持宽高比的同时填充组件
Fill	按组件的宽高比进行缩放，使图片填满组件。图片可能会变形
ScaleDown	等比例缩小或保持不变，使图片能完全显示在组件内
None	保持原有尺寸显示。图片可能会显示不全

【案例实战 6-19】 图片填充效果展示。

```
// ImageFitExample.ets
@Entry
@Component
struct ImageFitExample {
  @Builder imageRow(fit: ImageFit, fitName: string) {
    Row({space: 50}) {
      Text(fitName).width(90)
      Image($r('app.media.tiger'))
        .width(70).height(118)
        .backgroundColor(Color.Pink)
        .objectFit(fit)
      Image($r('app.media.msg_type_9'))
        .width(70).height(118)
        .backgroundColor(Color.Pink)
        .objectFit(fit)
    }
  }

  build() {
    Column({space: 8}) {
      this.imageRow(ImageFit.Contain, "Contain")
      this.imageRow(ImageFit.Cover, "Cover")
      this.imageRow(ImageFit.Auto, "Auto")
      this.imageRow(ImageFit.Fill, "Fill")
      this.imageRow(ImageFit.ScaleDown, "ScaleDown")
      this.imageRow(ImageFit.None, "None")
    }.width('100%')
  }
}
```

上述代码中所使用的两张图片，一张实际尺寸比 Image 组件大，一张实际尺寸比 Image 组件小。通过对比来进一步说明不同的 objectFit 参数为图片显示带来的差别。上述代码运行结果如图 6.59 所示。

图 6.59　图片填充效果

② **图片降采样**。图片降采样涉及调整图片的分辨率以适应组件的尺寸。在 ArkUI 的 Image 组件中，autoResize 属性正是实现这一功能的工具，它允许图片在不过度消耗资源的前提下，智能地降低分辨率以匹配组件的尺寸。

```
autoResize(value: boolean)
```

参数 value 用于控制 Image 组件是否开启降采样特性，true 表示开启，false 表示关闭。降采样解码时图片的部分信息会丢失，因此可能会导致图片质量下降。

（6）改变图片颜色

在数字图像的呈现中，颜色不仅承载着情感表达，还是品牌识别和视觉层次表现的关键因素。在 Image 组件中，通过 fillColor 和 renderMode 属性，能够对图片的色彩表现进行细致的调整，以适应不同的设计需求和视觉风格。

① **fillColor 为矢量图增光添色**。在应用中，图标作为视觉语言的重要组成部分，扮演着至关重要的角色。它们不仅为 UI 增添了直观性和易用性，还通过简约的视觉元素传递了复杂的信息和指令。随着设计趋势的演变，矢量图因其在不同设备上的无失真性而成为图标实现的首选方式。

然而，随着图标集的不断扩展，管理和维护这些资源也变得越来越复杂。Image 组件通过引入 fillColor 属性，为矢量图标提供了一种高效且灵活的颜色解决方案。通过 fillColor 属性，开发者可以为矢量图标指定任意颜色，使得图标能够无缝融入各种视觉主题和布局背景，同时减少了为每种颜色状态存储不同图标文件的需要。

fillColor 调用方法的格式如下。

```
fillColor(value: ResourceColor)
```

② **renderMode 让光栅图化繁为简**。fillColor 属性为矢量图的多彩化带来了无限的可能，而在光栅图的世界里，renderMode 属性为图片的显示提供了额外的控制层。该属性支持除 SVG 以外的所有图片格式。

```
renderMode(value: ImageRenderMode)
```

ImageRenderMode 目前包含 Original（原色模式）和 Template（黑白模式）两个枚举值。黑白模式赋予图片高对比度的经典视觉效果。若想为图片设置滤镜效果，则可以使用 colorFilter 属性，本书不做介绍。

【案例实战 6-20】图片颜色更改展示。

```
// ImageColorExample.ets
@Entry
@Component
```

```
struct ImageColorExample {
    build() {
        Column({space: 30}) {
            Image($r('app.media.airplane_fill'))
                .fillColor(Color.Blue)
                .width(64).height(64)
            Image($r('app.media.airplane_fill'))
                .fillColor(Color.Pink)
                .width(64).height(64)
            Image($r('app.media.scene'))
                .renderMode(ImageRenderMode.Original)
                .width(200).height(200)
            Image($r('app.media.scene'))
                .renderMode(ImageRenderMode.Template)
                .width(200).height(200)
        }.width('100%')
    }
}
```

上述代码分别使用 fillColor 和 renderMode 属性对矢量图和光栅图进行了颜色更改。上述代码运行结果如图 6.60 所示。

2. Video 组件

在多媒体资源丰富的今天，视频已成为传递信息和讲述故事的强大工具。Video 组件封装了功能强大的 AVPlayer，提供了一种简洁而强大的方法来集成视频播放功能。无论是产品演示、教育培训，还是短视频娱乐，Video 组件都能为用户提供沉浸式的观看体验。

（1）组件接口

```
Video(value: VideoOptions)
```

参数 value 用于初始化视频播放相关设置。VideoOptions 包含的字段如下。

图 6.60　图片颜色更改效果

```
{
  src?: string | Resource, // 视频数据源
  currentProgressRate?: number | string | PlaybackSpeed, // 播放速度
  previewUri?: string | PixelMap | Resource, // 视频未播放时展示封面图
  imageAIOptions?: ImageAIOptions, // 图像 AI 分析选项
  posterOptions?: ImageAIOptions // 视频播放首帧送显选项
}
```

src：视频数据源，支持本地视频和网络视频的播放。string 类型可用于网络视频链接和本地视频路径；Resource 类型支持播放 rawfile 文件夹中的视频。可支持播放的视频格式有 MP4、MKV 和 TS。

currentProgressRate：仅支持 0.75、1.0、1.25、1.75、2.0 倍速播放。

previewUri：视频在未播放时展示的封面图，默认不展示封面图，支持本地图片和网络图片。

controller：视频控制器，VideoController 类型对象，可以控制视频的不同播放状态，如开始、暂停、停止等。

imageAIOptions：图像 AI 分析选项，可配置分析类型或绑定分析控制器。

posterOptions：视频播放首帧送显是否开启的选项。

如果播放的是网络视频或者展示的是网络图片，则需要像 Image 组件一样申请网络权限。

（2）加载视频资源

① **加载本地视频。** 本地视频被放置在 resources 下的 rawfile 文件夹中，rawfile 文件夹中的 MP4 视频文件如图 6.61 所示。

以下代码访问了图 6.61 中的 video_course_start.mp4 视频文件，并设置了封面图，填充效果设置为 Contain，Video 组件加载本地视频效果如图 6.62 所示。

```
Video({src: $rawfile('video_course_start.mp4'), previewUri: $r('app.media.
img_csharp_start')})).objectFit(ImageFit.Contain)
```

图 6.61 rawfile 文件夹中的 MP4 视频文件　图 6.62 Video 组件加载本地视频效果

② 加载媒体库视频。对于当前设备媒体库中视频的访问，可以传入字符串作为 Video 组件的 src 参数，字符串内容是媒体库视频 URI。那么如何获取媒体库视频地址呢？【案例实战 6-21】展示了如何从媒体库中获取视频 URI，并将视频展示在应用页面中。

【案例实战 6-21】加载媒体库视频。

```
// VideoPickerExample.ets
import { photoAccessHelper } from '@kit.MediaLibraryKit';
import { BusinessError } from '@kit.BasicServicesKit';
@Entry
@Component
struct VideoPickerExample {
    @State videoData: string[] = [];
    // 获取视频 URI 集
    getVideos() {
        try {
            // 视频选择选项
            let photoOptions: photoAccessHelper.PhotoSelectOptions = new
photoAccessHelper.PhotoSelectOptions();
            photoOptions.MIMEType = photoAccessHelper.PhotoViewMIMETypes.
VIDEO_TYPE;
            photoOptions.maxSelectNumber = 5;
            // 视频选择器
            let mPhotoPicker = new photoAccessHelper.PhotoViewPicker()
            mPhotoPicker.select(photoOptions).then((photoResult) => {
                this.videoData = photoResult.photoUris
                console.info('视频选择成功，视频 URI: ' + JSON.stringify
(photoResult));
            }).catch((err: Error) => {
                let message = (err as BusinessError).message;
                let code = (err as BusinessError).code;
                console.error(`视频选择失败. Code: ${code}, message: ${message}`);
            })
        } catch (err) {
            let message = (err as BusinessError).message;
            let code = (err as BusinessError).code;
            console.error(`视频选择失败. Code: ${code}, message: ${message}`);
        }
    }

    // 在 aboutToAppear 中调用上述函数，获取媒体库中所有视频的 URI，并将其保存在 videoData 中
    async aboutToAppear() {
        this.getVideos();
    }

    // 使用 videoData 中的 URI 加载视频
    build() {
```

```
Column() {
    ForEach(this.videoData, (item: string, index: number) => {
        Column() {
            Text(`视频${index + 1}`).margin({top: 20, bottom: 5})
            Video({src: item})
                .objectFit(ImageFit.Contain)
                .width('100%').height(200)
        }
    }, (item: string): string => JSON.stringify(item))
    }.width('100%').height('100%')
}
```

上述代码演示了如何从媒体库中获取视频，媒体库视频的 URI 格式为"file://media/Photo/x/VID_xxxx/xxxx.mp4"。上述代码运行结果如图 6.63 所示。

图 6.63　Video 组件加载媒体库视频效果

③ **加载网络视频。** 加载网络视频需要申请权限 ohos.permission.INTERNET，具体申请方式参见前面 Image 组件的相关内容。此时，Video 组件的 src 属性为网络视频的链接。代码如下。

```
Video({src: 'https://www.abcxxx.com/example.mp4'})
```

（3）设置视频属性

Video 组件的属性相对来说比较简单，主要属性有 muted（静音）、autoPlay（自动播放）、controls（是否显示控制条）、objectFit（内容填充模式）、loop（循环播放）、enableAnalyzer（是否激活 AI 分析）、analyzerConfig（AI 分析配置）等。代码如下。

```
Video({src: $rawfile('video_course_start.mp4')})
  .muted(false) // 静音属性，值为 true 时表示静音
  .autoPlay(true) // 自动播放，值为 true 时表示自动播放
  .controls(false) // 是否显示控制条，值为 true 时表示显示控制条
  .objectFit(ImageFit.Contain) // 内容填充模式
  .loop(true) // 循环播放，值为 true 时表示循环播放
  .enableAnalyzer(true) // 是否激活 AI 分析，值为 true 时表示激活 AI 分析
  .analyzerConfig({
    types: [ImageAnalyzerType.OBJECT_LOOKUP]
  }) // AI 分析配置，配置分析内容
```

（4）视频控制器及事件支持

Video 组件可以提供事件支持，以及对视频播放的控制功能。例如，部分视频在不购买会员的情况下只能试看 5 分钟，在视频播放过程中插播广告，观看同一视频时能从上次的播放位置继续观看，这些功能都需要视频控制器和事件协同处理。

在前面已经提到了 VideoController，其主要用于控制视频的播放状态，其主要方法如表 6.8 所示。

表 6.8　VideoController 主要方法

方法	描述
start()	开始播放，包括一开始的播放和暂停、停止播放及重置播放器后的播放
pause()	暂停播放，显示当前帧，再次播放时从当前位置继续
stop()	停止播放，显示当前帧，再次播放时从头开始
reset()	重置播放器，显示当前帧，再次播放时从头开始
setCurrentTime(value:number)	指定视频从 value 秒处开始播放
requestFullscreen(value: boolean)	请求全屏播放，值为 true 时表示全屏播放
exitFullscreen()	退出全屏播放

除了 VideoController 的强大功能，Video 组件本身对于事件的响应也非常重要，Video 组件支持的事件如表 6.9 所示。

表 6.9　Video 组件支持的事件

事件	描述
onStart	视频开始播放时触发
onPause	视频暂停播放时触发
onFinish	视频播放结束时触发
onError	视频播放失败时触发
onStop	视频播放停止时触发
onPrepared	视频播放前准备完毕时触发。回调参数 event 中的 duration 为当前视频的时长，单位为秒
onSeeking	操作进度条过程中触发。回调参数 event 中的 time 为当时的进度，单位为秒
onSeeked	操作进度条完成时触发。回调参数 event 中的 time 为当时的进度，单位为秒
onUpdate	不管播放状态，只要进度变化就会触发。回调参数 event 中的 time 为视频播放进度，单位为秒
onFullscreenChange	在全屏播放与非全屏播放状态之间切换时触发该事件。回调参数 event 中的 fullscreen 表示全屏状态，值为 true 时表示全屏，值为 false 时表示非全屏

【案例实战 6-22】模拟免费试看 12 秒视频后弹窗提示购买会员，购买会员后继续观看。

定义 AccountVO 类，用于存储用户名和是否为会员。同时，为了实时刷新页面，使用状态管理装饰器。

```
// AccountVO.ets
@ObservedV2
export class AccountVO {
    @Trace name: string // 用户名
    @Trace isMember: boolean // 是否为会员
    constructor(name: string, isMember: boolean) {
        this.name = name
        this.isMember = isMember
    }
}
```

在 VideoExample.ets 文件中实现具体的页面及逻辑。

➤ 使用 PersistenceV2 的 connect 方法创建用户并持久化，这样下次进入应用时就可以直接通过 connect 方法取出数据了。PersistenceV2 是 PersistentStorage 的升级版，支持对数据的 connect（创建或获取）、remove（删除）、save（持久化）、keys（返回所有 key）等方法。

➤ 在页面组件部分定义 3 个变量，分别是视频控制器、免费时长和用户信息。用户信息在 aboutToAppear 方法中进行初始化。

> ➤ 给 Video 组件加上 onUpdate 事件，不管视频处于什么状态（开始播放、暂停播放、停止播放），只要进度发生改变，就会回调该事件。

> ➤ 在 onUpdate 回调方法中，根据用户信息 account 中的 isMember 字段，判断其是否是会员。如果不是会员且播放时长超过了免费时长，则先通过代码 this.controller.setCurrentTime(this.freeTime)让视频回到免费时长处，然后通过代码 this.controller.pause()让视频暂停播放，最后通过代码 promptAction.showDialog 弹出购买弹窗。

> ➤ 购买弹窗中提供两个按钮，通过代码 data.index 确定用户点击了第几个按钮。如果用户点击了第一个按钮"已购买"，则更改 account 的 isMember 字段为 true。由于 isMember 为 Trace 字段，在 PersistenceV2 的加持下，isMember 值的改变会自动持久化，在下次打开应用时取出的 isMember 值为 true，从而可以直接观看完整视频。

```
// VideoExample.ets
import { PersistenceV2, promptAction } from '@kit.ArkUI';
import { AccountVO } from '../vo/AccountVO';

// 创建用户并持久化
PersistenceV2.connect(AccountVO, "user", () => new AccountVO('大虾', false))
@Entry
@Component
struct VideoExample {
  // 视频控制器
  controller = new VideoController()
  // 免费时长
  freeTime = 12
  // 用户信息
  account?: AccountVO

  aboutToAppear(): void {
    // 渲染之前取出用户信息
    this.account = PersistenceV2.connect(AccountVO, "user")
  }

  build() {
    Column({space: 10}) {
      Text('反诈视频').lineHeight(30)
      Video({
        src: $rawfile('anti_fraud.mp4'),
        previewUri: $r('app.media.anti_fraud_video_img'),
        controller: this.controller
      })
        .objectFit(ImageFit.Contain) // 内容填充模式
        .width('100%').height(200)
          // 操作进度条完成
        .onSeeked(event => {
          console.log('seek 操作', event.time)
        })
          // 进度一旦出现变化就会调用 onUpdate 方法
        .onUpdate(event => {
          console.log('update 操作', event.time)
          // 如果不是会员且播放时长超过免费时长，则时间退回免费时长处，且暂停播放
          if (!this.account!.isMember && event.time >= this.freeTime) {
            this.controller.setCurrentTime(this.freeTime)
            this.controller.pause()
            // 弹出购买弹窗
            promptAction.showDialog({
              title: '温馨提醒',
              message: '您还不是会员，请立即购买',
```

```
            buttons: [
                {text: '已购买', color: '#000000', primary: true},
                {text: '不购买', color: '#000000', primary: true}
            ],
            isModal: true
        }).then(data => {
            // 判断点击按钮索引
            if (data.index == 0) {
                // 会员状态为true，重新让组件播放视频
                // 由于 isMember 为 Trace 字段，在 PersistenceV2 的加持下，isMember
值的改变会自动持久化
                this.account!.isMember = true
                this.controller.start()
            } else {
                promptAction.showToast({message: '购买会员即可解锁视频'})
            }
        })
    }
    })
    }
}
}
```

上述代码运行结果如图 6.64 所示。

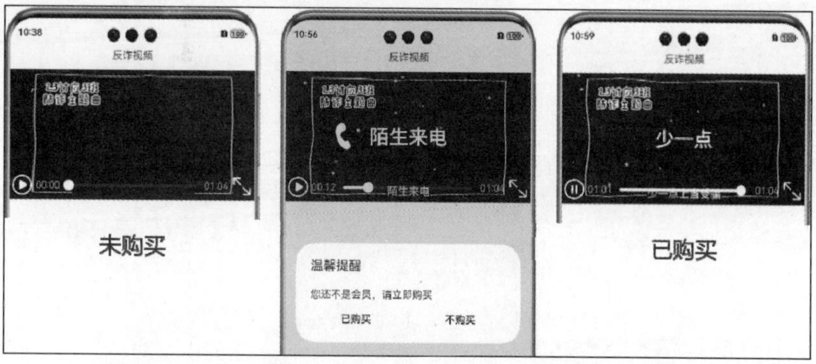

图 6.64 试看免费时长视频后弹窗提示购买会员后继续观看效果

6.2.3 按钮与选择组件

在美团 App 这样的综合生活服务平台上，用户经常要进行各种操作，如从挑选餐厅到预订酒店，从选择电影到购买门票，为了确保用户能够轻松地完成这些操作，应用的 UI 必须提供清晰、直观且响应灵敏的交互元素，这就是 Button（按钮）、Toggle（切换按钮）、Radio（单选框）和 Checkbox（复选框）等组件发挥作用的地方。

1. Button 组件

Button 是按钮组件，按钮是 UI 中最直接的交互元素之一，它们告诉用户可以触发哪些操作。美团 App 页面中的按钮如图 6.65 所示，无论是套餐的"立即购买"按钮，还是景点门票的"购买"按钮，其都以醒目的样式和明确的文本，引导用户进行下一步操作。

（1）组件接口

```
Button(label?: ResourceStr, options?: { type?: ButtonType, stateEffect?: boolean })
```

label：用于设置按钮显示的文字。

options：type 用于设置按钮的类型，有 Normal（正常矩形）、Capsule（胶囊形）、Circle（圆形）3 种类型；stateEffect 用于设置按钮是否有点击效果，默认值为 true。

（2）定制按钮

通过设置 type，可以得到图 6.66 所示的 3 种类型的按钮。然而，现实需求的按钮样式可能很复杂。要实现复杂的按钮样式，可通过任务 5.1 中介绍的通用属性来实现。同时，Button 作为一个容器组件，可以通过添加子组件，实现包含文字、图片的复合式按钮。作为按钮，其最重要的功能就是可被点击，Button 组件通过 onClick 事件方法实现对应的逻辑处理。

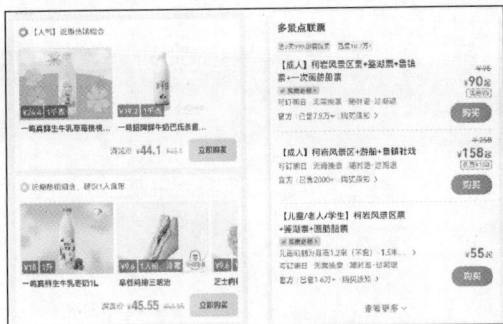

图 6.65　美团 App 页面中的按钮

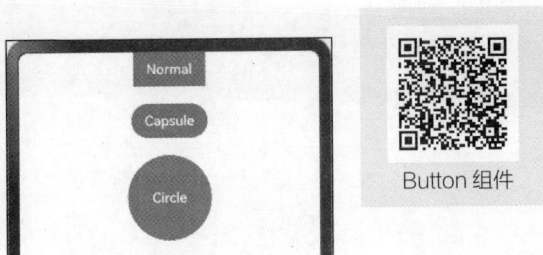

图 6.66　3 种类型的按钮

Button 组件

【案例实战 6-23】多种按钮样式实现。

```
// ButtonExample.ets
@Entry
@Component
struct ButtonExample {
  build() {
    Column({space: 20}) {
      // 为按钮设置圆角，实现圆角按钮
      Button('圆角按钮', {type: ButtonType.Normal, stateEffect: false})
        .borderRadius(9)
        .onClick(() => {
          console.log('我是圆角按钮')
        })

      // 使用图片实现圆形播放按钮
      Button({type: ButtonType.Circle}) {
        Image($r('app.media.icon_playback'))
          .width(20)
      }.padding(10).backgroundColor(Color.Red)

      // 添加子组件 Row，实现"图标+文字"按钮
      Button({type: ButtonType.Capsule}) {
        Row() {
          SymbolGlyph($r('sys.symbol.hand_thumbsup')).fontColor([Color.White])
          Text(' 点赞').fontColor(Color.White)
        }
      }
      .padding({left: 20, right: 20, top: 10, bottom: 10})

      // 使用绝对定位加阴影效果实现悬浮按钮
      Button({type: ButtonType.Circle}) {
        Image($r('app.media.icon_plus')).width(30)
      }
      .padding(10)
      .shadow({radius: 20, color: Color.Blue, offsetX: 5, offsetY: 10})
      .position({right: 10, top: 180})
    }
    .alignItems(HorizontalAlign.Center)
```

```
    .width('100%').height('100%')
    .margin({top: 20})
  }
}
```

上述代码通过给按钮设置属性和添加子组件，实现了不同样式的按钮，其运行结果如图 6.67 所示。

➢ 圆角按钮：通过设置 type 为 Normal，按钮成为矩形按钮，设置按钮的 borderRadius，得到四角微曲的圆角按钮。

➢ 播放按钮：通过设置 type 为 Circle，并给 Button 组件添加子组件 Image，实现播放样式。

➢ 点赞按钮：通过设置 type 为 Capsule，并给 Button 组件添加子组件 Row，在 Row 组件中依次放置矢量图标和文字，实现点赞效果。

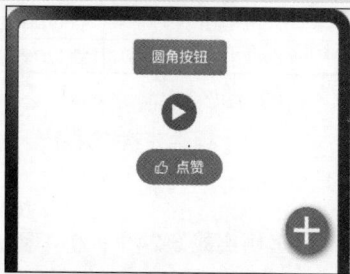

图 6.67　多种按钮样式实现效果

➢ 悬浮按钮：圆形按钮添加 Image 子组件，通过代码.shadow({radius: 20, color: Color.Blue, offsetX: 5, offsetY: 10})添加阴影效果，结合绝对定位代码.position({right: 10, top: 180})使圆形按钮距离容器组件右边界 10vp、上边界 180vp。

> **注意点**　（1）Button 组件中只能添加一个子组件，因此要想实现复杂样式的按钮，需要在 Button 组件中添加容器组件。
> （2）如果 Button 组件中添加了子组件，则不能对 Button 接口中的 label 字段进行初始化。

2. Toggle 组件

Toggle 是切换按钮组件，适用于在两种状态之间进行切换的场景。图 6.68 所示的通用设置页面和生鲜菜市场页面就使用了 Toggle 组件。

（1）组件接口

```
Toggle({ type: ToggleType, isOn?: boolean })
```

type：组件的样式，其类型为 ToggleType，枚举值包含 Switch（开关样式）、Checkbox（复选框样式）和 Button（按钮样式）。Toggle 组件的不同样式如图 6.69 所示。

isOn：是否处于打开状态。值为 true 时表示处于打开状态，值为 false 时表示处于关闭状态，默认值为 false。

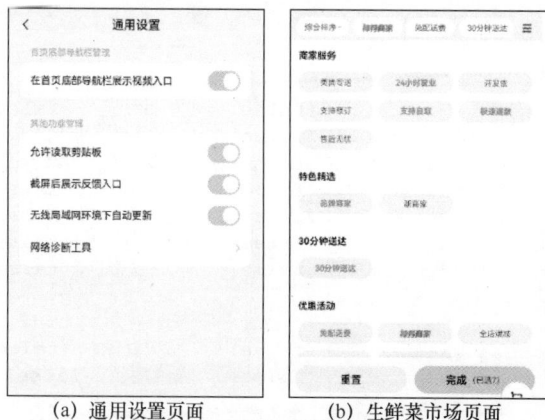

（a）通用设置页面　　　（b）生鲜菜市场页面

图 6.68　通用设置页面和生鲜菜市场页面

Toggle 组件

图 6.69　Toggle 组件的不同样式

（2）组件样式

Toggle 组件的样式属性相对来说比较简单，其主要属性如表 6.10 所示。

表 6.10 Toggle 组件的主要属性

名称	描述
selectedColor	组件在打开状态下的背景颜色
switchPointColor	当 type 为 Switch 时，组件圆形滑块的颜色
switchStyle	当 type 为 Switch 时，定制样式风格

（3）事件支持

Toggle 组件在状态发生变化时，支持回调事件 onChange，参数 isOn 代表当前 Toggle 组件的开关状态。

```
onChange(callback: (isOn: boolean) => void)
```

【案例实战 6-24】模仿美团 App 生鲜菜市场页面的过滤功能。

```
// SelectVO.ets
@ObservedV2
export class SelectVO {
  id: string
  @Trace name: string
  @Trace select: boolean
  constructor(id: string, name: string, select: boolean) {
    this.id = id
    this.name = name
    this.select = select
  }
}
// ToggleExample.ets
import { util } from '@kit.ArkTS'
@Entry
@Component
struct ToggleExample {
  // 定义标签数据
  @State private filters?: Record<string, Array<SelectVO>> = {}
  // 定义数组，用于存储标签类型，使其用于 ForEach 循环
  private sortArray: string[] = []
  // 选中标签的数量
  @State private selectNum: number = 0
  // 辅助变量，用于确定选择/反选是手动还是批量操作
  private autoOperate = false

  // 初始化数据
  aboutToAppear(): void {
    this.filters = {
      "商家服务": [
        new SelectVO(util.generateRandomUUID(false), '美团专送', false),
        new SelectVO(util.generateRandomUUID(false), '24 小时营业', false),
        new SelectVO(util.generateRandomUUID(false), '开发票', false),
        new SelectVO(util.generateRandomUUID(false), '支持预订', false),
        new SelectVO(util.generateRandomUUID(false), '支持自取', false),
        new SelectVO(util.generateRandomUUID(false), '极速退款', false),
        new SelectVO(util.generateRandomUUID(false), '售后无忧', false),
      ],
      "特色精选": [
        new SelectVO(util.generateRandomUUID(false), '品牌商家', false),
        new SelectVO(util.generateRandomUUID(false), '新商家', false),
      ],
      "30 分钟送达": [
        new SelectVO(util.generateRandomUUID(false), '30 分钟送达', false),
      ],
      "优惠活动": [
        new SelectVO(util.generateRandomUUID(false), '免配送费', false),
```

```
            new SelectVO(util.generateRandomUUID(false), '神券商家', false),
            new SelectVO(util.generateRandomUUID(false), '全店满减', false),
        ],
    }
    // 循环，往数组里填充数据，供 ForEach 循环使用
    Object.keys(this.filters).forEach((v, i, arr) => {
      this.sortArray.push(v)
    })
  }

  // 计算有多少标签被选中
  private countSelect() {
    this.selectNum = 0
    Object.keys(this.filters!).forEach((v, i, arr) => {
      this.filters![v].forEach((vo) => {
        if (vo.select) {
          this.selectNum++;
        }
      })
    })
  }

  // 全部不选中
  private deselect() {
    this.selectNum = 0
    Object.keys(this.filters!).forEach((v, i, arr) => {
      this.filters![v].forEach((vo) => {
        vo.select = false
      })
    })
  }

  build() {
    Scroll() {
      Column({space: 20}) {
        ForEach(this.sortArray, (sort: string) => {
          // 大类
          Text(sort).fontWeight(600)
          Grid() {
            ForEach(this.filters![sort], (vo: SelectVO) => {
              // 小类
              GridItem() {
                Toggle({type: ToggleType.Button, isOn: vo.select}) {
                  Text(vo.name).fontColor(vo.select ? Color.Orange : '#777777')
                }
                .selectedColor('#FFEFDB')
                .padding({left: 15, right: 15, top: 10, bottom: 10})
                .onChange(() => {
                  // 对于不是批量操作的重置，才需要去改变值
                  if (!this.autoOperate) {
                    // 改变值
                    vo.select = !vo.select
                    this.countSelect()
                  }
                })
              }
            }, (vo: SelectVO) => vo.id)
          }.columnsTemplate('1fr 1fr 1fr').rowsGap(8)
        }, () => util.generateRandomUUID(false))

        Row() {
          Button('重置')
```

```
                        .onClick(() => {
                            // 这里改变 select 的值，会使 onChange 事件被触发，导致值被改回，页面出错
                            this.autoOperate = true
                            this.deselect()
                            // 延迟让 autoOperate 的值变为 false，防止触发 onChange 事件后页面出错
                            setTimeout(() => {
                                this.autoOperate = false
                            }, 500)
                        })
                        .layoutWeight(1)
                        .fontColor('#333333').backgroundColor('#E5E5E5')
                    Blank().width(30)
                    Button(`完成(已选${this.selectNum})`)
                        .onClick(() => {
                        })
                        .layoutWeight(1)
                        .fontColor('#333333').backgroundColor('#FFD700')
                }
            }
            .padding(20).width('100%')
            .alignItems(HorizontalAlign.Start)
        }
    }
```

上述代码运行结果如图 6.70 所示。下面对代码进行分析。

➤ 页面中出现了重复样式的标签，因此可以考虑用双重 ForEach 循环生成相同样式的组件。为了生成这些标签，首先需要提供易于循环的数据。这里用 Record<K, Array<T>>类型来存储数据，Record 的键存储大类，值存储大类下的小类。大类也需要用 ForEach 循环生成，因此又定义了 sortArray 数组，并且在 aboutToAppear 方法中进行了初始化。

➤ 外层 ForEach 循环生成大类，使用 Text 组件显示。小类根据其布局特点使用 Grid 组件实现，Grid 组件中使用 ForEach 循环生成 Toggle 组件。Toggle 组件使用按钮样式展示。使用 SelectVO 对象的 select 字段与 Toggle 组件的开关状态进行绑定，并在 onChange 事件中对 select 值进行改变。

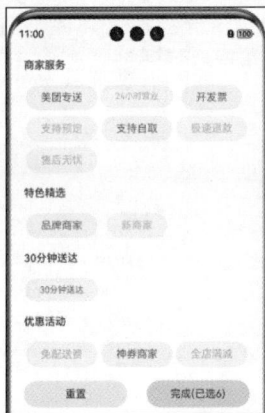

图 6.70　Toggle 组件模仿美团 App 生鲜菜市场页面的过滤功能

➤ "重置"按钮用于实现全部清空选中状态的功能。如果直接通过 deselect 方法把所有 select 值都变为 false，则页面将同步刷新。而在页面刷新时 Toggle 组件又会进一步触发 onChange 事件，在该事件中 select 值取反后又将变成 true；变成 true 后又会触发 Toggle 组件刷新。Toggle 组件将进入无限循环刷新状态，最终导致 Toggle 组件出现不可预知的错误。因此，在代码中添加辅助字段 autoOperate，标记是否为"重置"按钮进行批量操作，确保批量操作后 Toggle 组件的 onChange 事件不会改变 select 值；Toggle 组件的原始功能——"点击更改状态"不能因此丢失，所以在"重置"按钮的点击事件中通过 setTimeout 方法将 autoOperate 的值改为 false。

对于上面出现的问题，其实有更好的办法去解决，建议读者自行探索。

> **注意点**　当处理如 **Toggle、Radio、Checkbox** 等既具备响应用户交互的 onChange 事件，又可以被代码逻辑动态控制的组件时，应该注意识别状态更新是由用户交互还是代码逻辑触发的，确保 **onChange** 事件不会因为代码逻辑触发的状态更新而重复执行，考虑使用 **setTimeout** 等异步手段来避免同步代码中的立即状态更新。

3. Radio 组件

Radio 是单选框组件，用于在应用中给用户提供互斥的选项。因此，在实际开发中，Radio 组件并不会单个出现，而是以组的形式出现。在图 6.71 所示的美团红包页面中，"神会员省钱包"选择功能就使用了 Radio 组件。

（1）组件接口

```
Radio({ value: string, group: string,
indicatorType?: RadioIndicatorType,
indicatorBuilder?: CustomBuilder})
```

value: 单选框的值（不是单选框显示的内容）。

group: 单选框所属群组名称。

图 6.71 美团红包页面

indicatorType: 单选框的选中样式。RadioIndicatorType 包括 TICK（勾）、DOT（点）、CUSTOM（自定义）等值。如果使用 CUSTOM，则需要提供参数 indicatorBuilder。

indicatorBuilder: 单选框的选中样式自定义组件，以 Radio 组件为中心对齐显示。

（2）设置更多样式

Radio 组件通过 radioStyle 属性支持单独设置选中和未选中状态的样式。

```
radioStyle(value?: {
  checkedBackgroundColor?: ResourceColor, // 选中状态下的背景颜色
  uncheckedBorderColor?: ResourceColor,   // 未选中状态下的边框颜色
  indicatorColor?: ResourceColor          // 选中状态下的圆饼内部颜色
})
```

（3）状态控制

Radio 组件通过 checked 属性设置选中状态，值为 true 时表示选中状态，值为 false 时表示未选中状态。

```
checked(value: boolean)
```

与 Toggle 组件一样，Radio 组件在被点击后，状态改变会通过 onChange 事件进行通知。需要注意的是，Radio 组件是以组的形式出现的，如果点击某一个 Radio 组件使其处于选中状态，则该 Radio 组件会调用 onChange 方法回传状态 true，而同组中的其他 Radio 组件也会触发 onChange 方法，只不过返回值为 false。

```
onChange(callback: (isChecked: boolean) => void)
```

【案例实战 6-25】Radio 组件使用演示。

```
// RadioTypeExample.ets
import { SelectVO } from '../vo/SelectVO'

@Entry
@Component
struct RadioTypeExample {
  @State private countryArray: Array<SelectVO> = [
    new SelectVO(undefined, '中国', false),
    new SelectVO(undefined, '美国', false),
    new SelectVO(undefined, '法国', false)
  ]

  @State private sexArray: Array<SelectVO> = [
    new SelectVO(undefined, '男', false),
    new SelectVO(undefined, '女', false)
  ]

  @State private hobbyArray: Array<SelectVO> = [
    new SelectVO(undefined, '乒乓球', false),
```

```
      new SelectVO(undefined, '足球', false),
      new SelectVO(undefined, '网球', false)
    ]

    // 自定义单选框选中样式
    @Builder indicatorBuilder() {
      Image($r("app.media.icon_love"))
    }

    build() {
      Column() {
        Row() {
          Text('请选择国家').fontSize(20).fontWeight(600)
          ForEach(this.countryArray, (vo: SelectVO, i) => {
            Row() {
              Text(vo.name).margin({left: 20})
              Radio({value: vo.name, group: 'country', indicatorType:
RadioIndicatorType.TICK})
                .checked(vo.select)
                .onChange((isChecked) => {
                  vo.select = isChecked
                })
            }
          }, (vo: SelectVO, i) => vo.id)
        }
        Row() {
          Text('请选择性别').fontSize(20).fontWeight(600)
          ForEach(this.sexArray, (vo: SelectVO, i) => {
            Row() {
              Text(vo.name).margin({left: 20})
              Radio({value: vo.name, group: 'sex', indicatorType:
RadioIndicatorType.DOT})
                .checked(vo.select)
                .onChange((isChecked) => {
                  vo.select = isChecked
                })
            }
          }, (vo: SelectVO, i) => vo.id)
        }
        Row() {
          Text('请选择爱好').fontSize(20).fontWeight(600)
          ForEach(this.hobbyArray, (vo: SelectVO, i) => {
            Row() {
              Text(vo.name).margin({left: 20})
              Radio({value: vo.name, group: 'hobby', indicatorType:
RadioIndicatorType.CUSTOM, indicatorBuilder: this.indicatorBuilder()})
                .checked(vo.select)
                .onChange((isChecked) => {
                  vo.select = isChecked
                })
            }
          }, (vo: SelectVO, i) => vo.id)
        }

        Button().onClick(() => {
          console.log(JSON.stringify(this.countryArray))
        })
      }.padding(10).alignItems(HorizontalAlign.Start)
    }
  }
```

上述代码通过 ForEach 循环生成了不同选中样式的 Radio 组件，Radio 组件通过 group 字段分组，一个组内只有一个 Radio 组件处于选中状态。上述代码运行结果如图 6.72 所示。

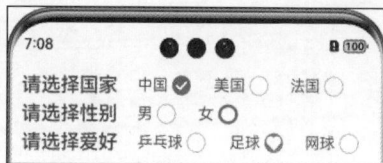

图 6.72　Radio 组件的效果

4. Checkbox 组件

Checkbox 是复选框组件，可以以单个一组或者多个一组的形式出现。

当它以单个一组的形式出现时，其作用与 Toggle 组件类似，用于表示二元状态的切换，如是否同意服务条款、是否开启某项功能等。在这种情况下，复选框提供了一种直观的方式来让用户做出单一的选择。

当它以多个一组的形式出现时，它用于表示用户可以从一组选项中选择多个选项，如在表单中选择偏好、在购物应用中选择多种商品属性等。在这种情况下，复选框允许用户根据自己的需求选择任意数量的选项。

（1）组件接口

```
Checkbox({name?: string, group?: string, indicatorBuilder?: CustomBuilder})
```
name：复选框的名称（不是复选框显示的内容）。

group：复选框所属群组名称。

indicatorBuilder：复选框的选中样式自定义组件，以 Checkbox 组件为中心对齐显示。

（2）设置更多样式

Checkbox 组件通过 selectedColor、unselectedColor、mark、shape 等属性对样式进行设置。Checkbox 组件的样式属性如表 6.11 所示。

Checkbox 组件

表 6.11　Checkbox 组件的样式属性

名称	描述
selectedColor	复选框选中状态下的颜色
unselectedColor	复选框未选中状态下的边框颜色
mark	设置复选框内部图标颜色、尺寸、粗细等属性
shape	复选框形状，可以设置成圆形或圆角方形

（3）状态控制

Checkbox 组件通过 select 属性设置选中状态，值为 true 时表示选中状态，值为 false 时表示未选中状态。

```
select(value: boolean)
```
与 Toggle、Radio 组件一样，Checkbox 组件在被点击后，状态改变会通过 onChange 事件进行通知。

```
onChange(callback: (isChecked: boolean) => void)
```

电子活页-特殊按钮——安全控件

任务 6.3　综合案例：模仿美团 App 消息列表页面

下面使用 LazyForEach+cachedCount 模仿美团 App 消息列表页面。

定义 BaseDataSource.ets 文件，导出并实现 BaseDataSource 类，该类实现了 IDataSource 接口。该类为 LazyForEach 提供了格式化的数据源。除了 IDataSource 必须实现的 4 个方法，还增加了 notifyDataReload、notifyDataAdd、notifyDataChange 等通知数据变化的方法，以及 addData、pushData、deleteData、popData 等变更数据的方法，从而方便刷新页面。

MessageData.ets 文件用于定义相关消息列表的数据结构。

电子活页-BaseDataSource 代码

177

```
// MessageData.ets
@ObservedV2
export class MessageVO {
  @Trace id: string;
  @Trace icon: Resource; // 图标
  @Trace title: string; // 标题
  @Trace content: string; // 内容
  @Trace datetime: string; // 时间
  @Trace unreadNum: number; // 未读消息数量
  constructor(icon: Resource, title: string, content: string, datetime: string,
unreadNum: number) {
    this.id = util.generateRandomUUID(false)
    this.icon = icon;
    this.title = title;
    this.content = content;
    this.datetime = datetime;
    this.unreadNum = unreadNum;
  }
}
@ObservedV2
export class MessageGroupVO {
  @Trace id: string;
  @Trace groupText: string; // 组标题
  @Trace msgs: Array<MessageVO>; // 组内消息
  constructor(groupText: string, msgs: Array<MessageVO>) {
    this.id = util.generateRandomUUID(false)
    this.groupText = groupText;
    this.msgs = msgs;
  }
}
```

ListLazyForEachExample.ets 文件用于页面实现。

➢ 定义类型为 ListScroller 的滚动控制对象 Scroller，用于绑定 List 组件。

➢ 在 aboutToAppear 方法中，初始化 LazyForEach 所需的数据源。aboutToAppear 从字面上理解为"即将出现"，它是自定义组件的一个生命周期方法。当自定义组件被实例化后，在执行 build 方法之前，该方法会被调用。

➢ 页面使用 List 组件作为基础框架，用于绑定前面定义的 Scroller 对象。在 List 组件中，外层使用 ForEach 循环显示 ListItemGroup 分组信息。在 ListItemGroup 中，结合 dataSourceArray 数据源，使用 LazyForEach 循环渲染 ListItem 组件。使用 cachedCount 属性进行缓存。

➢ 在 ListItem 组件中，使用 swipeAction 属性方法增加列表项左滑按钮。在"移除"按钮事件中，先使用 List 组件绑定的 Scroller 对象，调用 closeAllSwipeActions 方法关闭处于滑开状态的左滑按钮，然后使用数据源中定义的 deleteData 方法，实现删除数据并刷新页面的效果。同时，ListItem 组件中使用了 Badge 组件，用于显示图标右上角的未读小红点。

```
// ListLazyForEachExample.ets
import { BaseDataSource } from '../../utils/BaseDataSource'
@Entry
@Component
struct ListLazyForEachExample {
  // 定义 Scroller 对象，用于与 List 组件绑定
  scroller: ListScroller = new ListScroller()
  // 给 LazyForEach 定义数据源
  dataSourceArray: Array<BaseDataSource<MessageVO>> = [];

  @State messageGroupArray: Array<MessageGroupVO> = [
   new MessageGroupVO('最新消息', [
    new MessageVO($r('app.media.msg_type_1'), '互动消息', '体验后给个评价才过瘾~',
```

```
'11:05', 0),
      ...// 省略更多数据
    ]),
    new MessageGroupVO('本周消息', [
      new MessageVO($r('app.media.msg_type_3'), '观影体验', '体验后给个评价才过瘾~',
'昨天', 2),
      ...// 省略更多数据
    ]),
    new MessageGroupVO('2 周前的消息', [
      new MessageVO($r('app.media.msg_type_7'), '订单动态', '您尚有订单未完成支
付', '24/08/06', 0),
      ...// 省略更多数据
    ]),
    new MessageGroupVO('3 周前的消息', [
      new MessageVO($r('app.media.msg_type_7'), '订单动态', '您尚有订单未完成支
付', '24/08/06', 0),
      ...// 省略更多数据
    ]),
  ]
  // 生命周期方法: 组件即将显示。该方法在 build 之前执行
  aboutToAppear(): void {
    for (let group of this.messageGroupArray) {
      this.dataSourceArray.push(new BaseDataSource<MessageVO>(group.msgs))
    }
  }
  // 定义分组头部组件
  @Builder itemHead(text: string) {
    // 分组的头部组件，对应联系人分组 A、B 等位置的组件
    Text(text)
      .fontSize(20).fontWeight(FontWeight.Bold)
      .backgroundColor('#fff1f3f5')
      .width('100%').padding({left: 30, top: 10, bottom: 10 })
  }
  // 定义左滑按钮
  @Builder swipeBtns(groupIndex: number, itemIndex: number) {
    Row() {
      Text('移除')
        .fontSize(15).fontColor(Color.White)
        .textAlign(TextAlign.Center)
        .backgroundColor(Color.Red)
        .width('15%').height('100%')
        .onClick(() => {
          this.scroller.closeAllSwipeActions()
          // 使用数据源中定义的 deleteData 方法，可以实时刷新页面
          this.dataSourceArray[groupIndex].deleteData(itemIndex)
        })
    }
  }

  build() {
    // 绑定 scroller 实例，方便关闭左滑按钮
    List({scroller: this.scroller}) {
      // 外部分组使用 ForEach 循环渲染
      ForEach(this.messageGroupArray, (groupVO: MessageGroupVO, groupIndex:
number) => {
        ListItemGroup({header: this.itemHead(groupVO.groupText)}) {
          // 内部具体消息使用 LazyForEach 循环
          LazyForEach(this.dataSourceArray[groupIndex], (msg: MessageVO,
itemIndex: number) => {
            ListItem() {
```

```
                Row() {
                  // 有消息未读时，图标右上角显示未读小红点
                  Badge({
                    count: msg.unreadNum,
                    style: {badgeSize: 16, badgeColor: '#FA2A2D'}
                  }) {
                    Image(msg.icon).width(50).height(50)
                  }
                  Column() {
                    Text(msg.title).fontSize(16)
                    Text(msg.content).fontSize(12)
                  }
                  .height(50).margin({left: 15})
                  .justifyContent(FlexAlign.SpaceAround)
                  .alignItems(HorizontalAlign.Start)
                  Blank()
                  Text(msg.datetime)
                }.width('100%').padding(15)
              }
              // 增加左滑按钮
              .swipeAction({end: this.swipeBtns(groupIndex, itemIndex)})
            }, (msgVO: MessageVO, itemIndex: number) => msgVO.id)
          }.divider({strokeWidth: 0.5, color: Color.Gray, startMargin: 10})
        }, (groupVO: MessageGroupVO, index: number) => groupVO.id)
      }
      .cachedCount(2)
      .divider({strokeWidth: 0.5, color: Color.Gray})
      .sticky(StickyStyle.Header)
      .onScrollIndex((start, end, center) => {
        console.log('滚动触发', start, end, center)
      })
    }
  }
```

上述代码运行结果如图 6.73 所示。

图 6.73　模仿美团 App 消息列表页面实现效果

> **注意点**　对于列表数据会更改的情况，一定要显式地使用 keyGenerator，防止列表显示出错。

【项目小结】

本项目深入探讨了 ArkUI 组件库中的多种布局，包括线性布局、弹性布局、层叠布局、相对布

局、网格布局和列表布局等，这些布局是构建 UI 的基础。本项目还介绍了文本显示与输入组件、图片与视频组件、按钮与选择组件等基础组件的使用。通过使用这些组件，可以构建出既美观又实用的 UI。最后，本项目通过模仿美团 App 消息列表页面的综合案例，对相关知识进行了综合运用，实现了一个动态的消息列表。

【技能提升】

一、单选题

1. 在 ArkUI 中，用于实现线性布局的组件是（　　）。
   A. Flex 组件　　　　　　　　　　　　B. Grid 组件
   C. Column 和 Row 组件　　　　　　　D. 以上都是
2. （　　）属性用于设置 Text 组件的文本颜色。
   A. fontColor　　　　B. textColor　　　　C. color　　　　D. fontStyle

二、填空题

1. 在 ArkUI 中，_____组件用于实现弹性布局。
2. Image 组件的_____属性用于设置图片的填充模式。
3. List 组件的_____方法用于给列表添加分隔线样式。

三、判断题

1. Column 组件的主轴方向是垂直方向，交叉轴方向是水平方向。（　　）
2. Flex 组件可以实现自动换行的布局。（　　）
3. Toggle 组件的 onChange 事件在状态变化时触发。（　　）

四、简答题

1. 使用 Column 和 Row 组件创建简单的登录页面，包含用户名输入框、密码输入框和登录按钮。
2. 给定一个 MessageVO 类，包含 id、title、content 和 datetime 属性，请编写 ArkUI 代码片段，使用 List 组件创建一个消息列表，并为每个列表项添加一个用于未读计数的 Badge 组件。

【AIGC 实验室】Vision Kit：场景化视觉服务

Vision Kit（场景化视觉服务）是 HarmonyOS 提供的系统级视觉类 AI 能力服务框架，其主要能力包括人脸活体检测能力、卡证识别能力、文档扫描能力、AI 识图能力。

人脸活体检测能力便于用户与设备进行互动，验证用户是否为真实活体；卡证识别能力可提供身份证、护照、银行卡等的结构化识别服务；文档扫描能力可提供拍摄文档并转换为高清扫描件的服务；AI 识图能力可提供场景化的文本识别、主体分割、识图搜索功能。表 6.12 展示了 Vision Kit 不同 AI 能力的支持与约束。

表 6.12　Vision Kit 不同 AI 能力的支持与约束

AI 能力	支持与约束
人脸活体检测	1. 支持的文本语种类型：简体中文、繁体中文、英文等。 2. 支持的播报语种类型：简体中文、英文。 3. 人脸活体检测服务暂不支持横屏、分屏进行检测
卡证识别	1. 支持的文本语种类型：简体中文、英文。 2. 卡证识别暂时只支持身份证、行驶证、驾驶证、护照、银行卡 5 种卡证。 3. 不允许被其他组件或窗口遮挡

续表

AI 能力	支持与约束
文档扫描	1. 支持的文本语种类型：简体中文、英文。 2. 文档扫描暂时只支持手机、平板设备。 3. 不允许被其他组件或窗口遮挡
AI 识图	1. 支持的文本语种类型：简体中文、繁体中文、英文等。 2. 支持图片的最小分辨率为 100×100。 3. 分析的图像要求是静态非矢量图，即 SVG、GIF 等图像类型不支持分析，支持传入 PixelMap 进行分析，目前仅支持 RGBA_8888 类型。 4. 支持翻译的图片宽高最小比例为 1∶3，支持文本识别的图片宽高最小比例为 1∶7

下面的代码实现了一个文档扫描功能的页面，用户可以通过该页面扫描文档并展示扫描结果。扫描功能由 DocumentScanner 组件提供，用户可以配置扫描参数并查看扫描结果。

```
@Entry
@Component
export struct ScanDocumentPage {
    @State docImageUris: string[] = []
    private docScanConfig = new DocumentScannerConfig()
    aboutToAppear() {
        this.docScanConfig.supportType = [DocType.DOC, DocType.SHEET] //支持文
档类型
        this.docScanConfig.isGallerySupported = true //是否支持图库
        this.docScanConfig.editTabs = [] //编辑选项
        this.docScanConfig.maxShotCount = 3 //最大扫描次数
        this.docScanConfig.defaultFilterId = FilterId.ORIGINAL //默认滤镜
        this.docScanConfig.defaultShootingMode = ShootingMode.MANUAL //默认拍
摄模式
        this.docScanConfig.isShareable = true //是否可分享
        this.docScanConfig.originalUris = [] //原始 URI
    }

    build() {
        NavDestination() {
            Stack({ alignContent: Alignment.Top }) {
                //展示文档扫描结果
                List() {
                    ForEach(this.docImageUris, (uri: string) => {
                        ListItem() {
                            Image(uri).objectFit(ImageFit.Contain).width(100).
height(100)
                        }
                    })
                }
                .listDirection(Axis.Vertical).alignListItem(ListItemAlign.Center)
                .margin({ top: 50 }).width('80%').height('80%')
                //文档扫描
                DocumentScanner({
                    scannerConfig: this.docScanConfig,
                    onResult: (code: number, saveType: SaveOption, uris:
string[]) => {
                        if (code === -1) {
                            router.back()
                        }
                        this.docImageUris = uris
                    }
                })
                .size({ width: '100%', height: '100%' })
```

```
            }.width('100%').height('100%')
        }.width('100%').height('100%').hideTitleBar(true)
    }
}
```

上述代码在真机上的运行结果如图 6.74 所示。

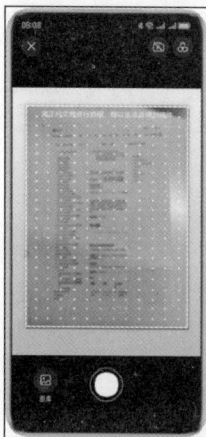

图 6.74　文档扫描运行结果

【项目评价】

完成所有学习任务之后，请按照以下要求完成学习效果评价。

全班同学每 4 人一组，各组成员结合课前、课中和课后的学习情况，以及项目实训和项目考核情况，按照下表中的评价内容进行自评和互评（组内成员互相打分），并配合教师完成师评及总评。

评价类别	评价内容	分值	评价得分		
			自评	互评	师评
知识（50%）	理解线性布局、弹性布局、层叠布局、相对布局、网格布局和列表布局的应用场景	20			
	掌握文本显示与输入组件、图片与视频组件、按钮与选择组件的基本使用和配置方法	20			
	学会通过属性和事件处理来增强组件的交互性	10			
能力（35%）	能够根据需求选择合适的布局组件，实现页面的合理布局	10			
	能够熟练使用各种基础组件，为页面添加所需的功能和交互	10			
	能够在开发过程中识别并解决与布局和组件相关的常见问题	10			
	探索和实现创新的布局设计，提升用户体验和页面美观度	5			
素养（15%）	培养自主学习和终身学习的能力	5			
	培养准确理解他人需求的能力	5			
	培养正确的审美观念，能够欣赏和创造美的事物	5			
合计		100			
总评	总评分=自评（20%）+互评（20%）+师评（60%）=	综合等级：	教师（签名）：		

注：综合等级可以为"优"（总评分≥90）、"良"（80≤总评分<90）、"中"（60≤总评分<80）、"差"（总评分<60）。

项目7
融会贯通
——七彩天气App开发之旅

07

【项目引言】

经过前面的系统性学习，读者已掌握了从环境配置、工程构建到组件开发的核心技能。本项目将以天气信息服务为载体，通过完整的商业级应用开发流程，帮助读者实现知识体系的深度整合与技术能力的全面提高。

【学习目标】

在本项目中，读者将从零开始构建一个完整的鸿蒙应用，实现跨页面路由导航、实时定位、语音播报等高级功能开发，实践登录鉴权、数据持久化、国际化支持等企业级功能开发，并最终完成应用签名与上架流程。本项目涵盖从工程搭建、页面设计、功能集成到应用发布的全生命周期的主要阶段，帮助读者全面掌握HarmonyOS应用开发的完整技术栈并形成工程化思维。通过本项目的学习，应该达到以下目标。

【知识目标】
➢ 熟悉UI开发与沉浸式交互实现。
➢ 理解核心功能开发与数据管理。
➢ 实现组件化开发与多媒体集成。

【能力目标】
➢ 能够搭建鸿蒙开发环境并实现模块化架构设计。
➢ 能够实现高质量UI。
➢ 能够处理网络通信并实现数据持久化。
➢ 能够集成多媒体功能和实时定位服务。

【素养目标】
➢ 培养自主学习和终身学习的能力。
➢ 培养团队协作和资源整合能力。
➢ 关注行业发展和市场需求。

项目7彩图

【思维导图】

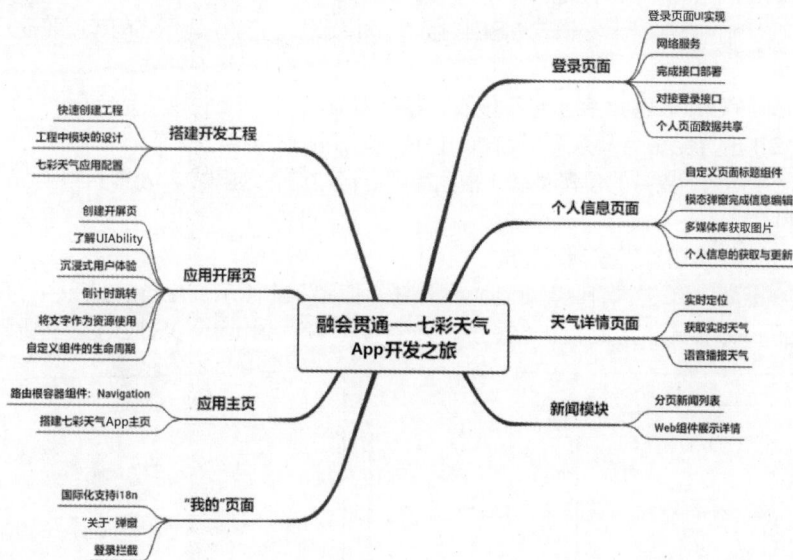

【学习任务】

任务 7.1 搭建开发工程

在本任务中，将创建七彩天气 App 工程（Stage 模型），并进行必要的配置，以确保它能够支持后续开发。

7.1.1 快速创建工程

打开 DevEco Studio，在菜单栏中选择"File→New→Create Project"选项，如图 7.1 所示。

在打开的对话框中选择"Empty Ability"选项后单击"Next"按钮，如图 7.2 所示，进行下一步操作。

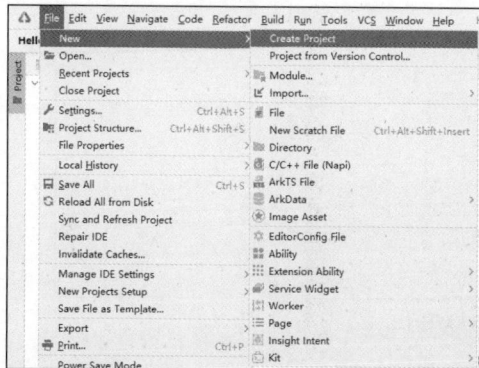

图 7.1 选择"File→New→Create Project"选项

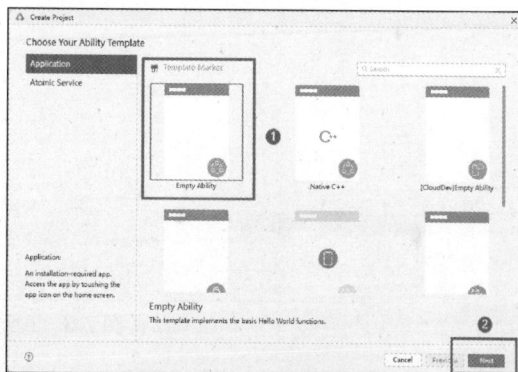

图 7.2 单击"Next"按钮

进行工程初始化配置，如图 7.3 所示。

➢ 将 Project name（工程名）改为 QicaiApplication。

> ➢ 将 Bundle name（应用唯一标识）改为 com.roy.qicai。
> ➢ 在 Save location（保存位置）中选择要保存工程的目录。
> ➢ 设置 Compatible SDK（兼容的 SDK 版本）为"5.0.1(13)"，表示当前应用兼容 HarmonyOS

5.0.1。

> ➢ Module name（模块名）可不更改，默认为 entry。entry 模块是应用的入口模块，属于
主模块。与之对应的 feature 模块和 Library 模块是应用的动态特性模块。
> ➢ Device type（支持的设备类型）根据需要进行勾选，这里默认勾选了"Phone""Tablet"
"2in1"复选框。

单击"Finish"按钮，工程创建完成。

在弹出的对话框中单击"This Window"按钮，如图 7.4 所示，在当前窗口中打开工程。工程
初次打开时如图 7.5 所示。至此，一个基于 Stage 模型的 HarmonyOS 应用工程创建完毕。

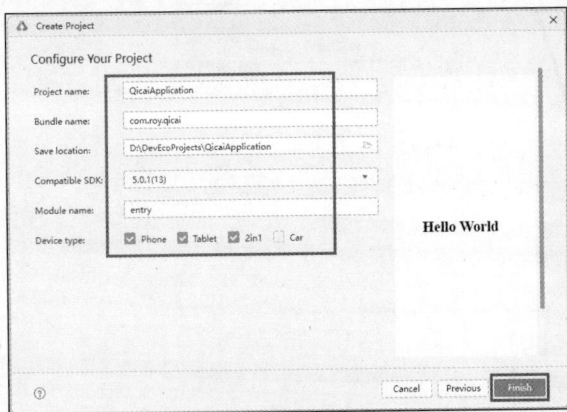

图 7.3　工程初始化配置

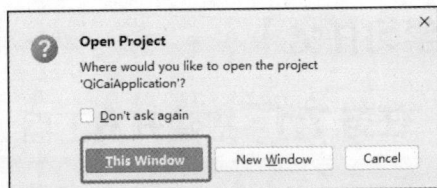

图 7.4　单击"This Window"按钮

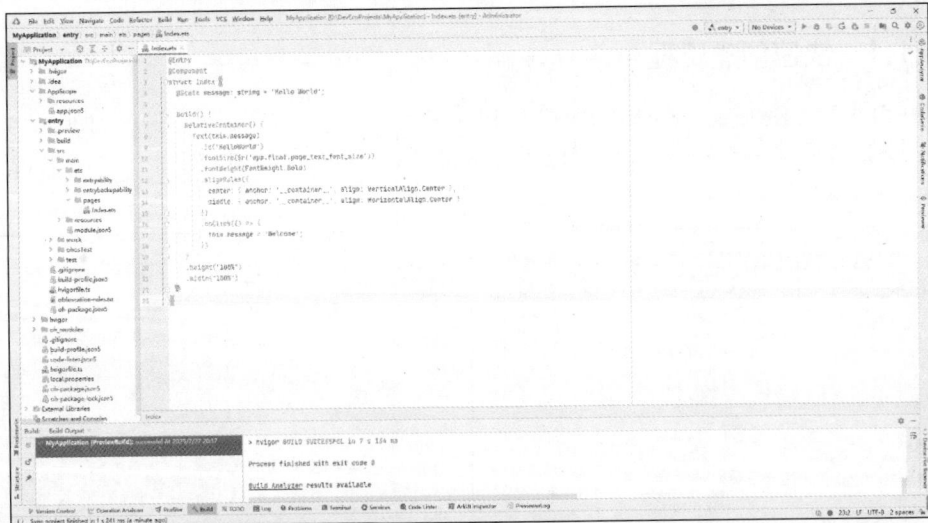

图 7.5　工程初次打开时

7.1.2　工程中模块的设计

1. 模块的概述

一个应用通常会包含多种功能，将不同的功能按模块来划分和管理是一种良好的设计方式。在

开发过程中，可以将每个功能作为一个独立的模块进行开发，模块可以包含源代码、资源文件、第三方库、配置文件等，每一个模块都可以独立编译来实现特定的功能。这种模块化、松耦合的应用管理方式有助于应用的开发、维护与扩展。

2. 模块的类型

模块按照使用场景可以分为以下两种类型。

（1）Ability 类型的模块

Ability 类型的模块用于实现应用的功能和特性。每一个 Ability 类型的模块编译后，都会生成一个以".hap"为扩展名的文件，它被称为 HAP。HAP 可以独立安装和运行，是应用安装的基本单位，一个应用可以包含一个或多个 HAP，HAP 具体包含如下两种类型。

➢ entry 类型：应用的主模块包含应用的入口页面、入口图标和主功能特性，编译后生成 entry 类型的 HAP。每一个应用分发到同一类型的设备上的应用程序包（Application Package）只能包含唯一一个 entry 类型的 HAP。

➢ feature 类型：应用的动态特性模块编译后生成 feature 类型的 HAP。一个应用可以包含一个或多个 feature 类型的 HAP，也可以不包含 feature 类型的 HAP。

（2）Library 类型的模块

Library 类型的模块用于实现代码和资源的共享。同一个 Library 类型的模块可以被其他模块多次引用，合理地使用该类型的模块能够降低开发和维护成本。Library 类型的模块分为 Static 和 Shared 两种类型，编译后会生成共享包。

➢ Static Library：静态共享库。编译后会生成一个以".har"为扩展名的文件，即静态共享包 HAR（Harmony Archive）。

➢ Shared Library：动态共享库。编译后会生成一个以".hsp"为扩展名的文件，即动态共享包 HSP（Harmony Shared Package）。

图 7.6 展示了 HAR 与 HSP 被引用的区别。

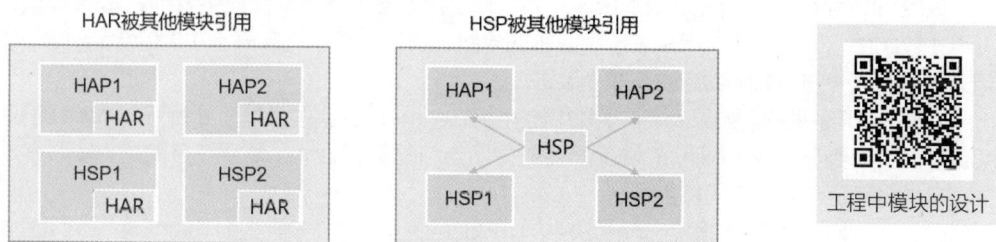

图 7.6　HAR 与 HSP 被引用的区别

3. HAP 与 App 的区别

HarmonyOS 工程的构建产物为 App，App 是用于应用或服务上架的文件。HAP 是应用或服务可以独立运行在设备中的形态，也是应用安装的基本单位，在 DevEco Studio 工程目录中，一个 HAP 对应一个模块。应用打包时，每个模块对应生成一个 HAP 文件。如果应用包含多个模块，则在应用市场上架时，会将多个 HAP 文件打包成一个 App 文件（称为 Bundle），但在云端分发和端侧安装时，仍然以 HAP 为基本单位。为了能够正常分发和安装应用，需要保证一个应用安装到设备时，模块的名称、Ability 的名称不重复，并且只有一个 entry 类型的模块与目标设备相对应。

7.1.3　七彩天气应用配置

在创建工程之后，需要通过配置文件来定制应用。配置文件主要用于向编译工具、操作系统和应用市场提供当前应用的基本信息。

1. 认识配置文件

基于 Stage 模型的工程，其配置文件分为两类：一类是位于 AppScope 下的 app.json5 文件，另一类则是在各个模块下的 module.json5 文件。

（1）app.json5 文件

app.json5 文件主要用于配置应用的全局信息，app.json5 文件位置如图 7.7 所示。它包含了应用唯一标识、开发厂商、版本号、应用图标和应用名称等信息。

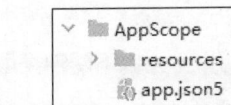

图 7.7　app.json5 文件位置

七彩天气应用配置

项目创建完成后默认的 app.json5 文件中的字段如下。

```
{
  "app": {
    "bundleName": "com.roy.qicai", // 应用唯一标识
    "vendor": "example", // 开发厂商
    "versionCode": 1000000, // 内部版本号
    "versionName": "1.0.0", // 外部版本号
    "icon": "$media:app_icon", // 应用图标
    "label": "$string:app_name" // 应用名称
  }
}
```

bundleName：作为应用的唯一标识，是在创建工程时由开发者自己填入的。为了确保唯一性，其命名采用反转域名的形式。例如，七彩天气 App 工程使用的 com.roy.qicai 按点号分为 3 段：com 表示的是顶级域名，是 commercial 的缩写，代表的是商业实体，一般用于企业；roy 表示企业的名称是 roy；qicai 表示这款应用的开发项目叫作 qicai。

vendor：记录开发厂商的全称。

versionCode：开发者在内部测试、迭代中使用的版本号，使用正整数来标记，每次更新应用后都需要递增。

versionName：给用户查看的版本号，常使用点号分隔的三段式数字表示，如 1.6.3。通常，三段式数字中，第一个数字用来表示大版本的更新，第二个数字用来表示功能的更新，第三个数字用来表示修复一些小漏洞或完成一些小改进。

icon：应用的图标。如果 entry 模块中的 module.json5 文件中类型为 mainElement 的 UIAbility 配置了 icon，则显示 UIAbility 的 icon；否则显示当前配置的 icon。需要注意的是，按照官方要求，图标尺寸必须是 1024px×1024px。

label：应用的名称。如果 entry 模块中的 module.json5 文件中类型为 mainElement 的 UIAbility 配置了 label，则显示 UIAbility 的 label。

（2）module.json5 文件

module.json5 文件用于配置模块的基本信息，每个模块的 main 目录（开发目录）和 ohosTest 目录（测试目录）下各有一个 module.json5 文件，如图 7.8 所示。

本书只讨论 main 目录下的 module.json5 文件。该文件主要包含模块名称、模块类型、支持设备、权限信息、Ability 信息等。工程创建完成后默认的 module.json5 文件的主要内容及解释如下。

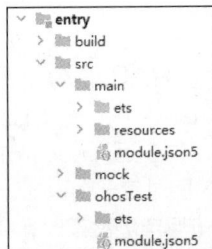

图 7.8　module.json5 文件位置

```
{
  "module": {
    "name": "entry", // 模块名称
    "type": "entry", // 模块类型
    "description": "$string:module_desc", // 模块描述
    "mainElement": "EntryAbility", // 当前模块的入口 UIAbility 名称或者
ExtensionAbility 名称
```

```
        "deviceTypes": ["phone","tablet","2in1"], // 可以运行当前模块的设备
        "deliveryWithInstall": true, // 当前模块是否在用户主动安装的时候安装，即该模块对应
的 HAP 是否跟随应用一起安装
        "installationFree": false, // 当前模块是否支持免安装特性
        "pages": "$profile:main_pages", // 用 router 路由的页面的信息
        "requestPermissions": [], // 标识当前应用运行时需要向系统申请的权限集合
        "abilities": [
            {
                "name": "EntryAbility", // UIAbility 名称
                "srcEntry": "./ets/entryability/EntryAbility.ets", // 当前 Ability 路径
                "description": "$string:EntryAbility_desc", // 当前 Ability 描述
                "launchType": "singleton", // UIAbility 启动类型
                "icon": "$media:startIcon", // 当前 UIAbility 入口图标，即应用图标，优先级
高于 app.json5 文件中配置的应用图标
                "label": "$string:EntryAbility_label", // 当前 UIAbility 入口名称，即应用
名称，优先级高于 app.json5 文件中配置的应用名称
                "startWindowIcon": "$media:startIcon", // 应用启动瞬间的窗口图标
                "startWindowBackground": "$color:start_window_background", // 应用启动
瞬间的窗口背景色
                "exported": true, // 当前 Ability 是否允许被其他应用调用
                "skills": [...]
            }
        ], // 当前模块中 UIAbility 的配置信息，可有多个
        "extensionAbilities": [
            {
                "name": "EntryBackupAbility",
                "srcEntry": "./ets/entrybackupability/EntryBackupAbility.ets",
                "type": "backup",
                "exported": false,
                "metadata": [...], // 当前模块的自定义元信息
            }
        ], // 标识当前模块中 ExtensionAbility 的配置信息
    "routerMap": "$profile:router_map" // 用 Navigation 路由的页面信息
    }
}
```

2. 初步定制应用信息

（1）配置颜色资源

在 resources/base/element 目录下的 color.json 文件中，新增七彩天气 App 需要用到颜色
资源配置，后续代码中需要用到颜色代码时，可以从配置中获取。囿于篇幅，不展示所有颜色。

```
{
  "color": [
  ...
    "name": "unselected_color",
    "value": "#888888"
  },
  ...
  ]
}
```

（2）应用名称多语言支持

在任务 1.3 中，读者已经掌握了如何更换应用名称来个性化设置自己的应用。为了让应用实现
多语言适配，可以在 resources 目录下新建 zh_CN/element/string.json 文件和 en_US/element/
string.json 文件，分别用来显示中文和英文。当应用支持其他语言时，还可以新建其他语言文件。在
切换语言时，应用会自动转换为对应的语言进行展示。多语言配置应用名称如图 7.9 所示。

应用首先会根据系统语言去查找是否存在对应语言的 string.json，如果没有找到，则默认使用
base 目录下的 string.json 文件。如果应用支持多语言，则在开发时需要在不同语言文件中同步更
新字符串资源定义；如果应用不支持多语言，则可以把 en_US 和 zh_CN 文件夹删除。

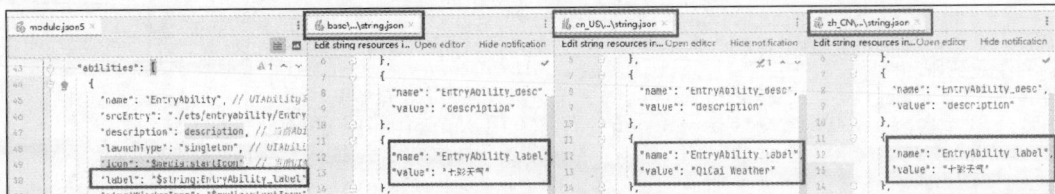

图 7.9　多语言配置应用名称

（3）应用图标多设备适配

前面创建工程时，在选择支持的设备类型时选择了"Phone""Tablet""2in1"，不同设备的屏幕尺寸及分辨率都不一样，应用图标会出现拉伸、模糊等问题，因此非常有必要进行多设备适配。DevEco Studio 的 Image Asset 功能提供了一站式自适应图标解决方案，它能帮助开发者生成适应不同设备、不同屏幕的 icon（应用图标）和 startWindowIcon（启动页图标）。

选中工程中要生成图标的模块，在当前工程中选中 entry 模块，单击鼠标右键，在弹出的快捷菜单中选择"New→Image Asset"选项，进入图标配置界面。

选择"Foreground Layer"中的"Path"选项，选择前景图存放路径，图片尺寸建议为 1024px×1024px，以保证图片整体清晰。设置 Trim 为"Yes"，用于调整图片与边框之间的距离，同时去除图片周围多余的透明空间。Image Asset 前景图如图 7.10 所示。

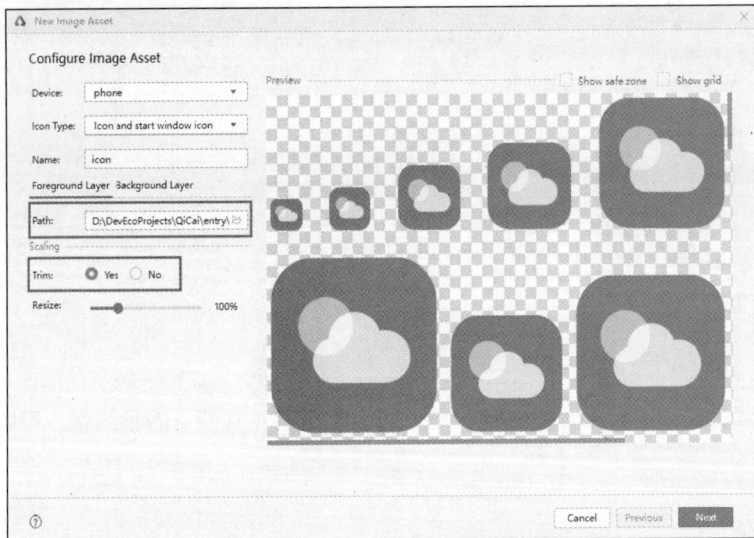

图 7.10　Image Asset 前景图设置

选择"Background Layer"中的"Path"选项，选择背景图存放路径，图片尺寸仍建议为 1024px×1024px，设置 Trim 为"Yes"。

完成上述前景图和背景图的配置后，单击"Next"按钮，将打开图标生成路径确认窗口，在其中单击"Finish"按钮即可完成图标配置。

在完成上述操作之后，在 entry 模块的 resources 目录下将出现若干个名称以 phone 开头的文件夹，每个文件夹中都有两张图片，分别为应用图标和启动页图标。sdpi 表示小规模屏幕密度，mdpi 表示中规模屏幕密度，ldpi 表示大规模屏幕密度，xldpi 表示特大规模屏幕密度，xxldpi 表示超大规模屏幕密度，xxxldpi 表示超特大规模屏幕密度，不同名称的文件夹中存放着不同尺寸的图标。同时，将 module.json5 文件中的 icon 和 startWindowIcon 改成新生成的应用图标名和启动页图标名。生成不同尺寸图标并更改配置效果如图 7.11 所示。

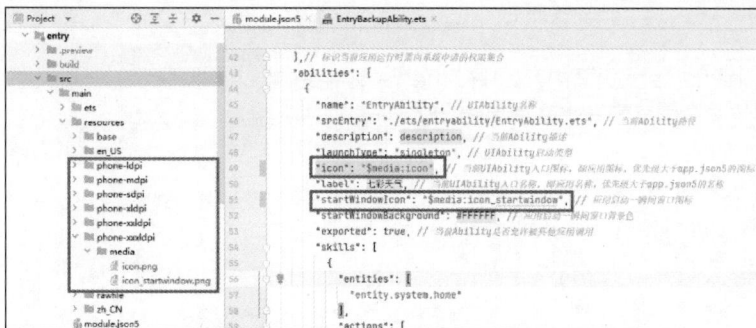

图 7.11 生成不同尺寸图标并更改配置效果

任务 7.2 应用开屏页

开屏页（Splash Screen）是用户启动应用时首先看到的页面，它对用户体验有着重要的影响。展现一张设计得体、风格大方的图片，能带给用户舒适和愉悦的感受。本任务将实现图 7.12 所示的开屏页效果。

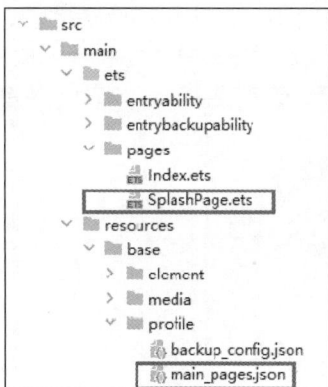

7.2.1 创建开屏页

先在 pages 文件夹中新建 SplashPage.ets 文件，并在 profile 目录下的 main_pages.json 文件中对页面进行注册。SplashPage.ets 和 main_pages.json 文件所在目录如图 7.13 所示。

应用开屏页

图 7.12 开屏页效果 　　　图 7.13 SplashPage.ets 和 main_pages.json 文件所在目录

下面配置定义了开屏页及跳转后的主页信息。

```
// main_pages.json
{
  "src": [
    "pages/SplashPage"
    "pages/Index",
  ]
}
```

在 EntryAbility.ets 文件中找到 onWindowStageCreate 方法，该方法将在 WindowStage（窗口舞台）创建后调用。将 windowStage.loadContent 中的首次加载页面路径改为 SplashPage.ets 文件的路径，使应用在开启时自动跳转到开屏页。

```
// EntryAbility.ets
onWindowStageCreate(windowStage: window.WindowStage): void {
  // 更改首次加载页面路径为开屏页
```

```
    windowStage.loadContent('pages/SplashPage, (err) => {  });
  }
```

完善 SplashPage.ets 页面内容，并在 media 文件夹中导入需要展示的开屏页图片 bg_splash_img.jpg。这样就能初步展示一张开屏页图片了。

```
// SplashPage.ets
@Entry
@Component
struct SplashPage {
  build() {
    RelativeContainer() {
      Image($r('app.media.bg_splash_img'))
        .id('img_splash').objectFit(ImageFit.Fill).width('100%').height('100%')
    }
    .height('100%').width('100%')
  }
}
```

开屏页初步效果如图 7.14 所示。

7.2.2 了解 UIAbility

1. 什么是 UIAbility

前面更改首次加载页面路径是在 EntryAbility 类中进行的，该类是整个 entry 模块的入口类，它继承自 UIAbility 类。

UIAbility 组件是一种包含 UI 的应用组件，它的作用是和用户进行交互。它是系统调度的基本单元，为应用提供绘制页面的窗口。一个应用可以包含一个或多个 UIAbility 组件，一个 UIAbility 组件对应一个任务，当用手指上滑，将应用切换到后台时，所看到的每一张卡片就对应一个 UIAbility 组件。图 7.15 展示了同一个应用中的两个 UIAbility 组件。

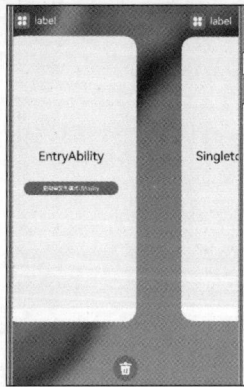

图 7.14 开屏页初步效果　　　图 7.15 同一个应用中的两个 UIAbility 组件

如果开发者希望在任务视图中看到一个任务，则建议使用一个 UIAbility 组件、多个页面的方式。如果开发者希望在任务视图中看到多个任务，或者需要同时开启多个窗口，则建议使用多个 UIAbility 组件开发不同的模块功能。

2. UIAbility 的生命周期

UIAbility 的生命周期包括 Create（创建）、Foreground（前台）、Background（后台）、Destroy（销毁）4 个状态。当用户打开、切换、返回、关闭应用时，应用中的 UIAbility 实例会在其生命周期的不同状态之间进行转换。UIAbility 的生命周期如图 7.16 所示。

UIAbility 类提供了一系列回调方法，通过这些回调方法，可以感知当前 UIAbility 实例的状态改变。UIAbility 回调之间的转换如图 7.17 所示，UIAbility 回调方法如表 7.1 所示。

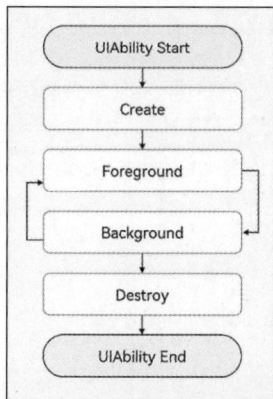

图 7.16　UIAbility 的生命周期

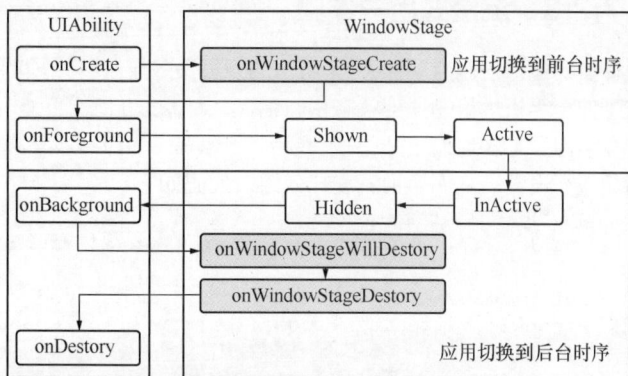

图 7.17　UIAbility 回调之间的转换

表 7.1　UIAbility 回调方法

名称	描述
onCreate	在应用加载过程中，UIAbility 实例创建完成时，系统会调用 onCreate 回调方法。可以在该回调方法中进行页面初始化操作，如变量定义、资源加载等，用于后续的 UI 展示
onWindowStageCreate	UIAbility 实例创建完成之后，在进入前台之前，系统会创建一个 WindowStage。WindowStage 创建完成后会进入 onWindowStageCreate 回调方法，可以在该回调方法中设置 UI 加载、WindowStage 的事件订阅
onWindowStageDestroy	在 UIAbility 实例销毁之前，会进入 onWindowStageDestroy 回调方法，可以在该回调中释放 UI 资源
onWindowStageWillDestroy	在 WindowStage 即将销毁前执行，此时 WindowStage 可以使用
onForeground	在 UIAbility 的 UI 可见之前，如 UIAbility 切换至前台时触发。可以在 onForeground 回调方法中申请系统需要的资源，或者重新申请在 onBackground 中释放的资源
onBackground	在 UIAbility 的 UI 完全不可见，如 UIAbility 切换至后台时触发。可以在 onBackground 回调方法中释放 UI 不可见时无用的资源，或者在此回调中执行较为耗时的操作，如状态保存等
onDestroy	在 UIAbility 实例销毁时触发。可以在 onDestroy 回调方法中进行系统资源的释放、数据的保存等操作

3. UIAbility 的启动模式

UIAbility 的启动模式是指 UIAbility 实例在启动时的不同呈现状态。针对不同的业务场景，系统提供了 3 种启动模式：singleton（单实例模式）、multiton（多实例模式）、specified（指定实例模式）。

（1）单实例模式

功能：在整个应用中，系统只会创建一个 UIAbility 实例。

适用场景：需要确保整个应用中只有一个特定页面实例的场景，如设置页面或应用的主页面等。

（2）多实例模式

功能：系统可以为不同的用户请求创建多个 UIAbility 实例。

适用场景：需要为不同的用户操作或任务创建独立的页面实例的场景，如多任务处理或多窗口显示等。

（3）指定实例模式

功能：系统根据特定的业务逻辑或用户需求来决定 UIAbility 的实例化数量和复用。

适用场景：需要根据特定条件或用户选择来创建页面实例的场景，例如，若文档应用中每次新建文档时都希望新建一个文档实例、重复打开一个已保存的文档，则希望打开的是同一个文档实例等。

7.2.3 沉浸式用户体验

在实际运行应用后，图 7.14 所示的开屏页效果并不如预期那样令人满意，原因在于开屏页图片并未延伸至手机屏幕的顶部状态栏，给人一种割裂的感觉。

在学习了 UIAbility 的相关知识后，可以在 EntryAbility 类的 onWindowStageCreate 方法中对窗口进行设置，从而实现沉浸式效果。代码如下。

```
// EntryAbility.ets
onWindowStageCreate(windowStage: window.WindowStage): void {
  // 获取应用主窗口
  let windowClass: window.Window | undefined = undefined;
  windowStage.getMainWindow((err: BusinessError, data) => {
    windowClass = data;
    // 实现沉浸式效果。方法一：设置头部状态栏、底部导航条不显示
    let names = [];
    windowClass.setWindowSystemBarEnable(names);
    // 实现沉浸式效果。方法二：直接全屏显示，头部状态栏、底部导航条也显示
    // windowClass.setWindowLayoutFullScreen(true)
  })
  // 为沉浸式窗口加载对应的目标页面
  windowStage.loadContent('pages/SplashPage', (err) => {  });
}
```

使用两种方法实现的沉浸式效果如图 7.18 所示。

(a) 方法一　　　　(b) 方法二

图 7.18　沉浸式效果

┃ 编程育人 ┃

沉浸细节，匠心独运

将状态栏与开屏页图片融为一体的沉浸式设计，隐藏了不必要的信息。这种设计看似微小，却极大地提升了用户体验，让用户能够沉浸于应用中。这种设计不仅是一种技术实现，更是一种对用户体验的深刻理解。它提醒我们，只有关注细节、追求极致，才能创造出真正有价值的产品。这种"沉浸细节，匠心独运"的思维，不仅是开发者应具备的职业素养，还是我们在生活中应当秉持的态度——在细节中追求卓越，在细微之处体现关怀。

7.2.4 倒计时跳转

1. 倒计时按钮的位置确定

开屏页的右上角一般会有倒计时按钮，这是一种有效吸引用户注意力并提升用户体验的策略。倒计时按钮的存在向用户清晰地传达了等待时间的长短，为用户提供了明确的结束预期。这种设计可

以减少用户因等待而产生的焦虑感，尤其是在启动应用或加载资源时。

头部状态栏和底部导航条这两块区域本身就有系统组件存在，系统组件会在操作上对应用产生干扰，所以这两块区域被叫作非安全区。在开发中需要避开在非安全区放置可操作组件。那么，倒计时按钮应该被放在距离顶端多远时才算没有进入状态栏呢？

使用 getWindowAvoidArea 方法获取相关的尺寸数据。

```
windowClass.getWindowAvoidArea(window.AvoidAreaType.TYPE_SYSTEM).topRect.height
```

上述方法中，AvoidAreaType.TYPE_SYSTEM 表示系统区域，包含状态栏、导航条；topRect 表示状态栏矩形区域，如图 7.19 所示；height 属性即状态栏的高度，单位是 px。

在 EntryAbility 类的 onWindowStageCreate 方法中获取状态栏高度，并将该值导出，供整个应用模块使用。以下代码展示了如何在 EntryAbility 类中获取并导出状态栏高度。

图 7.19　状态栏矩形区域

```
// EntryAbility.ets
...
// 定义并导出状态栏高度
export let STATUS_BAR_HEIGHT = 0
export default class EntryAbility extends UIAbility {
  ...
  onWindowStageCreate(windowStage: window.WindowStage): void {
    ...
    let windowClass: window.Window | undefined = undefined;
    windowStage.getMainWindow((err: BusinessError, data) => {
      ...
      windowClass = data;
      let names = [];
      windowClass.setWindowSystemBarEnable(names);
      // 获取状态栏高度，并通过 px2vp 方法将 px 数值转换为 vp 数值
      STATUS_BAR_HEIGHT = px2vp(windowClass.getWindowAvoidArea(window.
AvoidAreaType.TYPE_SYSTEM).topRect.height)
    })
    ...
  }
  ...
}
```

在获取状态栏高度之后，通过相对布局和 offset 属性就可以准确放置倒计时按钮了。至于按钮上的倒计时，可以先定义状态变量记录秒数，再结合 setInterval 方法对秒数进行递减，直至秒数减至 0 秒，取消定时器，跳转到 Index 页面。

2. 页面如何跳转

当倒计时结束时，该如何进行页面跳转呢？ArkUI 提供了两种方式：页面路由（@ohos.router）和组件导航（Navigation）。

页面路由是指在应用中实现不同页面之间的跳转和数据传递。Router 模块通过不同的 URL 可以方便地进行页面路由，从而轻松地访问不同的页面。Router 模块通过页面栈提供了 pushUrl（跳转到指定页面）、replaceUrl（替换当前页面）、back（返回）等方法用于页面间的跳转。

router.pushUrl：目标页面不会替换当前页面，而是被压入页面栈。这样可以保留当前页面的状态，并且可以通过返回按钮或者调用 router.back 方法返回当前页面。

router.replaceUrl：目标页面会替换当前页面，并销毁当前页面。这样可以释放当前页面的资源，并且无法返回当前页面。

因为开屏页是不需要被返回的，所以可以通过代码 router.replaceUrl({url: 'pages/Index'})将开屏页替换成 Index 页面。开屏页替换的具体代码如下。

```
// SplashPage.ets
import { STATUS_BAR_HEIGHT } from '../entryability/EntryAbility';
import { router } from '@kit.ArkUI';
// 开屏页
@Entry
@Component
struct SplashPage {
  @State seconds: number = 5 // 倒计时
  intervalId?: number

  aboutToAppear(): void {
    // 倒计时秒数递减
    this.intervalId = setInterval(() => {
      if (--this.seconds <= 0) {
        this.toIndex()
      }
    }, 1000);
  }

  toIndex() {
    clearInterval(this.intervalId) // 取消定时器
    // 由于开屏页不需要被返回，直接使用 replaceUrl 方法即可
    router.replaceUrl({url: 'pages/Index'})
  }

  build() {
    RelativeContainer() {
      Image($r('app.media.bg_splash_img'))
        .id('img_splash').objectFit(ImageFit.Fill)
        .width('100%').height('100%')
      Button(`${this.seconds} 秒  跳过`)
        .id('btn_time')
        .backgroundColor($r('app.color.mask_black_opacity'))
        .alignRules({
          right: {anchor: '__container__', align: HorizontalAlign.End}
        })
        .offset({x: -30, y: STATUS_BAR_HEIGHT}) // 按钮偏移
        .onClick(() => this.toIndex())
    }
    .height('100%').width('100%')
  }
}
```

需要注意的是，在 toIndex 方法中需要调用 clearInterval 方法将定时器取消，否则手动点击跳过按钮时将引发异常。开屏页最终效果如图 7.20 所示。

图 7.20　开屏页最终效果

7.2.5 将文字作为资源使用

在开屏页代码实现中，将倒计时按钮上的文字"秒 跳过"直接硬编码在 SplashPage.ets 文件中，这种方法简单方便，但是无复用性，如果多个地方使用同样的文本，则需要在多处写入相同的文本。如果文本需要修改，则需要在不同的地方进行多次修改。

这时候，就需要把字符串作为资源管理起来。代码如下。

```
{ "name": "splash_skip", "value": "秒 跳过" } // string.json 文件中定义键值对
Button(`${this.seconds} 秒  跳过`) // SplashPage.ets 文件中无法直接使用该键值对作为参数
```

把"秒 跳过"作为字符串，以 splash_skip 为名定义在 string.json 文件中，但是无法直接被 Button 使用，因为 Button 接口需要的是字符串，而$r()函数读取数据返回的类型是 Resource。

Context 作为应用上下文，为应用提供了一系列基础信息，如 resourceManager（资源管理器）、applicationInfo（当前应用信息）、dir（应用文件路径）、area（文件分区）等。不同类型的 Ability 组件拥有不同的 Context 实例。图 7.21 展示了鸿蒙应用持有的不同类型的 Context。从图 7.21 中可以看到 ApplicationContext 是应用级别的上下文，在整个应用内只有一个实例。

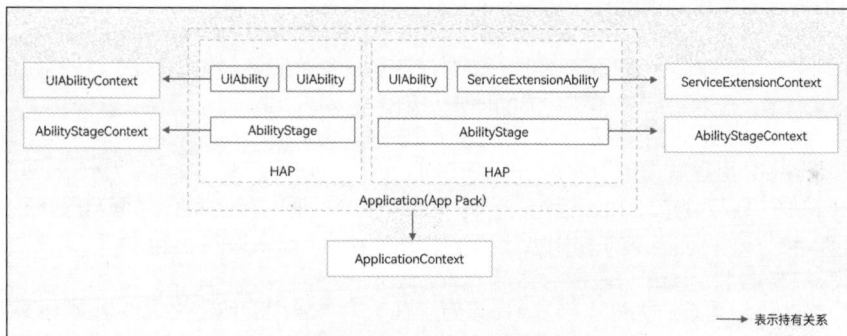

图 7.21　鸿蒙应用持有的不同类型的 Context

可以利用 resourceManager 的 getStringSync 方法将字符串资源同步转换为字符串。为了便于全局使用，可以在 ets 目录下新建 utils 目录，并在其中定义 BaseUtils 类，把一些需要全局使用的公共方法写入该类。BaseUtils 类中的部分代码如下。

```
// BaseUtils.ets
// 基础工具类
export class BaseUtils {
  static appCtx = getContext(this).getApplicationContext()
  // 将资源文件中定义的字符串资源转换成字符串
  static getStr(resource: Resource): string {
    return BaseUtils.appCtx.resourceManager.getStringSync(resource.id)
  }
}
// SplashPage.ets
// 使用 BaseUtils 中的方法
Button(`${this.seconds} ${BaseUtils.getStr($r('app.string.splash_skip'))}`)
```

7.2.6 自定义组件的生命周期

在实现开屏页之后，回过头看一下倒计时触发方法调用的时机。它是在 aboutToAppear 方法中实现的。为何要在这个方法中触发倒计时呢？这是由自定义组件的生命周期决定的。

自定义组件会在其生命周期的不同阶段调用特定的回调方法，这些回调方法是私有的，在运

行时由开发框架在特定的时间进行调用，不能被手动调用。下面介绍自定义组件的生命周期回调方法。

```
aboutToAppear?(): void;
```

aboutToAppear 可理解为即将出现。该方法在创建自定义组件的新实例之后，执行其 build 方法之前执行。允许在 aboutToAppear 方法中更改状态变量，更改将在后续执行的 build 方法中生效。

```
onDidBuild?(): void;
```

onDidBuild 可理解为当的确构建了页面的组件时。该方法在执行自定义组件的 build 方法之后执行。不建议在 onDidBuild 方法中更改状态变量、使用 animateTo 等功能，这可能会导致出现不稳定的 UI 表现。

```
aboutToDisappear?(): void;
```

aboutToDisappear 可理解为即将消失。该方法在自定义组件析构销毁之前执行。不允许在 aboutToDisappear 方法中更改状态变量，特别是更改 @Link 变量，这可能会导致应用运行不稳定。

```
onPageShow?(): void;
```

onPageShow 可理解为当页面显示时。该方法在页面每次显示时触发一次，包括路由过程、应用进入前台等场景，仅对被 @Entry 装饰的自定义组件生效。

```
onPageHide?(): void;
```

onPageHide 可理解为当页面隐藏时。该方法在页面每次隐藏时触发一次，包括路由过程、应用进入后台等场景，仅对被 @Entry 装饰的自定义组件生效。

```
onBackPress?(): void;
```

onBackPress 可理解为当返回按钮被点击时。该方法在用户点击标题栏中的返回按钮或做返回操作手势时触发，仅对被 @Entry 装饰的自定义组件生效。返回 true 表示页面自己处理返回逻辑，不进行页面路由；返回 false 表示使用默认的路由返回逻辑，默认返回 false。

```
aboutToReuse?(params: { [key: string]: unknown }): void;
```

aboutToReuse 可理解为即将被复用。该方法在一个可复用的自定义组件从复用缓存中被重新加入组件树时触发，并获得自定义组件的构造参数。

```
aboutToRecycle?(): void;
```

aboutToRecycle 可理解为即将被回收利用。该方法在可复用组件从组件树上被加入复用缓存之前触发。

```
onWillApplyTheme?(theme: Theme): void;
```

onWillApplyTheme 可理解为将要应用主题时。该方法用于获取当前组件上下文的 Theme 对象，在创建自定义组件的新实例之后，执行其 build 方法之前执行。允许在 onWillApplyTheme 方法中更改状态变量，更改将在后续执行的 build 方法中生效。

> **注意点** 当 Navigation 的子页面或者自定义组件包含 NavDestination 时，上述部分生命周期回调方法会失效。可以对应地使用 NavDestination 的 onShown、onHidden 等属性方法。

┤ 编程育人 ├

谋定后动，行稳致远

自定义组件的生命周期从创建、初始化到运行、销毁，每一个阶段都有明确的任务。这些阶段的回调方法由框架开发者提前设计好，用于在不同阶段实现特定任务，这种有序性和规划性提醒我们，在学习和生活中，需要有明确的方向和阶段性的目标，在合适的阶段做该做的事情，才能在复杂多变的环境中稳健前行。

任务 7.3　应用主页

主页是用户获取天气信息的入口。一个直观、易用的主页不仅能够快速传达关键的天气数据，还能通过高效的导航提升用户体验。而底部工具栏作为主页的重要组成部分，扮演着连接用户与应用功能的桥梁角色。

7.3.1　路由根容器组件：Navigation

七彩天气 App 主页如图 7.22 所示，其页面结构由底部也称工具栏、上部标题栏（含菜单栏）和中间内容区组成。要实现这样的页面结构有很多种方式，但是最佳选择是 Navigation。

Navigation 是路由容器组件，一般作为主页的根容器。通过 mode 属性，可以实现单栏（Stack）模式、分栏（Split）模式和自适应（Auto）模式共 3 种显示模式。单栏模式适用于屏幕较窄的设备，分栏模式适用于屏幕较宽的设备，自适应模式下系统会自动根据屏幕宽度（临界值为 600vp）来决定如何显示。单栏模式和分栏模式如图 7.23 所示。

Navigation 组件通过 title、menus、toolbarConfiguration 属性，可以分别实现图 7.23 中的标题栏、菜单栏和工具栏。内容区则可以通过在 Navigation 组件中添加子组件实现。

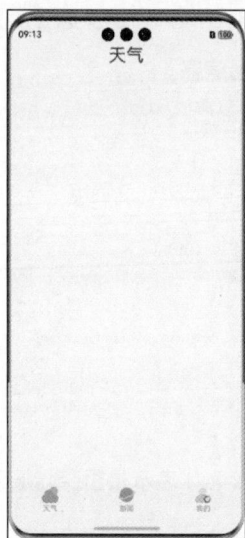

图 7.22　七彩天气 App 主页

图 7.23　单栏模式和分栏模式

使用 Navigation 组件作为七彩天气 App 主页的框架，不仅仅是因为它提供了完善的页面区域划分功能，更重要的是它作为路由容器组件，能实现 Router 无法实现的路由功能。官方推荐使用 Navigation 替代 Router 进行页面路由。

Navigation 路由相关的操作都是基于页面栈 NavPathStack 提供的方法完成的，每个 Navigation 中都需要创建并传入一个 NavPathStack 对象，用于管理页面。在 Index 页面中创建的 NavPathStack 对象需要使用@Provide 装饰，这样在其他页面中就可以使用@Consume 装饰器来获取该 NavPathStack 对象。NavPathStack 对象用于页面跳转、页面返回、页面替换、页面删除、参数获取、路由拦截等。NavPathStack 对象使用示例如下。

下面的代码利用 Navigation 组件创建了一个简单的导航页面。

```
@Entry
@Component
struct Index {
```

```
// 创建一个 NavPathStack 对象并将其传入 Navigation，使用@Provide 使其可供其他页面使用
@Provide('pageStack')pageStack: NavPathStack = new NavPathStack()
@Builder menuBuilder() {
  SymbolGlyph($r('sys.symbol.character_book')).fontSize(30)
}
build() {
  Navigation(this.pageStack) {}
    .title('Main').menus(this.menuBuilder())
    .toolbarConfiguration([{icon: $r('sys.media.ohos_ic_public_text'), value:
'导航'}])
  }
}
```

上述代码运行结果如图 7.24 所示，其中展示了 title、menu、toolbar 的位置。

1. 页面跳转

NavPathStack 通过 push 相关接口实现页面跳转功能，主要分为以下 3 类。

（1）通过页面名称跳转，并可携带参数。

```
this.pageStack.pushPath({ name: "PageOne", param:
"PageOne Param" })
  this.pageStack.pushPathByName("PageOne",
"PageOne Param")
```

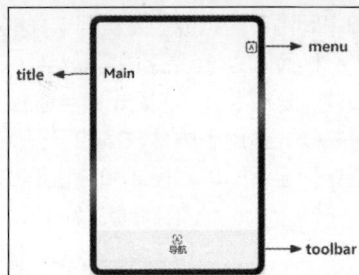

图 7.24　title、menu、toolbar 的位置

（2）带返回回调的跳转，能在页面出栈时进行回调，并获取和处理返回信息。

```
this.pageStack.pushPathByName('PageOne', "PageOne Param", (popInfo) => {
    console.log('弹出页面名称: ' + popInfo.info.name + ', 返回数据: ' +
JSON.stringify(popInfo.result))
  });
```

（3）带错误码的跳转，跳转结束会触发异步回调，返回错误码和错误信息。

```
this.pageStack.pushDestinationByName('PageOne', "PageOne Param")
  .catch((error: BusinessError) => {
    console.error(`跳转失败，错误码 = ${error.code}，错误信息 =
${error.message}.`);
  }).then(() => {
    console.error('跳转成功.');
  });
```

2. 页面返回

NavPathStack 通过 pop 相关接口实现页面返回功能。参数中的 animated 表示是否带转场动画效果，result 是弹出页面返回给上一个页面的自定义参数信息。

```
// 返回上一个页面
this.pageStack.pop(animated?: boolean)
this.pageStack.pop(result: Object, animated?: boolean)
// 返回上一个指定名称的页面，中间的页面都会被弹出
this.pageStack.popToName(name: string, animated?: boolean)
this.pageStack.popToName(name: string, result: Object, animated?: boolean)
// 返回指定索引页面，中间的页面都会被弹出。页面栈栈底的页面索引为 0
this.pageStack.popToIndex(index: number, animated?: boolean)
this.pageStack.popToIndex(index: number, result: Object, animated?: boolean)
// 返回根主页（清除页面栈中的所有页面）
this.pageStack.clear(animated?: boolean)
```

3. 页面替换

页面替换是指用目标页面替换当前页面，即删除当前页面后跳转到目标页面。NavPathStack 通过 replace 相关接口实现页面替换功能。

```
this.pageStack.replacePath(info: NavPathInfo, animated?: boolean)
this.pageStack.replacePath(info: NavPathInfo, options?: NavigationOptions)
```

```
this.pageStack.replacePathByName(name: string, param: Object, animated?:
boolean)
```

NavPathInfo 包含 name、param 和 onPop 字段。

NavigationOptions 中的 launchMode 参数可以用于指定替换的模式。

4. 页面删除

NavPathStack 通过 remove 相关接口实现删除页面栈中特定页面的功能。

```
// 删除页面栈中指定名称的所有页面
this.pageStack.removeByName(name: string)
// 删除指定索引页面
this.pageStack.removeByIndexes(indexes: Array<number>)
```

5. 参数获取

NavPathStack 通过 get 相关接口获取页面的一些参数。

```
// 获取页面栈中所有页面名称集合
this.pageStack.getAllPathName(): Array<string>
// 获取指定索引页面传递的参数，参数在 push 或 replace 方法中传递
this.pageStack.getParamByIndex(index: number): unknown | undefined
// 获取指定页面传递的参数，参数在 push 或 replace 方法中传递
this.pageStack.getParamByName(name: string): Array<unknown>
// 获取所有指定名称的页面的索引集合
this.pageStack.getIndexByName(name: string): Array<number>
```

6. 路由拦截

NavPathStack 提供了 setInterception 方法，用于设置 Navigation 页面跳转拦截回调。该方法需要传入一个 NavigationInterception 对象，该对象包含以下 3 个回调方法。

（1）willShow：页面跳转前回调，允许操作栈，在当前跳转生效。

（2）didShow：页面跳转后回调，在该回调中，操作栈会在下一次跳转生效。

（3）modeChange：Navigation 显示模式发生变更时触发该回调。

需要注意的是，在路由拦截中，无论是哪个回调，在进入回调时页面栈都已经发生了变化。虽然回调时页面栈发生了变化，但是开发者可以在 willShow 回调中通过修改路由栈实现路由拦截重定向，可用于对未登录用户进行校验、强制跳转到登录页面的场景。路由拦截代码如下。

```
this.pageStack.setInterception({
    willShow: (from: NavDestinationContext | "navBar", to: NavDestinationContext |
"navBar",
        operation: NavigationOperation, animated: boolean) => {
        if (typeof to === "string") { // 工具栏跳转不拦截
            return;
        }
        // 将跳转到 PageTwo 的路由重定向到 PageOne
        let target: NavDestinationContext = to as NavDestinationContext;
        if (target.pathInfo.name === 'PageTwo') {
            // 步骤 1: 把页面 PageTwo 出栈
            target.pathStack.pop();
            // 步骤 2: 跳转到 PageOne
            target.pathStack.pushPathByName('PageOne', null);
        }
    },
    didShow: (from: NavDestinationContext | "navBar", to: NavDestinationContext |
"navBar",
        operation: NavigationOperation, animated: boolean) => { },
    modeChange: (mode: NavigationMode) => { },
})
```

7.3.2 搭建七彩天气 App 主页

下面利用 Navigation 组件的特性完成七彩天气 App 的主页搭建。

七彩天气 App 主要在手机上运行，因此 mode 属性使用 Navigation.Stack（即单栏模式），底部
工具栏采用自定义组件的方式实现，相较于系统提供的 ToolbarItem 有更强的灵活性。代码如下。

```
// 定义页面栈，使用@Provide 使其可供其他页面使用
@Provide('pageStack') pageStack: NavPathStack = new NavPathStack()

build() {
  Navigation(this.pageStack) { // 将页面栈传入 Navigation 组件
    // 内容区
  }
  .mode(NavigationMode.Stack) // 显示模式: 单栏模式
  .toolbarConfiguration(自定义@Builder 方法或使用 ToolbarItem 数组) // 底部工具栏
}
```

底部工具栏如图 7.25 所示，其中的按钮一般会呈现
选中和未选中两种状态。按钮的图标和文字在选中状态会
呈现彩色高亮，而在未选中状态会呈现灰色。要实现上述
按钮的区分显示，需要建立一个类，使用字段去记录按钮
文字、选中图标、未选中图标。代码如下。

图 7.25　底部工具栏

```
class NavTabVO {
  name: string // 按钮文字
  activeIcon: Resource // 选中图标
  icon: Resource // 未选中图标
  constructor(name: string, activeIcon: Resource, icon: Resource) {
    this.name = name;
    this.activeIcon = activeIcon;
    this.icon = icon;
  }
}
tabVOArray: Array<NavTabVO> = [
  new NavTabVO('天气', $r('app.media.ic_index_weather_active'), $r('app.media.
ic_index_weather')),
  new NavTabVO('新闻', $r('app.media.ic_index_news_active'), $r('app.media.
ic_index_news')),
  new NavTabVO('我的', $r('app.media.ic_index_personal_active'), $r('app.media.
ic_index_personal')),
]
```

在进入应用主页时，默认底部工具栏中第一个按钮高亮，同时需要记录点击了哪个按钮，可以
定义状态变量@State currentIndex: number = 0 来记录高亮按钮的索引（默认为 0）。底部工具栏
按钮可以使用 ForEach 循环 tabVOArray 数组生成。代码如下。

```
// 当前选中的按钮的索引
@State currentIndex: number = 0
@Builder navTabBuilder() {
  Row() {
    ForEach(this.tabVOArray, (tabVO: NavTabVO, i) => {
      Column() {
        // 根据 currentIndex 决定图标是否高亮
        Image(this.currentIndex == i ? tabVO.activeIcon : tabVO.icon)
          .width(30)
          .objectFit(ImageFit.Contain)
        Text(tabVO.name)
          .fontSize(12)
          // 根据 currentIndex 决定文字是否高亮
          .fontColor(this.currentIndex == i ? $r('app.color.main_color') :
$r('app.color.unselected_color'))
      }.onClick(() => {
        this.currentIndex = i // 记录点击索引
      })
```

```
      }).layoutWeight(1)
   }.width('100%').justifyContent(FlexAlign.SpaceAround)
}
```

具体页面作为 Navigation 的子组件，配合 currentIndex 进行显示。代码如下。

```
// Index.ets
@Entry
@Component
struct Index {
   ...
   @Builder PageMap() {
    if (this.currentIndex === 0) {
       IndexWeatherPage() // "天气"页面
    } else if (this.currentIndex === 1) {
       IndexNewsPage() // "新闻"页面
    } else {
       IndexPersonalPage() // "我的"页面
    }
   }

   build() {
     Navigation(this.pageStack) {
       this.PageMap()
     }
     .mode(NavigationMode.Stack) // 显示模式：单栏模式
     .toolbarConfiguration(this.navTabBuilder) // 底部工具栏
   }
   ...
}
```

"天气""新闻""我的"3 个页面的代码如下。这些页面作为主页 Index 的子页面，其本身不是入口组件，因此不需要@Entry，但是为了能在预览器中查看效果，需要加上@Preview。代码如下。

```
// IndexWeatherPage.ets
@Preview // 为了能在 IndexWeatherPage.ets 页面中单独查看预览效果
@Component
export struct IndexWeatherPage {
  build() {
    Column() {
      Text('天气')
    }
  }
}
// IndexNewsPage.ets
@Preview // 为了能在 IndexNewsPage.ets 页面中单独查看预览效果
@Component
export struct IndexNewsPage {
  build() {
    Column() {
      Text('新闻')
    }
  }
}
// IndexPersonalPage.ets
@Preview // 为了能在 IndexPersonalPage.ets 页面中单独查看预览效果
@Component
export struct IndexPersonalPage {
  build() {
    Column() {
      Text('我的')
    }
  }
}
```

任务 7.4 "我的"页面

在搭建完主页框架之后，就要填充主页的 3 个子页面的内容了。"我的"页面如图 7.26 所示，具体功能描述如下。

图 7.26 "我的"页面

➤ 页面顶部放置了圆形头像，头像下方放置用户昵称和个人数据。
➤ 页面中部放置了功能条，分别为"语言""反馈"和"关于"。
➤ 在未登录情况下，点击头像和"反馈"等需要关联用户账号的区域时，将进入登录页面。
➤ 在登录情况下，点击头像将进入个人信息编辑页面。

7.4.1 国际化支持 i18n

在全球化的今天，应用的多语言支持已成为提升用户体验和扩大受众范围的重要因素。语言切换功能使得用户能够根据自己的语言偏好选择页面语言，从而获得更加个性化和舒适的使用体验。HarmonyOS 的 Localization Kit 提供了增强的国际化（i18n）能力。i18n 是英文单词 internationalization 的缩写，18 代替了在 i 和 n 之间的 18 个字母。无论是跨国公司的企业应用，还是面向全球市场的游戏和教育应用，语言切换都是一项必不可少的功能。七彩天气 App 的"我的"页面中就有一个"语言"功能条，只要点击该功能条，即可使应用在中英文之间进行切换。

1. 限定词资源文件配置不同语言

将页面中需要使用的文本以字符串资源配置的形式放到 string.json 文件中。首先在 resources 下分别新建 zh_CN 和 en_US 两个限定词目录，并在新建的两个目录下分别创建 string.json 资源文件。在 base 和 zh_CN 文件夹下的 string.json 文件中新增下列键值对。

```
{ "name": "personal_follow", "value": "关注" },
{ "name": "personal_fans", "value": "粉丝" },
{ "name": "personal_praise", "value": "点赞" },
{ "name": "personal_lang", "value": "语言" },
{ "name": "personal_fb", "value": "反馈" },
{ "name": "personal_about", "value": "关于" },
{ "name": "about", "value": "当前版本 v%s。\n 该 App 基于 HarmonyOS NEXT 版本开发，天气数据来自高德天气 API。该 App 所有源代码及其他资源仅限学习交流使用，不可用作商业用途。" }
```

同时，在 en_US 文件夹下的 string.json 文件中增加对应的英语键值对，此处不做展示。

页面整体功能从上到下展示，因此可以使用 Column 组件进行布局。同时，考虑到不同手机的屏幕尺寸适配和后续功能条的增加，需要在 Column 组件外面加上 Scroll 组件，以满足页面上下滚动的需求。IndexPersonalPage.ets 文件主要代码如下。

```
// IndexPersonalPage.ets
@Preview
@Component
struct IndexPersonalPage {
    // 使用@Builder 显示个人数据
    @Builder dataShow(name: Resource, value: number) {
     Column() {
        Text(value.toString()).fontColor($r('app.color.gray3')).fontSize(20)
        Blank().height(10)
        Text(name).fontColor($r('app.color.gray7')).fontSize(16)
     }
    }
    // 使用@Builder 实现功能条
    @Builder functionalBar(icon: Resource, title: Resource, click: (event:
ClickEvent) => void) {
        Column() {
          Row() {
           Image(icon).width(30)
           Text(title).margin({left: 20}).fontSize(16)
           Blank()
           SymbolGlyph($r('sys.symbol.chevron_right')).fontSize(26)
          }.width('100%').height(60).padding({left: 20, right: 20})

           Divider().width('100%').margin({left: 20})
        }.backgroundColor(Color.White)
        .onClick(click)
        .stateStyles({
          normal: {
            .backgroundColor(Color.White)
          },
          clicked: {
            .backgroundColor($r('app.color.grayE'))
          }
        })
    }

    build() {
        Scroll() {
          Column() {
            Column() {
              // 头像
              Image($r('app.media.avatar_male'))
                .width(70).clipShape(new CircleShape({width: 70,height: 70}))
                .margin({top: STATUS_BAR_HEIGHT})
              // 用户昵称
              Text('华为用户').margin({top: 15}).fontSize(20).fontWeight(500)
              // 3 个数据（关注、粉丝、点赞）
              Row() {
                this.dataShow($r('app.string.personal_follow'), 0)
                this.dataShow($r('app.string.personal_fans'), 0)
                this.dataShow($r('app.string.personal_praise'), 0)
              }
              .margin({top: 15})
              .width('100%')
              .justifyContent(FlexAlign.SpaceAround)
            }.backgroundImage($r('app.media.bg_personal_head'))
            .backgroundImageSize(ImageSize.FILL)
            .width('100%').height(230)
             // 3 个功能条（语言、反馈、关于）
            this.functionalBar($r("app.media.ic_func_lang"),
```

205

```
$r('app.string.personal_lang'), () => { })

            this.functionalBar($r('app.media.ic_func_fb'),
$r('app.string.personal_fb'), () => { })

            this.functionalBar($r('app.media.ic_func_about'),
$r('app.string.personal_about'), () => { })
        }
      }
    }
  }
```

"关注""粉丝""点赞"三者样式一致、功能条样式一致，因此在上述代码中抽取了对应的 @Builder 方法 dataShow 和 functionalBar。同时，功能条本身并不仅仅是 Column 组件，还需要为其添加 onClick 属性来响应点击事件，并且增加 stateStyles 属性来给用户提供反馈功能。stateStyles 属性用于设置不同状态下组件的样式，支持 normal（正常）、pressed（按下）、disabled（禁用）、focused（获焦）、clicked（点击）、selected（选中）等状态。

2. 实现语言切换功能

国际化能力包括区域管理、电话号码处理、日历、语言等，使用时需要通过以下语句进行导入。

```
import { i18n } from '@kit.LocalizationKit'
```

对于前面的功能条（functionalBar）代码，可以补充如下。

```
this.functionalBar($r("app.media.ic_func_lang"),
$r('app.string.personal_lang'), (event) => {
    // 中文和英文切换
    if (i18n.System.getAppPreferredLanguage() != 'zh-Hans') { // 获得应用偏好语言
        i18n.System.setAppPreferredLanguage('zh-Hans') // 设置偏好语言为简体中文
    } else {
        i18n.System.setAppPreferredLanguage('en-US') // 设置偏好语言为英文
    }
})
```

语言切换效果如图 7.27 所示。

图 7.27　语言切换效果

"我的"页面-国际化支持和"关于"弹窗

> **注意点**　对于语言切换，除了开发者自己定义的文字，日历组件、时间组件等也会自动随着语言的变化而变化。

7.4.2　"关于"弹窗

应用通过"关于"（About）弹窗向用户展示相关信息。这个小窗口不仅是信息的集合地，还是连接用户与产品、团队的桥梁。在应用中，一个精心设计的"关于"弹窗可以让用户对应用的了解更加深入，建立信任感和认同感。在七彩天气 App 中要实现图 7.28 所示的"关于"弹窗。

1. 弹窗实现

要实现上述弹窗，可以使用 ArkUI 中的 promptAction。在使用

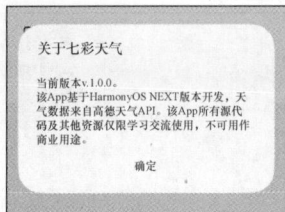

图 7.28　"关于"弹窗

promptAction 之前需要引入 promptAction 模块。

```
import { promptAction } from '@kit.ArkUI';
```

promptAction 用于创建并显示文本提示框、对话框和操作菜单。promptAction 需要依赖 UIContext 执行，需要在组件创建实例之后使用。其主要方法如表 7.2 所示。

表 7.2　promptAction 的主要方法

名称	描述
showToast	创建并显示文本提示框
showDialog	创建并显示对话框，对话框响应后异步返回结果
showActionMenu	创建并显示操作菜单，操作菜单响应后异步返回结果
openCustomDialog	打开自定义弹窗
closeCustomDialog	关闭自定义弹窗

2. 应用信息读取

图 7.28 中有一个版本号 "1.0.0"，这并不是在页面中硬编码的文字，而是通过读取应用信息来实现的。要实现该功能，需要导入 bundleManager 模块。

```
import bundleManager from '@ohos.bundle.bundleManager';
```

bundleManager 模块提供了应用信息查询能力，支持对 BundleInfo、ApplicationInfo、Ability、ExtensionAbility 等信息的查询。

3. 代码实现

在 IndexPersonalPage 中增加获取应用版本号的代码，并为 "关于" 功能条添加点击事件。

```
// IndexPersonalPage.ets
import bundleManager from '@ohos.bundle.bundleManager'
...
export struct IndexPersonalPage {
  @State appVersionName: string = ''
  ...
  // 在 aboutToAppear 中调用获取版本信息的方法
  aboutToAppear(): void {
    this.getAppInfo()
  }

  // 异步获取版本信息
  async getAppInfo() {
    let result = await bundleManager.getBundleInfoForSelf(bundleManager.
BundleFlag.GET_BUNDLE_INFO_WITH_APPLICATION)
    this.appVersionName = result.versionName
    // 也可以直接获取版本号
    // this.appVersionName = BuildProfile.VERSION_NAME
  }

  build() {
    Scroll() {
      Column() {
        ...
        this.functionalBar($r('app.media.ic_func_about'), $r('app.string.
personal_about'), async () => {
          const result = await promptAction.showDialog({
          promptAction.showDialog({
            title: $r('app.string.about_title'),
            message: util.format(BaseUtils.getStr($r('app.string.about_
content')), this.appVersionName),
            buttons: [
              {text: $r('app.string.btn_sure'), color: $r('app.color.main_
```

```
color'), primary: false}
                ]
            })
            console.log('点击的按钮索引为: ', result.index)
        })
    }
  }
}

// string.json5 文件中包含下列键值对
{
    "name": "about content",
    "value": "当前版本 v%s。\n 该 APP 基于 HarmonyOS Next 版本开发，天气数据来自高德天
气 API。该 App 所有源代码及其他资源仅限学习交流使用，不可用作商业用途。"
}
```

上述代码中，主要需要关注以下几点。

➤ 在 aboutToAppear 方法中，使用异步方法 bundleManager.getBundleInfoForSelf 的参数 GET_BUNDLE_INFO_WITH_APPLICATION 获取当前应用的版本信息，在返回数据中取出版本号。也可以直接通过 BuildProfile.VERSION_NAME 获取版本号。

➤ "关于"功能条通过 promptAction.showDialog 方法，参数 title（标题）、message（内容）、buttons（按钮）展示了"关于"弹窗。利用命名空间 util 提供的格式化方法 format，把从 string.json5 文件读取的字符串中的%s 占位符替换成前面获取的版本号，从而得到完整的消息内容字符串作为弹窗的 message 参数值。

➤ promptAction.showDialog 方法返回类型为 Promise<ShowDialogSuccessResponse> 的异步对象，其包含 index 属性，用于表示点击的按钮是第几个，从 0 开始递增（每次加 1）。

┃ 编程育人 ┃

诚信守法，合作共赢

"关于"弹窗中展示的"该App所有源代码及其他资源仅限学习交流使用，不可用作商业用途。"字样，体现了对知识产权的尊重和保护，强调了诚信守法的重要性。这不仅能够促进技术的交流与发展，还能为开发者提供良好的学习环境，共同推动技术生态的繁荣。

7.4.3　登录拦截

为了让用户有更好的体验，应用的很多功能是需要登录才能使用的，这样的设计能为用户提供个性化的服务。在七彩天气 App "我的"页面中，如果用户没有登录，则在点击头像或"反馈"功能条时将跳转到登录页面。这一功能该如何实现呢？

"我的"页面-登录
拦截

1. 判断用户登录状态

应用的登录机制分为两种：一种是每次打开应用都需要进行登录，这类应用对于安全性的要求比较高，如银行类的应用；另一种是登录一次之后，会长时间保持登录状态，这类应用通常注重用户体验和便捷性，允许用户在不频繁输入凭证的情况下访问服务，生活中用到的大部分应用采用后一种登录机制。七彩天气 App 也将采用后一种登录机制。而想实现长时间登录，需要将用户信息保存到本地进行持久化。

用户登录之后，七彩天气 App 会从接口中获取用户信息，并将其存储在手机上；用户点击"退出登录"按钮后，七彩天气 App 需要把存储于手机上的用户信息清空。因此，可以根据本地是否有用户信息判断当前用户是否已经登录。要想实现用户登录状态的判断，需要先定义一个用户信息类，再编写用户信息保存和清空的代码。

（1）构建用户信息类

```
// AccountVO.ets
export class AccountVO {
    id: number = 0 // 主键
    username: string = '' // 用户名
    nickname: string = '' // 昵称
    sex: string = '未知' // 性别
    followNum: number  = 0 // 关注
    fanNum: number  = 0 // 粉丝
    praiseNum: number  = 0 // 点赞
    constructor(id?: number, username?: string, nickname?: string, sex?: string,
followNum?: number, fanNum?: number, praiseNum?: number) {
        this.id = id ?? 0
        this.username = username ?? ''
        this.nickname = nickname ?? ''
        this.sex = sex ?? ''
        this.followNum = followNum ?? 0
        this.fanNum = fanNum ?? 0
        this.praiseNum = praiseNum ?? 0
    }
}
```

上述 AccountVO 类包含了七彩天气 App 需要用到的用户字段，以及 constructor 构造方法，为了防止后台字段返回 null 而造成应用端直接显示 null 的问题，需要在 constructor 构造方法内利用"??"对各个字段进行空值合并操作。

（2）保存、清空用户信息

有了用户信息类，现在解决如何将信息保存在手机上及如何将信息从手机上删除的问题。在 HarmonyOS 中，可以通过 ArkData 的用户首选项（Preferences）来实现相关功能。

Preferences 为应用提供 Key-Value（键值对）形式的数据处理能力，支持应用持久化轻量级数据，并对其进行修改和查询。当用户希望有一个全局唯一存储数据的地方时，可以采用 Preferences 进行存储。相较于 PersistentStorage 不支持嵌套对象且只能存储 2KB 的数据，Preferences 能够存储任意对象的数据，且可以存储 50MB 的数据。Preferences 会将该数据缓存在内存中，当用户读取数据的时候，能够快速从内存中获取数据；当需要持久化时，可以使用 flush 接口将内存中的数据写入持久化文件。其运行机制如图 7.29 所示。

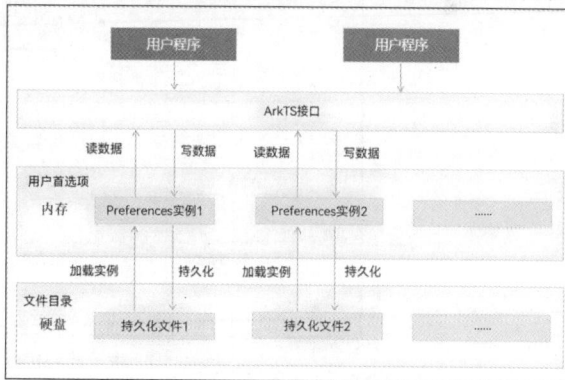

图 7.29　Preferences 运行机制

Preferences 提供了一系列简单易用的接口，其主要方法如表 7.3 所示。

表 7.3　Preferences 的主要方法

名称	描述
getPreferencesSync	同步获取 Preferences 实例。存在异步接口
putSync	同步将数据写入 Preferences 实例，如需持久化，则可在其后调用 flush 方法。存在异步接口
hasSync	同步检查 Preferences 实例是否包含给定键值对。存在异步接口
deleteSync	从 Preferences 实例中删除给定键值对，如需删除持久化文件，则可在其后调用 flush 方法。存在异步接口
flush	将当前 Preferences 实例的数据异步存储到持久化文件中
on	订阅数据变更。订阅的数据发生变更后，在执行 flush 方法后会进行回调
off	取消订阅数据变更

使用 Preferences 进行开发的步骤如下。

首先，在 EntryAbility 中为整个模块获取一个全局的 Preferences 实例，并将该 Preferences 实例导出。在获取 Preferences 实例时，最好使用同步方法 getPreferencesSync，而非异步方法 getPreferences。具体代码如下。

```
// EntryAbility.ets
import preferences from '@ohos.data.preferences';
// 定义并导出用户首选项
export let dataPreferences: preferences.Preferences | null = null;

export default class EntryAbility extends UIAbility {
  onWindowStageCreate(windowStage: window.WindowStage): void {
    let options: preferences.Options = { name: 'myStore' };
    // 使用同步方法获取首选项
    dataPreferences = preferences.getPreferencesSync(this.context, options)
  }
}
```

其次，根据实际业务需求使用该 Preferences 实例。用户登录和退出登录的时序图如图 7.30 所示，图中的步骤 2、7、8、11 涉及用户信息的查询、保存、删除等操作。

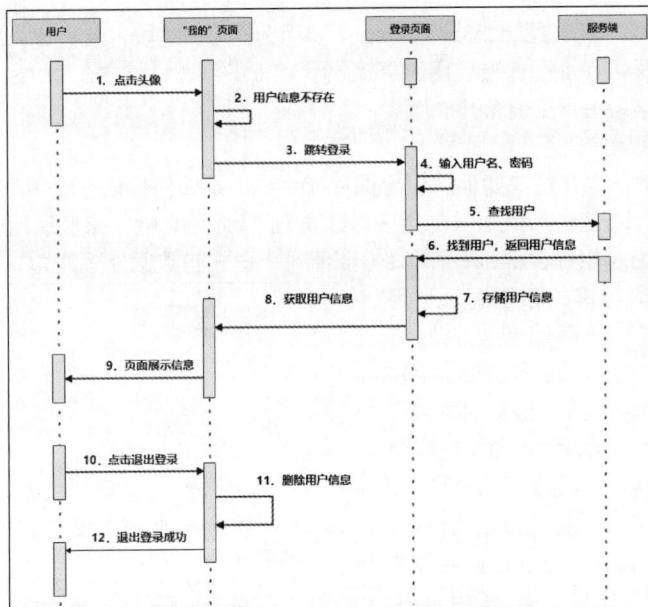

图 7.30　用户登录和退出登录的时序图

最后，把用户信息的保存和删除、用户登录状态判断都放置到业务工具类 BizUtils 中，该类主要利用 Preferences 对具体业务进行包装，以便在其他地方调用。需要注意的是，在 saveAccount 方法和 removeAccount 方法中调用了 flush 方法，必须在 flush 方法之前使用 putSync 和 deleteSync 方法来确保保存和删除操作已完成。其具体代码如下。

```
// BizUtils.ets
import { dataPreferences } from '../entryability/EntryAbility' // 引入首选项
import { AccountVO } from '../vo/AccountVO'

export class BizUtils {
  // 用户信息存储 key
  private static SP_ACCOUNT = 'SP_ACCOUNT'
  // 获取用户信息
  public static getAccountSync(): AccountVO {
```

```
        let value: AccountVO = new AccountVO()
        try {
          value = dataPreferences!.getSync(BizUtils.SP_ACCOUNT, new AccountVO()) as
AccountVO
        } catch (e) {
        }
        return value
    }

    // 判断是否登录
    public static isLogin(): boolean {
        let account = BizUtils.getAccountSync()
        // 获取的 account 为 null 或 undefined, 或者 id 是 0, 均表示未登录
        if (BaseUtils.nullOrUndefined(account) || account!.id == 0) {
            return false
        }
        return true
    }

    // 保存用户信息
    public static saveAccount(account: AccountVO) {
        // account 不为 null 或 undefined 时才保存用户信息
        if (!BaseUtils.nullOrUndefined(account)) {
            dataPreferences?.putSync(BizUtils.SP_ACCOUNT, account)// 同步保存于内存中
            dataPreferences?.flush()// 持久化
        }
    }

    // 删除用户信息
    public static removeAccount() {
        dataPreferences?.deleteSync(BizUtils.SP_ACCOUNT)
        dataPreferences?.flush()
    }
}
// 在 BaseUtils 中添加下列判断空变量或未定义变量的方法, 供 BizUtils 调用
// BaseUtils.ets
export class BaseUtils {
    // 判断是否为 null 或 undefined
    static nullOrUndefined(obj: ESObject) {
        return null == obj || undefined == obj;
    }
}
```

2. 跳转拦截

在解决了如何获取用户登录状态的问题之后,即可通过在点击事件中判断用户登录状态来决定是否要跳转到登录页面。然而,这样做对于整个应用开发来说将是一次"灾难"——凡是涉及登录权限的页面,都要使用 BizUtils.isLogin()代码进行判断。

此时,需要使用在主页 Index.ets 中定义的@Provide('pageStack') pageStack: NavPathStack = new NavPathStack(),NavPathStack 提供路由拦截功能。

（1）配置路由

要实现页面跳转功能,首先需要定义目标页面。以点击头像进入的目标页面——个人信息页面为例,在 IndexPersonalPage.ets 的同级目录下创建 PersonalInfoPage.ets 文件。其代码如下。

```
// PersonalInfoPage.ets
@Entry
@Component
struct PersonalInfoPage {
    // 注意点 1: 定义消费路由, 与 Index.ets 中的@Provide 对应
    @Consume('pageStack') pageStack: NavPathStack
```

```
    build() {
        // 注意点 2: 必须以 NavDestination 为根容器组件
        NavDestination() {
            // 此处编写页面具体内容
        }.title('个人信息')
    }
}

// 注意点 3: 导出 @Builder 方法，用于生成页面，在配置文件中要用到
@Builder
export function getPage() {
    PersonalInfoPage()
}
```

上述代码中需要特别注意标注的 3 个注意点，否则将无法进行页面跳转。

➢ 必须定义消费路由，与 Index.ets 中的 @Provide 对应。

上述代码中 @Consume('pageStack') pageStack: NavPathStack 定义了消费级的页面路由，无须初始化，相当于直接使用了 Index.ets 中的 @Provide('pageStack') pageStack: NavPathStack = new NavPathStack()。此外，在 Index.ets 中，pageStack 作为初始化参数被传入了 Navigation 组件。

@Provide 和 @Consume 的字面意思是"提供"和"消费"，被用于父组件与子组件的双向数据同步。被 @Provide 装饰的变量是变量的提供方，必须进行赋值；被 @Consume 装饰的变量是变量的消费者，通常不进行赋值。它们能摆脱参数传递机制的束缚，实现跨层级传递。@Provide 和 @Consume 支持通过相同的变量名和相同的变量别名绑定，在日常开发中推荐使用后者，其使用示例如下。

```
// 通过相同的变量名绑定
@Provide a: number = 0;  // A 页面定义
@Consume a: number; // B 页面定义
// 通过相同的变量别名绑定（推荐使用）
@Provide('a') b: number = 0; // A 页面定义
@Consume('a') c: number; // B 页面定义
```

➢ build 方法中必须以 NavDestination 为根节点，与 Index.ets 中的 Navigation 根节点呼应。

NavDestination 作为子页面的根容器组件，必须配合 Navigation 使用，单独使用时只能作为普通容器组件，不具备路由相关功能。NavDestination 的生命周期回调方法如表 7.4 所示。

表 7.4　NavDestination 的生命周期回调方法

名称	描述
onShown	当该 NavDestination 页面显示时触发此回调
onHidden	当该 NavDestination 页面隐藏时触发此回调
onWillAppear	该 NavDestination 挂载之前触发此回调。在该回调中允许修改页面栈，在当前帧生效
onWillShow	该 NavDestination 显示之前触发此回调
onWillHide	该 NavDestination 隐藏之前触发此回调
onWillDisappear	该 NavDestination 卸载之前触发此回调。有转场动画时，在动画开始之前触发
onBackPressed	当与 Navigation 绑定的页面栈中存在内容时，此回调生效。当点击返回按钮时，触发该回调。其返回值为 true，表示重写返回按钮逻辑；其返回值为 false，表示回退到上一页
onReady	当 NavDestination 即将构建子组件之前触发此回调

➢ 导出用于生成页面的 @Builder 方法，与配置文件呼应。

在 module.json5 中配置路由文件地址，其指向 profile 目录下的 router_map.json 文件。

```
{
    "module": {
```

```
        ...
        "routerMap": "$profile:router_map"
        ...
    }
}
```

在 profile 目录下新建配置文件 router_map.json，在其中配置页面的路由信息。

```json
{
  "routerMap": [
    ...
    {
      "name": "PersonalInfoPage",
      "pageSourceFile": "src/main/ets/pages/personal/PersonalInfoPage.ets",
      "buildFunction": "getPage",
      "data": {
        "navNeedLogin": "true",
        "description" : "个人信息页面"
      }
    },
    {
      "name": "LoginPage",
      "pageSourceFile": "src/main/ets/pages/personal/LoginPage.ets",
      "buildFunction": "getPage",
      "data": {
        "description" : "登录页面"
      }
    }
    ...
  ]
}
```

router_map.json 字段说明如表 7.5 所示。在 PersonalInfoPage 页面的 data 节点中自定义了 navNeedLogin 字段，该字段配置为 true 时表示跳转到该页面需要进行登录拦截。

表 7.5　router_map.json 字段说明

名称	描述
name	目标页面名称，页面跳转时使用，如 this.pageStack.pushPathByName("MainPage", null, false)
pageSourceFile	目标页面在包内的路径，相对于 src 目录的路径
buildFunction	目标页面的入口函数名称，在 ETS 页面中必须使用 @Builder 装饰
data	应用自定义字段。可以通过配置项读取接口 getConfigInRouteMap 获取

（2）跳转拦截

在完成上述路由配置后，给"我的"页面中的头像添加点击事件，在 IndexPersonalPage.ets 中添加如下代码。

```
// IndexPersonalPage.ets
...
struct IndexPersonalPage {
    @Consume('pageStack') pageStack: NavPathStack // 消费路由
    ...
    build() {
        Scroll() {
          Column() {
            Column() {
              // 头像
              Image($r('app.media.avatar_male'))
                .width(70).clipShape(new CircleShape({width: 70, height: 70}))
                .margin({top: STATUS_BAR_HEIGHT})
                .onClick(() => {
                    this.pageStack.pushPath({name: 'PersonalInfoPage'})
```

```
        // 跳转到 router_map.json 中配置的页面
                })
    ...
    }
}
```

同时，需要在 Index.ets 文件中添加路由拦截代码。

```
// Index.ets
struct Index {
    // 定义页面栈，使用@Provide 装饰，使其可供其他页面使用
    @Provide('pageStack') pageStack: NavPathStack = new NavPathStack()
    ...
    aboutToAppear(): void {
     this.pageStack.setInterception({
        willShow: (from: NavDestinationContext | NavBar, to: NavDestinationContext |
NavBar, operation: NavigationOperation, isAnimated: boolean) => {
            if (typeof to !== 'string') {
                let target: NavDestinationContext = to as NavDestinationContext
                // 在 router_map.json 的 data 节点中配置 navNeedLogin，值为 true 时表示跳
转到该页面要验证登录状态
                if (target.getConfigInRouteMap()?.data['navNeedLogin'] === 'true'
&&!BizUtils.isLogin()) {
                    target.pathStack.pop() // 进入目标页面
                    target.pathStack.pushPathByName('LoginPage', null) // 跳转到登录页面
                }
            }
        }
     })
    }
    ...
}
```

上述代码通过在 willShow 回调方法中修改路由栈来实现路由拦截重定向。拦截条件
(target.getConfigInRouteMap()?.data['navNeedLogin'] === 'true' && !BizUtils.isLogin())中的
navNeedLogin 为 router_map.json 中配置的字段，值为 true 时表示该页面需要登录才可以查看；
而!BizUtils.isLogin()表示未登录状态。在两者都为真值的情况下，进入目标页面，跳转到登录页面，七
彩天气 App 的未登录拦截效果如图 7.31 所示，否则将直接跳转到个人信息页面（PersonalInfoPage）。

任务7.5 登录页面

在用户与应用的初次接触中，登录页面扮演着至关重要的角色。精心设计的登录页面可以显著提升
用户体验，减少用户流失，并展示应用的专业形象。图 7.32 展示的是七彩天气 App 的登录页面效果。

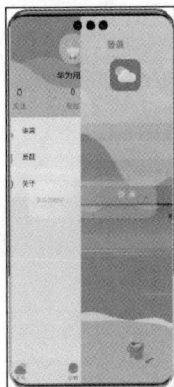

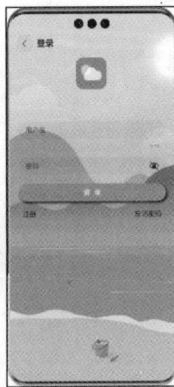

登录页面（上）

图 7.31 七彩天气 App 的未登录拦截效果   图 7.32 七彩天气 App 的登录页面效果

7.5.1　登录页面 UI 实现

在 router_map.json 中确认包含以下配置。其本身为登录页面，因此无须配置 navNeedLogin。

```
{
  "name": "LoginPage",
  "pageSourceFile": "src/main/ets/pages/personal/LoginPage.ets",
  "buildFunction": "getPage",
  "data": {
    "description" : "登录页面"
  }
}
```

UI 实现代码如下。

```
// LoginPage.ets
import { BaseUtils } from '../../utils/BaseUtils'

@Entry
@Component
struct LoginPage {
    // 消费路由
    @Consume('pageStack') pageStack: NavPathStack

    build() {
        Column({space: 20}) {
            Image($r('app.media.startIcon'))
              .width(80).objectFit(ImageFit.Fill)
              .margin({bottom: 50})
            // 用户名输入框
            TextInput({placeholder: $r('app.string.tip_username')})
              .showCounter(true).maxLength(16)
            // 密码输入框
            TextInput({placeholder: $r('app.string.tip_password')})
              .type(InputType.Password)
            // 登录按钮
            Button($r('app.string.btn_sign_in'))
              .width('100%')
              .backgroundColor($r('app.color.main_color'))
              .shadow({radius: 20, offsetX: 10, offsetY: 10})
              .onClick(() => { })// TODO: 登录方法待实现

            Row() {
             Text($r('app.string.btn_sign_up'))// 注册
             Text($r('app.string.btn_forget_pwd'))// 忘记密码
            }
            .justifyContent(FlexAlign.SpaceBetween)
            .width('100%').padding({left: 10, right: 10})
          }
          .margin({left: 20, right: 20})
        }
        .padding({top: STATUS_BAR_HEIGHT})
        .title(BaseUtils.getStr($r('app.string.pt_login')))
        .backgroundImage($r('app.media.bg_login'))
        .backgroundImageSize(ImageSize.Cover)
}

// 导出页面方法，呼应 router_map.json 中的配置
@Builder
export function getPage() {
  LoginPage()
}
```

上述代码中，为了配合使用 Navigation 进行路由，以 NavDestination 作为页面根节点，并配置 title 属性，标题默认靠左。用户名输入框使用属性 showCounter 和 maxLength 实时提示已输入字符数和限制字符数。登录按钮的点击事件暂未实现，使用"//TODO"注释是良好的开发习惯。

7.5.2　网络服务

在完成登录页面的 UI 绘制后，接下来需要完成实际登录功能。登录需要访问网络，这一过程涉及应用与服务器之间的通信。HarmonyOS 提供了两种网络服务：Network Kit（网络管理服务）和 Remote Communication Kit（远场通信服务）。

1. Network Kit

在 HarmonyOS 中，Network Kit 提供了多种网络通信方式，如 HTTP、WebSocket、Socket、MDNS 等。

2. Remote Communication Kit

Remote Communication Kit 是华为提供的对 HTTP 发起数据请求的 NAPI 封装。虽然 Network Kit 也提供了 HTTP 的原生能力，但是 Remote Communication Kit 在底层实现、接口易用性、性能功耗等方面都比 Network Kit 好，因此七彩天气 App 将使用 Remote Communication Kit 的 rcp 模块作为 HTTP 网络访问的基础。

使用 rcp 模块前，需要向系统申请权限。权限是系统提供的一种允许应用访问系统资源（如通信录等）和系统能力（如访问摄像头、麦克风等）的通用访问方式，用来保护系统数据（包括用户个人数据）或功能，避免它们被不当或恶意使用。在应用开发时，对于权限的申请应该遵循"满足隐私最小化"要求，避免申请不必要的权限。以下代码定义了 rcp 模块需要的两个权限。

```
// module.json5 文件
    {
    "module": {
    "requestPermissions": [
        {
        "name": "ohos.permission.INTERNET"
        },
        {
        "name": "ohos.permission.GET_NETWORK_INFO"
        }
    ]
    }
    }
```

上述权限定义中，除了 ohos.permission.INTERNET 网络连接的权限，还有 ohos.permission.GET_NETWORK_INFO 查询网络信息的权限。在 HarmonyOS 中，权限按照开放对象，可以分为对所有应用开放、对特殊场景应用开放、对设备管理应用开放 3 类。ohos.permission.INTERNET 属于对所有应用开放类权限，ohos.permission.GET_NETWORK_INFO 属于仅对移动设备管理（Mobile Device Management，MDM）应用开放类权限。

rcp 模块提供了对常见 HTTP 方法的支持，如 GET、POST、HEAD、PUT、DELETE、PATCH、OPTIONS 等。以下代码展示了如何使用 rpc 模块进行一般的 HTTP 网络访问。

```
// 步骤 1: 导入模块
import { rcp } from "@kit.RemoteCommunicationKit";
import { BusinessError } from '@kit.BasicServicesKit';
// 步骤 2: 创建 Request 对象
const kHttpServerAddress = "https://www.example.com/fetch";
const request = new rcp.Request(kHttpServerAddress, "GET");
// 步骤 3: 创建会话
const session = rcp.createSession();
// 步骤 4: 发起请求，并处理返回结果
```

```
session.fetch(request).then((rep: rcp.Response) => {
  console.info(`Response succeeded: ${rep}`);
}).catch((err: BusinessError) => {
  console.error(`Response err: Code is ${err.code}, message is ${err.message}`);
});
// 步骤 5: 关闭会话
session.close()
```

rcp 模块的 Session 类包含 fetch、get、post、put、delete、head 等请求方法，其中，fetch 方法支持 RESTFUL 的所有请求方式。Session 类还包含下载和上传方法，如 downloadToFile、uploadFromFile、downLoadToStream、uploadFromStream 等。

7.5.3　完成接口部署

下面以 Windows 64 位操作系统为例，介绍接口部署的操作步骤。

首先，在浏览器中进入 JDK 8 下载界面，在 "Java SE Development Kit 8u202" 区域中下载对应的操作系统版本，如图 7.33 所示。下载完成后，进行 JDK 8 的安装。

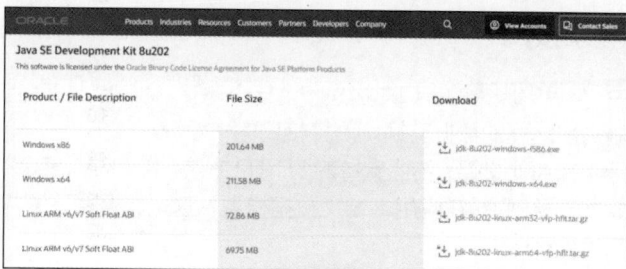

图 7.33　下载对应的操作系统版本

安装完成后，配置环境变量 JAVA_HOME 及 PATH，本书 JDK 安装目录如图 7.34 所示。

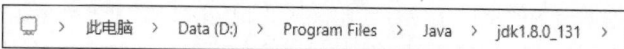

图 7.34　JDK 安装目录

添加系统环境变量 JAVA_HOME，如图 7.35 所示，变量值与安装目录一致。
添加用户环境变量%JAVA_HOME%\bin，如图 7.36 所示。

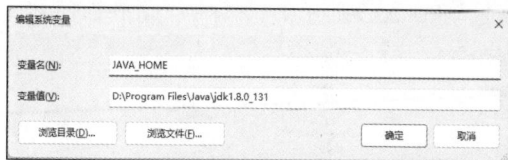

图 7.35　添加系统环境变量 JAVA_HOME

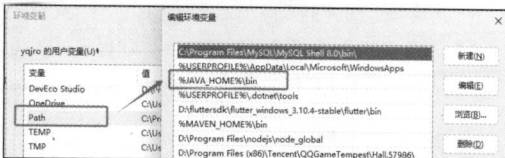

图 7.36　添加用户环境变量%JAVA_HOME%\bin

其次，访问 MySQL 下载界面，如图 7.37 所示，选择 8.x 版本进行下载并安装。注意，在安装开始时以 "Custom" 方式进行自定义安装，这样就可以自行选择安装目录了。安装过程中将端口设置为 3306。在安装完成后，启动 MySQL Configurator 配置 MySQL，配置过程中，将 root 用户的密码设置为 123456。

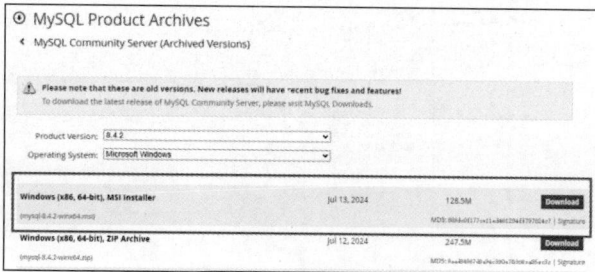

图 7.37　MySQL 下载界面

打开 MySQL Workbench，其工作界面如图 7.38 所示，导入并运行给定的脚本文件 qicai.sql，准备好数据。

打开命令行工具，进入 qicai-1.0.jar 所在目录，执行命令"java -jar qicai-1.0.jar"，启动 JAR 包，如图 7.39 所示。如果启动之后命令行工具不报错，则表示服务启动成功。

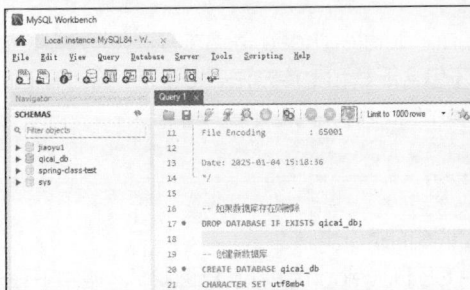

图 7.38　MySQL Workbench 工作界面

图 7.39　启动 JAR 包

7.5.4　对接登录接口

在移动应用开发中，与后端服务的接口对接是一个核心环节，通常涉及使用 HTTP 请求和 JSON 格式来实现客户端与服务器之间的数据交换。对接接口的一般流程如下。

首先，根据后端提供的 API 文档，包括支持的 HTTP 方法（如 GET、POST、PUT、DELETE 等），以及预期的参数和数据结构，在应用端定义数据模型，这些数据模型通常与 JSON 格式相对应，便于数据解析和后续处理。

其次，应用端利用 rcp 模块中创建的 session 构建 URL 请求，根据请求类型的不同，参数的传递方式可能也会有所差别，如 GET 请求直接使用查询参数，而 POST 等请求一般使用 body 进行参数传递。

最后，服务器会根据请求的接口和参数给出响应。响应的数据由 3 部分组成：响应码、响应信息和业务数据。应用端根据响应码的不同，确定是否将响应信息和业务数据呈现给用户。一般情况下，当响应码为非正常码时，需要将响应信息作为提示语呈现给用户；而当响应码正常时，业务数据会被转换为对应的数据模型，进而渲染在页面上或者做进一步的逻辑处理。

1. 响应数据模型封装

在浏览器地址栏中输入 Swagger 接口文档的地址"http://localhost:9090/swagger-ui.html"，找到登录接口。Swagger 接口文档如图 7.40 所示。

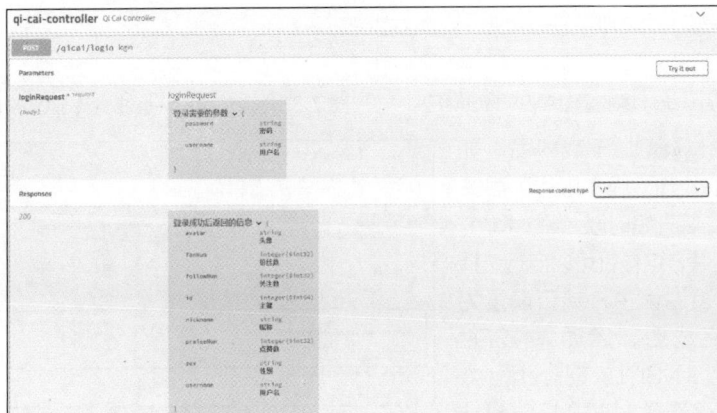

图 7.40　Swagger 接口文档

对于登录接口返回的数据模型，其最外层字段分别为 code、msg 和 data。code 存储的是响应码，msg 存储的是响应信息，data 存储的是业务数据。code 为 200 时，表示接口被正常处理。下面是定义的接口返回的数据模型 BaseResult，为了快速判断结果，还增加了自定义字段 success。

```
export class BaseResult {
    code: number = 201          // 响应码：值 200 时表示接口被正常处理
    msg: string = ''            // 响应信息
    data: ESObject = {}         // 业务数据，JSON 格式
    success: boolean = false    // 自定义字段，boolean 类型，可以用于快速判断结果
    constructor(code: number, msg: string, data: string) {
        this.code = code ?? 201
        this.msg = msg ?? '访问异常'
        this.data = data ?? {}
        this.success = this.code == 200
    }
}
```

2. 业务数据 JSON 转换

返回的业务数据 data 是一个普通的对象，无法在代码中通过点号快速访问其字段，因此需要将其转换成具体的数据模型。例如，对于登录接口返回的业务数据，需要将其转换成前面学过的 AccountVO 类。华为并未提供相关转换功能，因此需要使用三方库来完成这一转换。华为为开发者提供了 OpenHarmony 三方库中心仓，如图 7.41 所示。在搜索框中输入"ef_json"，即可找到想要的 JSON 转换工具 ef_json。

图 7.41　OpenHarmony 三方库中心仓

接下来把 cf_json 安装到工程中。在 DevEco Studio 的底部面板中找到 Terminal（终端），输入"ohpm install @yunkss/ef_json"（该命令可在 OpenHarmony 三方库的 ef_json 页面中看到），安装 ef_json，如图 7.42 所示，稍作等待即可安装完成。如果要卸载该三方库，则可以执行命令"ohpm uninstall @yunkss/ef_json"。

安装完成的三方库会显示在工程的 oh_modules 文件夹中，oh_modules 文件夹中的三方库如图 7.43 所示。

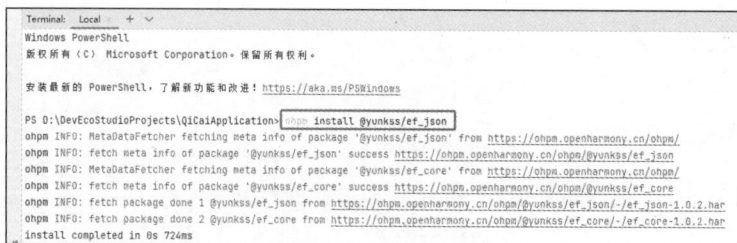

图 7.42　安装 ef_json

图 7.43　oh_modules 中的三方库

同时，在工程根目录下的 oh-package.json5
文件中会自动多出一行配置，oh-package.json5 文
件中新增的配置如图 7.44 所示。其中，"@yunkss/
ef_json" 表示库名称，而 "^1.0.2" 表示版本号。

这时就可以为 BaseResult 添加 JSON 转换方法
toObject 和 toArray 了。使用 import 语句从 ef_json
库中引入 JSON 转换所需的类 JSONObject 和
JSONArray。toObject 和 toArray 方法内部分别
使用了 JSONObject 类的静态方法 parseObject

```
{
  "modelVersion": "5.0.0",
  "description": "Please describe the basic information.",
  "dependencies": {
    "@yunkss/ef_json": "^1.0.2"
  },
  "devDependencies": {
    "@ohos/hypium": "1.0.19",
    "@ohos/hamock": "1.0.0"
  },
  "dynamicDependencies": {}
```

图 7.44　oh-package.json5 文件中新增的配置

和 JSONArray 类的静态方法 parseArray，将 JSON 格式的字符串转换成对象和数组。完整的
BaseResult 代码如下。

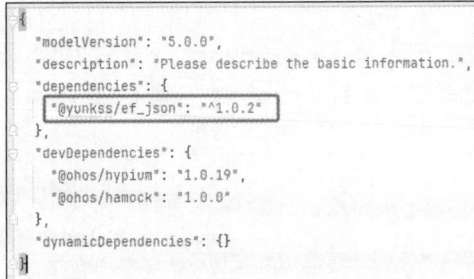

```
// BaseResult.ets
import { JSONArray, JSONObject } from '@yunkss/ef_json' // 引入 JSON 转换所需的类
export class BaseResult {
  code: number = 201 // 响应码: 值为 200 时表示正常
  msg: string = '' // 响应信息
  data: ESObject = {} // 业务数据，JSON 格式
  success: boolean = false  // 自定义字段，用于快速判断结果
  constructor(code: number, msg: string, data: string) {
    this.code = code ?? 201
    this.msg = msg ?? '访问异常'
    this.data = data ?? {}
    this.success = this.code == 200
  }
  // 将 data 数据转换成具体类型对象，使用泛型<T>
  toObject<T>(): T {
    if (typeof this.data === 'string') {
      return JSONObject.parseObject<T>(this.data)
    } else {
      return JSONObject.parseObject<T>(JSONObject.toJSONString(this.data))
    }
  }
  // 将 data 数据转换成具体类型数组，使用泛型<T>
  toArray<T>(): Array<T> {
    if (typeof this.data === 'string') {
      return JSONArray.parseArray<T>(this.data)
    } else {
      return JSONArray.parseArray<T>(JSONArray.toJSONString(this.data))
    }
  }
}
```

3. 封装 HTTP 请求工具

定义 HTTP 请求工具类 HttpUtil，并根据实际需求，在 HttpUtil 类中封装 get、post、put、upload
等方法，分别用于获取数据、新增数据、修改数据、上传文件等。

```
// HttpUtil.ets
import { rcp } from '@kit.RemoteCommunicationKit'
import BuildProfile from 'BuildProfile'
export class HttpUtil {
  // 定义 URL 前缀
  private static URL_PREFIX = ''
  static {
    // 在静态代码块中初始化 URL 前缀，将"主机 ip"替换成自己主机的 IP 地址
    HttpUtil.URL_PREFIX = 'http://主机 ip:9090'
  }
  static async post(url: string, body: Record<string, string>):
```

```
Promise<BaseResult> {
            try {
                url = HttpUtil.URL_PREFIX + url
                let session = rcp.createSession()
                let resp = await session.post(url, body)
                let jsonObj = resp.toJSON()
                session.close()
                return new BaseResult(jsonObj!['code'], jsonObj!['msg'],
jsonObj!['data'])
            } catch (err) {
                console.error(`err: 错误码: ${err.code}, 错误信息: ${err.message}`);
            }
            return new BaseResult(400, '请稍后再试', '{}')
        }
    }
```

囿于篇幅，上述代码仅展示了 post 方法，其他方法代码可自行参考 HttpUtil.ets 文件。上述代码中不仅使用了 rcp 模块的请求接口，还对返回的数据进行了封装处理，使其转换成更易操作的 BaseResult 对象。

4. 完成登录页面功能

在完成了一系列的铺垫工作之后，接下来就可以利用 HttpUtil 实现具体的登录功能了。在这里需要对 LoginPage.ets 文件进行一些改进，主要包括对登录框的内容进行记录、为登录按钮添加登录方法 login，以及为登录添加网络请求效果。其主要变动如下。

```
// Urls.ets
export class Urls {
    static readonly LOGIN = "/user/login" // 登录
}
```

新增 Url.ets 文件，用于存放接口地址。接口地址具有全局唯一性及不可更改性，因此要将地址变量定义成静态（static）只读（readonly）。

修改 LoginPage.ets 文件。出于安全考虑，后台登录接口要求密码进行 MD5 操作后传输，因此在编写相关代码之前需要引入另一个库 ef_crypto，该库提供了 AES、RSA、SM2、MD5 等操作。

```
// LoginPage.ets
import { MD5 } from '@yunkss/ef_crypto'
struct LoginPage {
    ... //省略其他代码
    @State username: string = ''  // 用户名
    @State password: string = ''  // 密码
    @State loading: boolean = false  // 是否处于网络请求状态

    build() {
        NavDestination() {
            Stack() {
                Column({space: 20}) {
                    Image($r('app.media.startIcon')).width(80).objectFit(ImageFit.
Fill).margin({bottom: 50})
                    // 用户名输入框
                    TextInput({placeholder: $r('app.string.tip_username'), text:
this.username})
                        .showCounter(true).maxLength(16).onChange((value) =>
{ this.username = value})
                    // 密码输入框
                    TextInput({placeholder: $r('app.string.tip_password'), text:
this.password})
                        .type(InputType.Password).onChange((value) => { this.password =
value})
                    // 登录按钮
                    Button($r('app.string.btn_sign_in'))
```

```
               .width('100%')
               .backgroundColor($r('app.color.main_color'))
               .shadow({radius: 20, offsetX: 10, offsetY: 10,})
               .onClick(async () => this.login())
             Row() {
               Text($r('app.string.btn_sign_up')) // 注册
               Text($r('app.string.btn_forget_pwd')) // 忘记密码
             }
             .justifyContent(FlexAlign.SpaceBetween)
             .width('100%').padding({left: 10, right: 10})
           }.margin({left: 20, right: 20})
           // 根据 loading 的值确定是否显示加载效果
           if (this.loading) {
               LoadingProgress().width(80).height(80).color($r('app.color.main_
color'))
           }
         }
       }
     }
       .padding({top: STATUS_BAR_HEIGHT}).title(BaseUtils.getStr($r('app.string.
pt_login')))
       .backgroundImage($r('app.media.bg_login')).backgroundImageSize
(ImageSize.Cover)
     }

     // 登录方法
     private async login() {
       // 判断用户名和密码是否已输入
       if (BaseUtils.isEmptyStr(this.username) || BaseUtils.isEmptyStr
(this.password)) {
           promptAction.showToast({message: '用户名和密码都不能为空'})
           return
       }
       this.loading = true // 请求开始前
       let result = await HttpUtil.post(Urls.LOGIN, {
         "username": this.username,
         "password": MD5.digest(this.password, "hex"), // 明文密码进行 MD5 操作
       })
       this.loading = false // 请求结束后
       if (result.success) {
           let account = result.toObject<AccountVO>() // 转换为 AccountVO 实例
           BizUtils.saveAccount(this.account) // 用户信息持久化
           this.pageStack.pop()
       } else {
         promptAction.showToast({message: ('用户名或密码错误'})
       }
     }
   }
```

登录加载效果如图 7.45 所示。上述代码中主要需要关注以下几点。

➤ 状态变量 username 和 password 在 TextInput 的 onChange
方法中进行实时更新及保存。

➤ 传输到后台的密码使用 MD5.digest 方法进行了密文转换。

➤ 登录按钮通过 onClick 方法绑定了异步登录方法 login。在 login 方
法中，先判断用户名和密码是否都已输入，然后利用前面封装的 HttpUtil 类
中的 post 方法进行请求，根据请求返回的 success 状态字段的值，分情况
进行业务处理：如果返回 true，则利用 toObject 方法将内容转换成用户信息
对象，并利用 BizUtils.saveAccount 将对象保存后关闭当前页面；如果返回

图 7.45 登录加载效果

false，则弹窗提示"用户名或密码错误"。

➢ 页面增加 loading 状态变量，在网络请求开始与结束时变更状态值，配合 Stack 中的 if 判断决定是否显示加载效果。

7.5.5　个人页面数据共享

在完成登录后，七彩天气 App 已经获取了服务端返回的用户信息，如何让登录页面关闭之后，在"我的"页面上自动更新用户信息（见图 7.46）呢？下面介绍状态管理相关内容，通过状态管理实现该功能。

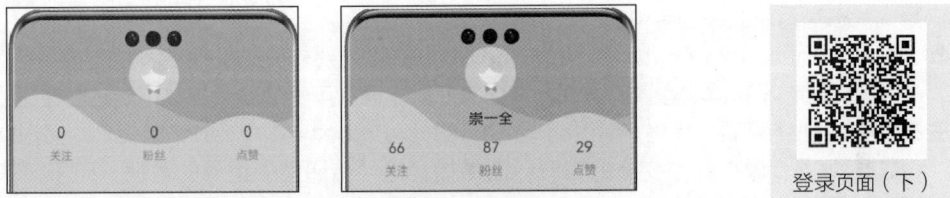

图 7.46　在"我的"页面上自动更新用户信息

登录页面（下）

1.　状态管理概述

在声明式 UI 编程框架中，UI 是程序状态的运行结果，用户构建了一个 UI 模型，其中应用运行时的状态是参数。当参数改变时，UI 作为返回结果，也将进行对应的改变。这些运行时的状态变化所带来的 UI 的重新渲染，在 ArkUI 中统称为状态管理。状态管理按照类别又可分为组件状态管理、应用状态管理和其他状态管理。图 7.47 展示了 State（状态）和 UI（视图）之间的关系。

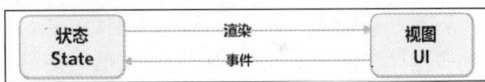

图 7.47　State 和 UI 之间的关系

UI：UI 渲染，指将 build 方法内的 UI 描述和@Builder 装饰的方法内的 UI 描述映射到页面。

State：状态，指驱动 UI 更新的数据。用户通过触发组件的事件方法，改变状态数据。状态数据的改变会引起 UI 的重新渲染。

下面通过父子组件代码了解状态管理中的一些概念。

```
// 子组件
@Component
struct SelfComponent {
    @State count: number = 0; // 状态变量
    private increaseBy: number = 1; // 常规变量
    build() {
      Text(`count: ${this.count}  increaseBy: ${this.increaseBy}`)
    }
}
// 父组件
@Component
struct Parent {
    @State count: number = 10;
    build() {
      Column() {
        // 从父组件初始化，覆盖本地定义的默认值
        SelfComponent({ count: 1, increaseBy: 2 })
        SelfComponent({ count: this.count, increaseBy: 2 })
        SelfComponent({ increaseBy: 3 })
      }
    }
}
@Entry
```

```
@Component
struct StateManage {
  build() {
    Column() {
      Parent()
    }
  }
}
```

上述代码运行结果如图 7.48 所示。

从上述代码中的相关概念描述如下。

```
count: 1  increaseBy: 2
count: 10  increaseBy: 2
count: 0  increaseBy: 3
```

图 7.48　父子组件状态管理示例预览效果

状态变量：被状态管理装饰器（如@State）装饰的变量，状态变量值的改变会引起 UI 的重新渲染。代码 @State count: number = 10 中，@State 是状态管理装饰器，count 是状态变量。

常规变量：没有被状态管理装饰器装饰的变量，通常用于辅助计算或存储临时数据。其值的改变不会引起 UI 的刷新。代码 private increaseBy: number = 1 中，increaseBy 是常规变量。

数据源/同步源：状态变量的来源，通常指父组件传递给子组件的数据，用于父子组件间状态同步。父组件中的@State count: number = 10 通过代码 SelfComponent({ count: this.count, increaseBy: 2 })作为子组件的数据源，传入子组件使用。

命名参数机制：父组件通过指定参数的方式，将状态变量传递给子组件。命名参数是父子组件传递同步参数的主要手段。SelfComponent({ count: 1, increaseBy: 2 })中，count 和 increaseBy 是通过命名参数传递给子组件的。

本地初始值：在变量声明时直接赋值，作为变量的默认值。如果父组件没有传递对应的参数，则子组件将使用本地初始化的默认值。在 SelfComponent({ increaseBy: 3 })中，父组件只传递参数 increaseBy 进入子组件，因此 count 使用本地初始值 0。

从父组件初始化：父组件使用命名参数机制，将指定参数传递给子组件。如果父组件传递了参数，则子组件的本地初始值会被覆盖。代码 SelfComponent({ count: 1, increaseBy: 2 })中，count 的本地初始值 0 被父组件传递的值 1 覆盖，increaseBy 的本地初始值 1 被父组件传递的值 2 覆盖。

初始化子组件：父组件中的状态变量可以被传递给子组件，用于初始化子组件对应的状态变量。代码 SelfComponent({ count: this.count, increaseBy: 2 })中，父组件的 count 值被传递给子组件。

2. 了解装饰器

状态管理通过装饰器来完成。通过使用装饰器，状态变量不仅可以观察组件内的改变，还可以在不同组件层级间（如父子组件、跨组件层级）传递，也可以观察全局范围内的变化。

根据状态变量的影响范围，可以将装饰器分为以下两种。

管理组件拥有状态的装饰器：组件级别的状态管理装饰器，可以观察组件内变化和不同组件层级的变化，但需要限制在同一个组件树上，即同一个页面内。

管理应用拥有状态的装饰器：应用级别的状态管理装饰器，可以观察不同页面，甚至不同 UIAbility 的状态变化，可实现应用内全局的状态管理。

从数据的传递形式和同步类型层面看，装饰器也可分为只读的单向传递装饰器和可变更的双向传递装饰器。图 7.49 展示了常用的状态管理装饰器。

图 7.49 中 Components 部分的装饰器为组件级别的状态管理装饰器，Application 部分的装饰器为应用级别的状态管理装饰器。开发者可以通过@StorageLink/@LocalStorageLink 实现应用和组件状态的双向同步，通过@StorageProp/@LocalStorageProp 实现应用和组件状态的单向同步。

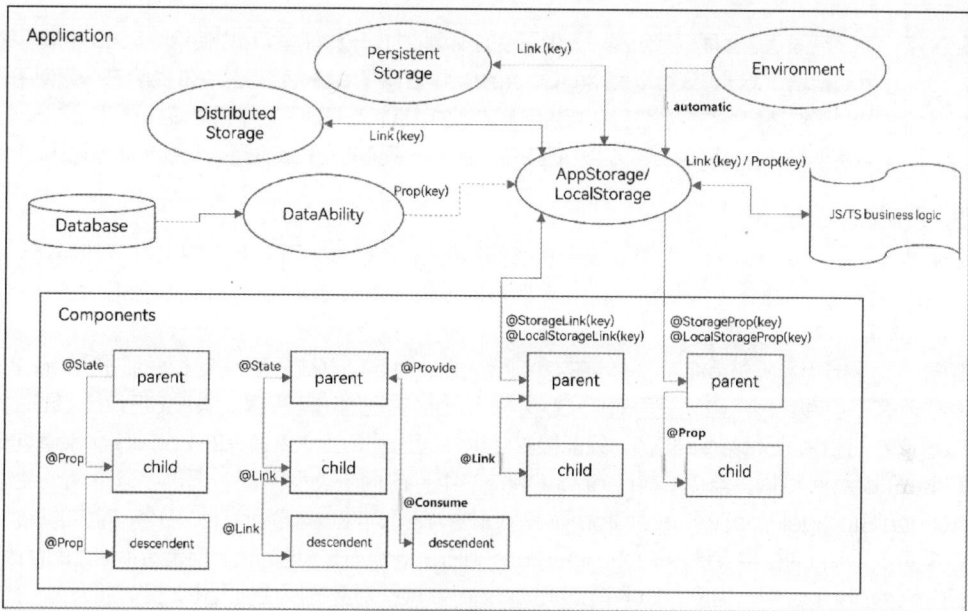

图 7.49　常用的状态管理装饰器

① **管理组件拥有的状态**，即组件级别的状态管理。

@State：@State 装饰的变量拥有其所属组件的状态，可以作为其子组件单向和双向同步的数据源。当其值改变时，会引起相关组件的渲染刷新。

@Prop：@Prop 装饰的变量可以和父组件建立单向同步关系，@Prop 装饰的变量是可变的，但其修改不会同步回父组件。

@Link：@Link 装饰的变量可以和父组件建立双向同步关系，子组件中@Link 装饰的变量的修改会同步给父组件，建立双向绑定的数据源，父组件的更新也会同步给@Link 装饰的变量。

@Provide/@Consume：@Provide/@Consume 装饰的变量用于跨组件层级（多层组件）同步状态变量，通过 alias（别名）或者属性名绑定，不需要通过参数命名机制传递。

② **管理应用拥有的状态**，即应用级别的状态管理。

AppStorage 是应用级的数据库，和进程绑定，通过@StorageProp 和@StorageLink 装饰器可以与组件联动。AppStorage 是应用状态的"中枢"，将需要与组件交互的数据，如持久化数据 PersistenceV2 和环境变量 Environment 存入 AppStorage；组件通过 AppStorage 提供的装饰器或者 API 访问这些数据。

LocalStorage 可实现页面级的状态共享，通常用于在 UIAbility 实例内部多个页面间进行状态管理，通过@LocalStorageProp 和@LocalStorageLink 装饰器可以与组件联动。

③ **持久化存储 UI 状态。**

LocalStorage 和 AppStorage 都是运行时的内存，要在应用退出并再次启动后依然能保存选定的结果，需要用到 PersistenceV2。它能持久化存储选定的 AppStorage 属性，以确保这些属性在应用重新启动时的值与应用关闭时的值相同。

④ **其他状态管理功能。**

@Watch：用于监听状态变量的变化。

$$运算符：双向绑定状态变量，给内置组件提供变量的引用，使得 TS 变量和内置组件的内部状态保持同步。

225

> **注意点** 为了增强状态管理框架对类对象中属性的观测能力，开发者除了可以使用图 7.49 中展示的状态管理装饰器，还可以使用@ObservedV2/@Trace 装饰器。它们组合在一起使用，提供了对嵌套类对象属性变化直接观测的能力，是状态管理 V2 中相对核心的能力之一。前者用于装饰类，后者则装饰类中的属性，使得被装饰的类和属性具有深度观测的能力。

3. LocalStorage

LocalStorage 是 ArkTS 为页面级别状态变量提供存储的内存内的"数据库"。应用可以创建多个 LocalStorage 实例，LocalStorage 实例可以在页面内共享，也可以通过 getShared 接口实现 UIAbility 实例内跨页面共享。

组件树的根节点，即被@Entry 装饰的@Component，可以被分配一个 LocalStorage 实例，此组件的所有子组件实例将自动获得对该 LocalStorage 实例的访问权限。未被@Entry 装饰的组件不可被单独分配 LocalStorage 实例，只能接收父组件通过@Entry 传递来的 LocalStorage 实例。

LocalStorage 根据其与@Component 装饰的组件的同步类型不同，提供了以下两个装饰器。

@LocalStorageProp：@LocalStorageProp(key)表示与 LocalStorage 中 key 对应的属性建立单向数据同步。ArkUI 框架支持修改@LocalStorageProp(key)在本地的值，但是对本地值的修改不会同步回 LocalStorage 中。相反，如果 LocalStorage 中 key 对应的属性值发生改变，如通过 set 接口对 LocalStorage 中的值进行修改，则改变会同步给@LocalStorageProp(key)，并覆盖本地的值。

@LocalStorageLink：@LocalStorageLink(key)表示与 LocalStorage 中 key 对应的属性建立双向数据同步。本地修改发生后，该修改会被写回 LocalStorage 中；LocalStorage 中的修改发生后，该修改会被同步到所有绑定 LocalStorage 对应 key 的属性上，包括单向变量（通过@LocalStorageProp 和@Prop 创建的单向绑定变量）、双向变量（通过@LocalStorageLink 和@Link 创建的双向绑定变量）。

图 7.50 展示的是 LocalStorage 中的两种数据同步方式。

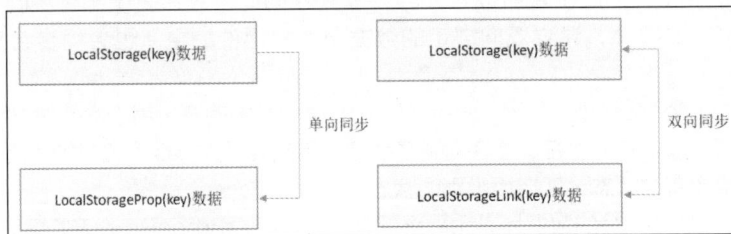

图 7.50 LocalStorage 中的两种数据同步方式

（1）页面内父子组件状态共享

以下代码演示了同一页面内父子组件的状态共享，以及双向绑定与单向绑定。

【案例实战 7-1】同一页面内父子组件状态共享的实现。

```
// LocalStorageInOnePage.ets
class Props {
  code: number;
  constructor(code: number) {
    this.code = code;
  }
}
// 创建新实例并使用给定对象初始化
let para: Record<string, number> = { 'PropA': 47 };
let storage: LocalStorage = new LocalStorage(para);
storage.setOrCreate('PropB', new Props(50));

// 使 LocalStorage 可从@Component 组件访问
```

```
@Entry(storage)
@Component
struct CompParent {
    // 利用@LocalStorageLink 装饰器, 与 LocalStorage 中的 PropA 属性建立双向绑定
    @LocalStorageLink('PropA') parentLinkNumber: number = 1;
    //利用@LocalStorageLink 装饰器, 与 LocalStorage 中的 PropB 属性建立双向绑定
    @LocalStorageLink('PropB') parentLinkObject: Props = new Props(0);

    @State logs: string = '父初始状态\n';

    build() {
      Column({ space: 15 }) {
        Button(`父按钮 LinkNumber ${this.parentLinkNumber}`)
          .fontSize(20)
          .onClick(() => {
            this.parentLinkNumber += 1;
            this.logs += '点击"父按钮 LinkNumber"\n';
          })

        Button(`父按钮 LinkObject ${this.parentLinkObject.code}`)
          .fontSize(20)
          .onClick(() => {
            this.parentLinkObject.code += 1;
            this.logs += '点击"父按钮 LinkObject"\n';
          })

        Text(this.logs).fontSize(20)

        // @Component 子组件自动获得对 LocalStorage 实例 CompParent 的访问权限
        Child()
      }.width('100%')
    }
}

@Component
struct Child {
    //利用@LocalStorageLink 装饰器, 与 LocalStorage 中的 PropA 属性建立双向绑定
    @LocalStorageLink('PropA') childLinkNumber: number = 1;
    //利用@LocalStorageProp 装饰器, 与 LocalStorage 中的 PropB 属性建立单向绑定
    @LocalStorageProp('PropB') childPropObject: Props = new Props(0);

    @State logs: string = '子初始状态\n';

    build() {
      Column() {
        // 更改将同步至 LocalStorage 中的 PropA, 以及 CompParent.parentLinkNumber
        Button(`子按钮 LinkNumber ${this.childLinkNumber}`)
          .fontSize(20)
          .onClick(() => {
            this.childLinkNumber += 1;
            this.logs += '点击"子按钮 LinkNumber"\n';
          })
        // 更改不会同步至 LocalStorage 中的 PropB, 以及 CompParent.parentLinkObject.code
        Button(`子按钮 PropObject ${this.childPropObject.code}`)
          .fontSize(20)
          .onClick(() => {
            this.childPropObject.code += 1;
            this.logs += '点击"子按钮 PropObject"\n';
          })

        Text(this.logs).fontSize(20)
```

```
      }
    }
  }
```

上述代码中主要需要关注以下几点。

➤ Props 是一个简单类，包含一个 code 属性。

➤ 在入口组件 CompParent 之前创建 LocalStorage 实例，通过不同的方式给 LocalStorage 实例设置变量 PropA 和 PropB。

➤ 通过代码@Entry(storage)将前面创建的实例传入入口组件 CompParent。在 CompParent 内部通过@LocalStorageLink 装饰器的 key（PropA 和 PropB）与 LocalStorage 实例中的变量建立双向绑定。需要注意的是，为防止建立的绑定变量在 LocalStorage 中不存在，在定义时必须有初始值。在 CompParent 页面中，通过两个按钮演示简单类型和复杂类型的双向绑定效果。页面中还放置了一个 Child 组件。

➤ Child 组件作为 CompParent 组件的子组件，自动从 CompParent 组件中获取 LocalStorage 实例。在 Child 组件中，分别创建了双向和单向绑定的变量，并通过两个按钮演示了这两个变量的效果。

同一页面内父子组件的状态共享演示效果如图 7.51 所示，注意观察按钮上的数字和输出的文字。

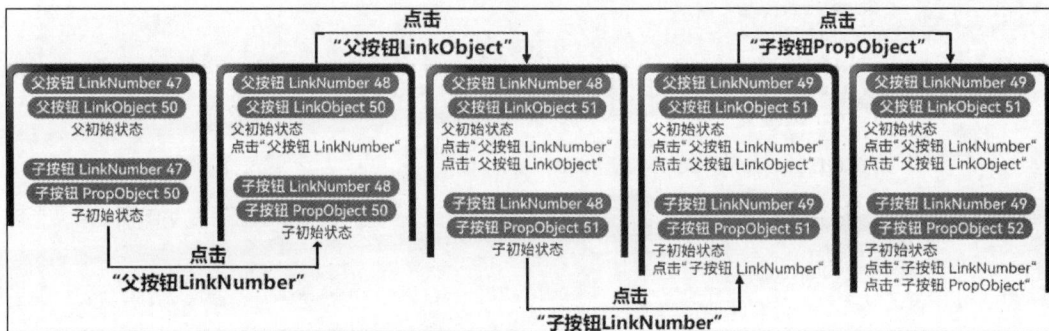

图 7.51　同一页面内父子组件的状态共享演示效果

（2）页面间组件状态共享

以下代码演示了不同页面通过共享 UIAbility 的 LocalStorage 实例，以实现状态变量的共享。

【案例实战 7-2】不同页面间状态共享的实现。

```
// EntryAbility.ets
export default class EntryAbility extends UIAbility {
  para:Record<string, number> = { 'PropA': 90 };
  storage: LocalStorage = new LocalStorage(this.para);

  onWindowStageCreate(windowStage: window.WindowStage) {
    windowStage.loadContent('pages/ch8/StoragePage1', this.storage);
  }
}
```

上述代码在 EntryAbility.ets 中定义了 LocalStorage 实例，并设置了变量 PropA，其默认值为 90；在 onWindowStageCreate 方法中通过 loadContent 方法，将 LocalStorage 实例与页面一同加载，进入 StoragePage1 页面。

```
// StoragePage1.ets
let storage = LocalStorage.getShared()
@Entry(storage)
@Component
struct StoragePage1 {
  @LocalStorageLink('PropA') propA: number = 1;

  build() {
    Column() {
```

```
        Text(`${this.propA}`).fontSize(50).fontWeight(FontWeight.Bold)
        Button("跳转至另一页面")
          .onClick(() => {
            this.getUIContext().getRouter().pushUrl({
              url: 'pages/ch8/StoragePage2'
            })
          })
      }
      .width('100%')
    }
```

上述代码在 StoragePage1.ets 中通过 LocalStorage.getShared 方法获取 EntryAbility 中定义的 LocalStorage 实例，并将该 LocalStorage 实例通过@Entry(storage)传入 StoragePage1 页面；在 StoragePage1 页面中定义了变量 propA，赋予其默认值 1，将其与 LocalStorage 实例中的 PropA 建立双向绑定。StoragePage1 页面通过一个 Text 组件展示 propA 的值。点击下方按钮，会跳转到页面 StoragePage2。

```
// StoragePage2.ets
let storage = LocalStorage.getShared()
@Entry(storage)
@Component
struct StoragePage2 {
  @LocalStorageLink('PropA') propA: number = 2;

  build() {
    Row() {
      Column() {
        Text(`${this.propA}`).fontSize(50).fontWeight(FontWeight.Bold)
        Button("改变 propA 的值")
          .onClick(() => {
            this.propA = 100;
          })
        Button("回到前一页")
          .onClick(() => {
            this.getUIContext().getRouter().back()
          })
      }
      .width('100%')
    }
  }
}
```

上述代码在 StoragePage2.ets 中通过 LocalStorage.getShared 方法获取 EntryAbility 中定义的 LocalStorage 实例，并将该 LocalStorage 实例通过@Entry(storage)传入 StoragePage2 页面；在 StoragePage2 页面中定义了变量 propA，赋予其默认值 2，并将其与 LocalStorage 实例中的 PropA 建立双向绑定。在 StoragePage2 页面中通过 Text 组件展示 propA 的值。点击下方第一个按钮会将 propA 的值变成 100，由于是双向绑定，该值被同步回 LocalStorage 实例。在点击下方第二个按钮返回 StoragePage1 页面后，页面中 propA 的值也为 100。不同页面间的状态共享演示效果如图 7.52 所示。

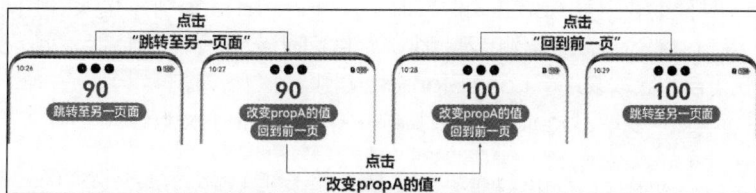

图 7.52　不同页面间的状态共享演示效果

229

4．实现个人数据更新

通过对状态管理相关知识的学习不难发现，页面级的 UI 状态管理 LocalStorage 最适合实现现在的需求——在登录页面中登录后，在"我的"页面中实现数据更新。

（1）在 EntryAbility 中创建 LocalStorage 实例

在 EntryAbility 的 onWindowStageCreate 方法中，创建 LocalStorage 实例，并通过 setOrCreate 方法在 LocalStorage 实例中放入登录用户键值对。代码如下。

```
// EntryAbility.ets
export default class EntryAbility extends UIAbility {
  onWindowStageCreate(windowStage: window.WindowStage): void {
    let storage = new LocalStorage()
    storage.setOrCreate('LoginAccountVO', BizUtils.getAccountSync())
    windowStage.loadContent('pages/SplashPage', storage, (err) => {  });
  }
}
```

（2）在 LoginPage 中共享 LocalStorage 实例

在登录页面中，通过代码 let storage = LocalStorage.getShared()获取 EntryAbility 中创建的共享 LocalStorage 实例，并通过@Entry(storage)将其传入 LoginPage 页面，以供页面内组件使用。

在页面内，通过@LocalStorageLink('LoginAccountVO') accountVO: AccountVO = new AccountVO()创建状态变量 accountVO，并与之前在 EntryAbility 中设置的值建立双向绑定。为防止数据为空、出现使用异常，设置了默认值 new AccountVO()。

在 login 方法中，通过代码 this.accountVO = result.toObject<AccountVO>()!将返回结果赋值给 accountVO，从而刷新 LocalStorage 实例中的数据。代码如下。

```
// LoginPage.ets
let storage = LocalStorage.getShared();
@Entry(storage)
@Component
struct LoginPage {
    @LocalStorageLink('LoginAccountVO') accountVO: AccountVO = new AccountVO()
    // 登录方法
    private async login() {
      ...
      if (result.success) {
          // 将 let account 换成 this.accountVO
          this.accountVO = result.toObject<AccountVO>()!
          // 持久化保存
          BizUtils.saveAccount(this.accountVO)
          this.pageStack.pop()
      } else {
          promptAction.showToast({message: $r('app.string.login_error_username_
or_password')})
      }
    }
}
```

（3）通过 Index 共享 LocalStorage 实例

在 7.3.2 节中搭建七彩天气 App 主页时，IndexPersonalPage 并不是入口组件，而是 Index 页面的子组件。将 LocalStorage 实例传入 Index 组件，Index 的子组件 IndexPersonalPage（即"我的"页面）就可自动获取该共享 LocalStorage 实例。

以下代码展示了如何获取 LocalStorage 实例并将其传入 Index 组件。

```
// Index.ets
let storage = LocalStorage.getShared(); // 获取 LocalStorage 实例
@Entry(storage) // 传入 Index
```

```
@Component
struct Index {
  ...
}
```

在 IndexPersonalPage 页面中，通过@LocalStorageLink('LoginAccountVO') accountVO: AccountVO = new AccountVO()创建状态变量 accountVO，并与之前在 EntryAbility 中设置的值建立双向绑定，从而获取个人数据。将个人数据展示封装成 DataShow 组件，DataShow 组件中的 content 变量使用了@Prop 装饰器，该装饰器用于监听父组件数据的变更，使子组件 UI 进行刷新。需要注意的是，@Prop 装饰器只支持 string、number、boolean、enum 类型。

以下代码中，IndexPersonalPage 作为 Index 的子组件，从 Index 组件中获取 LocalStorage 实例，并使用其中的数据。

```
// IndexPersonalPage.ets
@Component
export struct IndexPersonalPage {
  @LocalStorageLink('LoginAccountVO') accountVO: AccountVO = new AccountVO()
  build() {
    Scroll() {
      Column() {
        Column() {
          // 头像
          Image($r('app.media.avatar_male'))
            .width(70).clipShape(new CircleShape({width: 70, height: 70}))
            .margin({top: STATUS_BAR_HEIGHT})
            .onClick(() => {
              this.pageStack?.pushPathByName('PersonalInfoPage', null, (info) => {
                console.log('返回回调')
              }, true)
            })
          // 用户昵称
          Text(this.accountVO.nickname).margin({top: 15}).fontSize(20).
fontWeight(500)
          // 个人数据
          Row() {
            DataShow({title: $r('app.string.personal_follow'), content:
this.accountVO.followNum ?? 0})
            DataShow({title: $r('app.string.personal_fans'), content:
this.accountVO.fanNum ?? 0})
            DataShow({title: $r('app.string.personal_praise'), content:
this.accountVO.praiseNum ?? 0})
          }
          .margin({top: 15}).width('100%').justifyContent(FlexAlign.SpaceAround)
        }.backgroundImage($r('app.media.bg_personal_head'))
          .backgroundImageSize(ImageSize.FILL)
      }
    }
  }
}

// 展示个人数据组件
@Component
struct DataShow {
  @Prop content: number // 父组件向子组件单向同步
  title?: Resource

  build() {
    Column() {
      Text(this.content ?? '').fontColor($r('app.color.gray3')).fontSize(20)
      Blank().height(10)
```

```
              Text(this.title ?? '').fontColor($r('app.color.gray7')).fontSize(16)
          }
      }
  )
```

上述代码运行结果如图 7.53 所示，图 7.53 从左至右展示了"我的"页面从未登录到登录后，个人数据发生变化的过程。

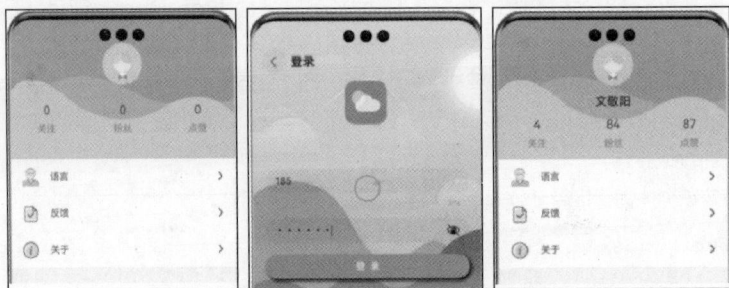

图 7.53　个人数据更新过程

| 编程育人 |

同舟共济，休戚与共

在状态管理中，不同页面间的数据共享与协同工作正如"同舟共济"和"休戚与共"所蕴含的紧密协作精神。状态管理的核心在于确保各个组件和页面能够高效、准确地共享数据，从而形成一个有机的整体。正如状态管理中的每一个数据都至关重要，团队中的每一个成员都是不可或缺的。开发者不仅要关注单个页面的功能，还要注重全局的协调与配合。在社会生活和团队工作中，只有齐心协力，才能克服困难，取得成功。

任务 7.6　个人信息页面

在一个应用中，个人信息页面是必不可少的，它承载着个人信息展示和修改的功能。在本任务中，需要实现图 7.54 所示的个人信息页面。

7.6.1　自定义页面标题组件

在任务 7.5 中，细心的读者会发现，登录页面的标题是居左显示的，如图 7.55 所示，这是因为直接通过 NavDestination 组件的 title 属性设置标题文字时，会显示为居左的标题。

图 7.54　个人信息页面　　图 7.55　登录页面的标题居左显示

个人信息页-自定义
页面标题组件

而在现实中，大部分应用的页面标题是居中显示的，可以通过 hideTitleBar 属性将 NavDestination 的自带标题栏隐藏，并将自定义标题组件放入 NavDestination。

在 pages 目录下新建 uicomponent 文件夹，在 uicomponent 文件夹中新建 CenterTitle.ets 文件，其具体代码如下。

```
// CenterTitle.ets
@Component
export struct CenterTitle {
    @Prop titleStr: string = '' // 标题
    @Prop leftShow: boolean = true   // 左侧按钮是否显示
    @Prop rightHidden: boolean = true   // 右侧按钮是否隐藏
    @Prop rightBtnStr: string = ''   // 右侧按钮文字
    leftClick: (event: ClickEvent) => void = () => {}  // 左侧按钮点击事件
    rightClick: (event: ClickEvent) => void = () => {}  // 右侧按钮点击事件
    @Prop bgColor: ResourceColor = Color.White// 标题栏颜色

    build() {
        Row() {
            // 左侧按钮
            Button() {
                SymbolGlyph($r('sys.symbol.chevron_left')).fontSize(26)
            }
            .width(50).height(50).backgroundColor(Color.White)
            .visibility(this.leftShow ? Visibility.Visible : Visibility.Hidden)
            .onClick(this.leftClick)

            Text(this.titleStr).fontSize(20).fontWeight(FontWeight.Bold)
                .textOverflow({overflow: TextOverflow.MARQUEE})

            // 右侧按钮
            if (!BaseUtils.isEmptyStr(this.rightBtnStr)) {
                Button(this.rightBtnStr)
                    .fontColor(Color.Black).fontSize(18)
                    .onClick(this.rightClick)
                    .width(80).height(50).backgroundColor(Color.White)
                    .visibility(this.rightHidden ? Visibility.Hidden :
Visibility.Visible)
            } else {
                Button() {
                    SymbolGlyph($r('sys.symbol.dot_grid_2x2')).fontSize(26)
                }
                .onClick(this.rightClick)
                .width(50).height(50).backgroundColor(Color.White)
                .visibility(this.rightHidden ? Visibility.Hidden :
Visibility.Visible)
            }
        }
        .justifyContent(FlexAlign.SpaceBetween).alignItems(VerticalAlign.Center)
        .width('100%').height(STATUS_BAR_HEIGHT + 50)
        .padding({top: STATUS_BAR_HEIGHT}).backgroundColor(this.bgColor)
    }
}
```

上述代码的主要作用如下。

➤ 七彩天气 App 采用沉浸式展示，将 NavDestination 的自带标题栏隐藏后，状态栏也会被隐藏，因此需要通过引入 STATUS_BAR_HEIGHT 将状态栏高度补齐。

➤ 标题左右两侧各预留了一个按钮，左侧按钮默认显示，右侧按钮默认隐藏，分别通过 leftShow 和 rightHidden 控制两个按钮的显示和隐藏。右侧按钮支持文本显示。这两个按钮分别通过 leftClick 和 rightClick 字段添加点击事件。

➤ 如果标题 Text 组件的文本过长，则可通过代码.textOverflow({overflow: TextOverflow. MARQUEE})将标题设置为跑马灯样式。

7.6.2 模态弹窗完成信息编辑

模态弹窗（Modal Dialog）是一种 UI 元素，用于在应用中提供额外的信息或交互，而不离开当前的窗口或屏幕。模态弹窗的主要特征是它会阻断用户对主应用的交互，直至弹窗被关闭或完成所需的操作。模态弹窗必须依赖 UI 执行上下文，即 UIContext。不可在 UIContext 不明确的地方使用模态弹窗。在七彩天气 App 中，个人信息页面中的性别选择、生日选择、人生格言编辑等都需要通过模态弹窗完成。

1. 文本选择器弹窗

根据指定的选择范围，创建可上下滚动的文本选择器，将其展示在弹窗上，这个弹窗即文本选择器弹窗（TextPickerDialog）。个人信息页面中的性别文本选择器弹窗如图 7.56 所示。

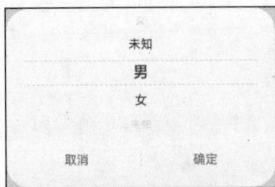

（1）调用方法

文本选择器弹窗可以通过以下两种方法来调用。

图 7.56　个人信息页面中的
性别文本选择器弹窗

个人信息页–模态
弹窗完成信息编辑

```
// 方法 1
TextPickerDialog.show(options: TextPickerDialogOptions)
// 方法 2
this.getUIContext().showTextPickerDialog(options: TextPickerDialogOptions)
```

建议使用方法 2，这样可以明确是否有 UIContext 支持，从而防止程序运行出错。

（2）弹窗参数

在前面的调用方法中可以看到，显示弹窗需要传入类型为 TextPickerDialogOptions 的配置参数。TextPickerDialogOptions 主要字段说明如表 7.6 所示。

表 7.6　TextPickerDialogOptions 主要字段说明

名称	描述
defaultPickerItemHeight	选择器中选项的高度
disappearTextStyle	滚动时即将消失的选项的文本样式
selectedTextStyle	选中项的文本样式
textStyle	非滚动状态时，除选中项以外的显示选项的文本样式
canLoop	选项是否可循环滚动。其默认值为 true，表示可循环滚动
alignment	弹窗在垂直方向上的对齐方式
offset	弹窗相对于 alignment 所在位置的偏移量
onAccept	点击"确定"按钮触发的回调，包含选中项的索引和值
onCancel	点击"取消"按钮触发的回调
onChange	选项滚动时触发的回调，包含选中项的索引和值
backgroundColor	弹窗面板背景色
onDidDisappear	弹窗消失时触发的回调
range	选择器需要展示的选项数组
selected	默认的选中项在 range 数组中的索引

（3）获取选中结果

当点击"确定"按钮时，程序需要获取当前的选中项，使用 onAccept 回调方法可以获取选中项的索引。

```
onAccept: (value: TextPickerResult) => { }
```

参数 value 的类型是 TextPickerResult，包含 value（值）和 index（索引）两个字段。

【案例实战 7-3】自定义地点文本选择器弹窗。

```
// TextPickerDialogExample.ets
@Entry
@Component
struct TextPickerDialogExample {
    private select: number | number[] = 0 // 选中项的索引
    private places: string[] = ['北京', '上海', '浙江', '四川', '广东'] // 选项数组
    @State v:string = ''; // 选中项的文本内容

    build() {
        Row() {
            Column() {
                Button("请选择出生地:" + this.v).margin(20)
                    .onClick(() => {
                        TextPickerDialog.show({
                            range: this.places,
                            selected: this.select,
                            textStyle: {color: Color.Black, font: {size: 20,
weight: FontWeight.Normal}},
                            selectedTextStyle: {color: Color.Blue, font:
{size: 30, weight: FontWeight.Bolder}},
                            onAccept: (value: TextPickerResult) => {
                                // 设置 select 为点击"确定"按钮时的选中项索引，这样
当弹窗再次弹出时选中的是上一次确定的选项
                                this.select = value.index
                                console.log(this.select + '')
                                // 点击"确定"按钮后，选中项的文本内容显示在页面上
                                this.v = value.value as string
                                console.info("TextPickerDialog:onAccept() 点击确
定时" + JSON.stringify(value))
                            },
                            onCancel: () => {
                                console.info("TextPickerDialog:onCancel()")
                            },
                            onChange: (value: TextPickerResult) => {
                                console.info("TextPickerDialog:onChange() 选项滚
动时" + JSON.stringify(value))
                            },
                            onDidAppear: () => {
                                console.info("TextPickerDialog:onDidAppear()出现")
                            },
                            onDidDisappear: () => {
                                console.info("TextPickerDialog:
onDidDisappear()消失")
                            }
                        })
                    })
            }.width('100%')
        }.height('100%')
    }
}
```

上述代码运行结果如图 7.57 所示，其主要含义如下。

➤ 代码中定义了 3 个变量：select、places、v，分别用来表示选中项的索引、选项数组、选中项的文本内容，并通过 range 参数和 selected 参数将它们传入选择器。

➤ 在 onAccept 回调方法中，通过 value.index 获取选中项的索引，通过 value.value 获取选中项的文本内容。

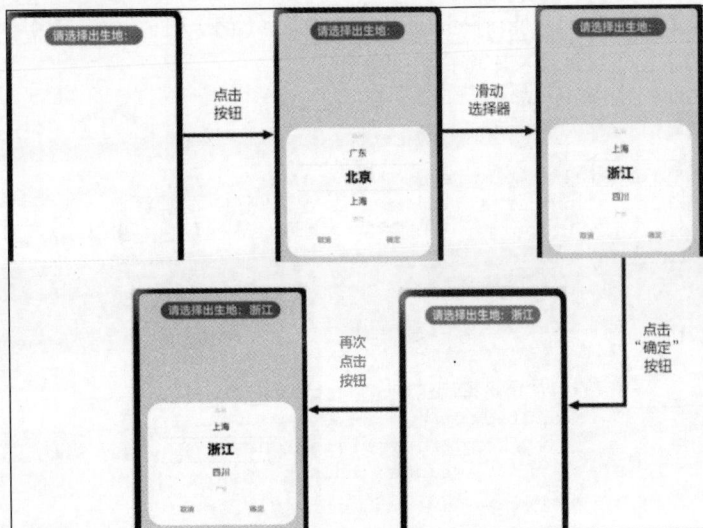

图 7.57　地点文本选择器弹窗效果

➤　通过 onChange 回调也可以实时获取滚动时的选中项的信息。

地点文本选择器使用过程中输出的日志如图 7.58 所示。

2. 日期选择器弹窗

日期选择器弹窗（DatePickerDialog）通过展示可上下自由滑动的选择器来确定年、月、日、时、分等具体时间，支持选择农历日期。个人信息页面中的日期选择器弹窗如图 7.59 所示。

```
I      TextPickerDialog:onDidAppear()出现
I      TextPickerDialog:onChange()选项滚动时{"value":"上海","index":1}
I      TextPickerDialog:onChange()选项滚动时{"value":"浙江","index":2}
I      2
I      TextPickerDialog:onAccept()点击确定时{"value":"浙江","index":2}
I      TextPickerDialog:onDidDisappear()消失
```

图 7.58　地点文本选择器使用过程中输出的日志

图 7.59　个人信息页面中的
日期选择器弹窗

（1）调用方法

日期选择器弹窗可以通过两种方法来调用。

```
// 方法 1
DatePickerDialog.show(options: DatePickerDialogOptions)
// 方法 2
this.getUIContext().showDatePickerDialog(options: DatePickerDialogOptions)
```

为了明确是否有 UIContext，建议使用方法 2。

（2）弹窗参数

在前面的调用方法中可以看到，显示弹窗需要传入类型为 DatePickerDialogOptions 的配置参数。DatePickerDialogOptions 主要字段说明如表 7.7 所示。

表 7.7　DatePickerDialogOptions 主要字段说明

名称	描述
lunar	是否为农历日期。其默认值为 false，表示使用公历日期
showTime	是否显示时间项。其默认值为 false，表示不显示时间项
useMilitaryTime	是否使用 24 小时制。其默认值为 false，表示使用 12 小时制（上下午）

续表

名称	描述
disappearTextStyle	滚动时即将消失的选项的文本样式
selectedTextStyle	选中项的文本样式
textStyle	非滚动状态时，除选中项以外的显示选项的文本样式
alignment	弹窗在垂直方向上的对齐方式
offset	弹窗相对于 alignment 所在位置的偏移量
onDateAccept	点击"确定"按钮触发的回调，包含选中的 Date 类型对象
onCancel	点击"取消"按钮触发的回调
onDateChange	选项滚动时触发的回调，包含 Date 类型的对象
onDidDisappear	弹窗消失时触发的回调
selected	默认的选中日期
start	可供选择的最早日期
end	可供选择的最晚日期

（3）获取选中结果

当点击"确定"按钮时，程序需要获取当前的选中项，使用 onDateAccept 回调方法可以获取选中的日期时间。

```
onAccept: (value: Date) => { }
```

上述方法中参数 value 的类型是 Date，包含具体的日期时间信息。

【**案例实战 7-4**】自定义日期选择器弹窗。

```
// DatePickerDialogExample.ets
@Entry
@Component
struct DatePickerDialogExample {
    @State selectedDate: Date = new Date("2010-1-1")

    build() {
      Column() {
        Button("生日选择")
          .margin(20)
          .onClick(() => {
            DatePickerDialog.show({
              start: new Date("1900-1-1"), // 最早日期为 1900 年 1 月 1 日
              end: new Date(), // 最晚日期为当前日期
              selected: this.selectedDate, // 默认选中日期
              showTime: true, // 显示时间项
              useMilitaryTime: false, // 使用 12 小时制
              disappearTextStyle: {font: {size: '14fp', weight: FontWeight.Bold}},
              textStyle: {font: {size: '18fp', weight: FontWeight.Normal}},
              selectedTextStyle: {color: '#ff182431', font: {size: '22fp', weight:
FontWeight.Regular}},
              onDateAccept: (value: Date) => {
                this.selectedDate = value
              })
          })

      Text(this.selectedDate.toString())
    }.width('100%')
  }
}
```

上述代码运行结果如图 7.60 所示，其主要含义如下。

➤ 代码中定义了状态变量：selectedDate，用来表示选中的日期，并通过 selected 参数将其传入选择器。同时，在 onDateAccept 回调中接收选中的日期。

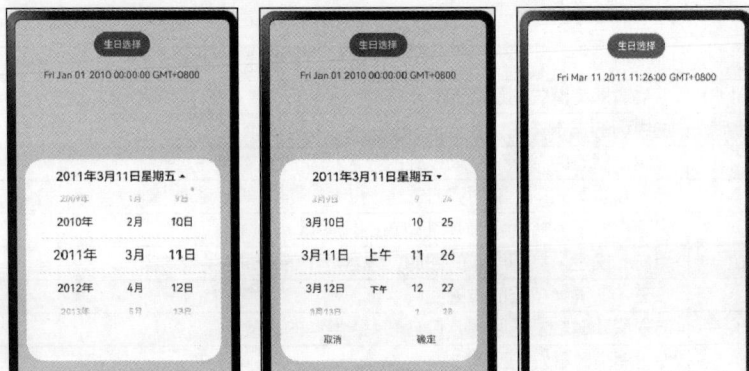

图 7.60　日期选择器的使用效果

➢ 通过 start 和 end 参数设置允许选择的最早日期和最晚日期。将 showTime 设置为 true，使选择器显示时间项。将 useMilitaryTime 设置为 false，使用 12 小时制。

➢ 在 onDateChange 回调中，实时输出当前选中的日期时间信息。

➢ 由于将 showTime 设置为 true，"确定"和"取消"按钮只有在时间选择页面中才会显示。

3. 自定义弹窗

自定义弹窗（CustomDialog）通过 CustomDialogController 类来显示。使用弹窗组件时，可优先考虑自定义弹窗，便于自定义其样式与内容。

（1）调用方法

自定义弹窗的使用可以通过以下 4 个步骤来实现。

```
// 步骤 1: 通过@CustomDialog 装饰器定义弹窗
@CustomDialog
struct XxxDialog {
   controller?: CustomDialogController
   build() {
    ...// 省略弹窗具体代码
   }
}


@Entry
@Component
struct CustomDialogExample {
   // 步骤 2: 定义 CustomDialogController, 将自定义弹窗实例作为 builder 函数的返回值
   controller: CustomDialogController | null = null
   // 步骤 3: 在 aboutToAppear 方法中初始化 controller
   aboutToAppear(): void {
    this.controller = new CustomDialogController({
       builder: XxxDialog({
          controller: this.controller!
       }) // 作为 builder 的值
    })
   }

   build() {
     Column() {
       Button('打开').onClick(() => {
         // 使用 controller 的 open 方法打开弹窗
         this.controller?.open()
       })
       Button('关闭').onClick(() => {
         // 使用 controller 的 close 方法关闭弹窗
          this.controller?.close()
```

```
    })
  }
}

// 步骤 4: 在 aboutToDisappear 方法中将 controller 设置为 null，确保资源被回收
aboutToDisappear(): void {
  this.controller = null
}
}
```

CustomDialogController 的初始化建议在 aboutToAppear 方法中进行。CustomDialogController 通过 open 和 close 方法来控制弹窗的打开和关闭，其中 close 方法并非一定要调用，点击弹窗之外的半透明遮罩层可以自动关闭弹窗。在页面销毁前，需要在 aboutToDisappear 方法中手动把 controller 设置为 null，以方便系统进行内存回收。

此外，CustomDialogController 仅在作为@CustomDialog 和@Component struct 的成员变量，且在@Component struct 内部定义时，赋值才有效。

（2）弹窗控制器参数

在上面的代码中，aboutToAppear 方法中初始化 controller 时，需要传入 CustomDialogControllerOptions 类型的参数，其主要字段说明如表 7.8 所示。

表 7.8　CustomDialogControllerOptions 主要字段说明

名称	描述
builder	自定义弹窗构造器
cancel	点击遮罩层或"取消"按钮触发的回调
autoCancel	是否允许点击遮罩层退出弹窗。其默认值为 true，表示允许
alignment	弹窗在垂直方向上的对齐方式
offset	弹窗相对于 alignment 所在位置的偏移量
keyboardAvoidMode	设置弹窗是否在拉起键盘时进行自动避让。其默认值为 DEFAULT，表示进行自动避让

【案例实战 7-5】自定义弹窗实现相册、拍照选择。

```
// MediaSelectorCustomDialogExample.ets
// 步骤 1: 通过@CustomDialog 装饰器定义弹窗
@CustomDialog
struct MediaSelectorCustomDialog {
  controller?: CustomDialogController
  albumConfirm: () => void = () => {  } // "相册"按钮回调
  cameraConfirm: () => void = () => {  } // "拍照"按钮回调
  cancel: () => void = () => {  } // "取消"按钮回调

  build() {
    Column() {
      Button('相册')
        .onClick(this.albumConfirm)
        .buttonStyle(ButtonStyleMode.TEXTUAL)
        .width('100%').backgroundColor(Color.White)
      Divider().width('100%').height(0.5)
      Button('拍照')
        .onClick(this.cameraConfirm)
        .buttonStyle(ButtonStyleMode.TEXTUAL)
        .width('100%').backgroundColor(Color.White)
      Blank().height(20)
      Button('取消').fontColor(Color.Gray).width('100%').backgroundColor
(Color.White)
        .onClick(this.cancel)
    }
    .width('100%')
```

```
      }
    }

  @Entry
  @Component
  struct MediaSelectorCustomDialogExample {
    // 步骤 2: 定义 CustomDialogController, 将自定义弹窗实例作为 builder 函数的返回值
    controller: CustomDialogController | null = null
    // 步骤 3: 在 aboutToAppear 中初始化 controller
    aboutToAppear(): void {
      this.controller = new CustomDialogController({
        alignment: DialogAlignment.Center,
        offset: {dx: 0, dy: -200},
        builder: MediaSelectorCustomDialog({
          controller: this.controller!
        }) // 作为 builder 的值
      })
    }

    build() {
      Column() {
        Button('媒体库').onClick(() => {
          // 使用 controller 的 open 方法, 打开弹窗
          this.controller?.open()
        }).margin({top: 20})
      }.alignItems(HorizontalAlign.Center).width('100%')
    }

    // 步骤 4: 在 aboutToDisappear 方法中将 controller 置为 null
    aboutToDisappear(): void {
      this.controller = null
    }
  }
```

上述代码执行效果如图 7.61 所示，从图 7.61 可以看到，自定义弹窗中默认有一个白色圆角面板作为容器来容纳组件。

图 7.61　自定义弹窗效果

> **注意点**　前面介绍了 3 种常用的弹窗，它们可以灵活定义弹窗样式，能满足大部分的需求。为了让开发者能更快速地开发弹窗，ArkUI 还提供了 TipsDialog（提示弹窗）、SelectDialog（选择类弹窗）、ConfirmDialog（信息确认类弹窗）、AlertDialog（操作确认类弹窗）、LoadingDialog（进度加载类弹窗）等，读者可自行在华为开发者官网学习。

7.6.3　多媒体库获取图片

在前面，读者已经掌握了如何通过弹窗来显示媒体库的选项，而"相册""拍照"选项的具体功

能还没实现。本节中将分别实现相关功能。

1. 使用媒体文件管理服务进行图片选择

在应用中，有时需要分享或保存图片、视频等用户文件，可以通过系统提供的媒体文件管理服务（Media Library Kit）实现相关功能。通过 PhotoViewPicker 提供的 select 方法，将拉起对应的应用，引导用户完成页面操作，接口本身无须申请权限。实现相册图片选择功能的步骤如下。

个人信息页-
多媒体库获取图片

（1）导入选择器模块和文件管理模块

```
import { photoAccessHelper } from '@kit.MediaLibraryKit'; // 媒体文件管理服务
import { fileIo } from '@kit.CoreFileKit'; // 文件基础服务
import { BusinessError } from '@kit.BasicServicesKit'; // 基础服务
```

（2）创建并配置文件选择选项

```
const photoSelectOptions = new photoAccessHelper.PhotoSelectOptions();
photoSelectOptions.MIMEType = photoAccessHelper.PhotoViewMIMETypes.IMAGE_TYPE;
// 过滤并选择媒体文件类型为 IMAGE
photoSelectOptions.maxSelectNumber = 9; // 选择媒体文件的最大数目
```

（3）创建图库选择器实例并拉起图库页面

```
let uris: Array<string> = [];
const photoViewPicker = new photoAccessHelper.PhotoViewPicker();
photoViewPicker.select(photoSelectOptions).then((photoSelectResult:
photoAccessHelper.PhotoSelectResult) => {
  uris = photoSelectResult.photoUris;
  console.info('photoViewPicker.select 方法获取到的图片 URI 数组是: ' + uris);
}).catch((err: BusinessError) => {
  console.error(`photoViewPicker.select 方法获取失败，错误码是:${err.code}，错误信
息是: ${err.message}`);
})
```

通过上述 3 个步骤，即可顺利获取图片的 URI。使用 Image 组件可以展示 URI 对应的图片，使用前面定义的网络工具 HttpUtil 可以上传图片到服务器端。

2. 使用相机服务完成相机拍照

除了在相册中选择图片，还可以通过相机服务（Camera Kit）获取图片。实现相机拍照功能的步骤如下。

（1）导入相机服务模块

```
import { camera, cameraPicker } from '@kit.CameraKit'; // 相机服务
```

（2）创建配置

```
let pickerProfile: cameraPicker.PickerProfile = {
  cameraPosition: camera.CameraPosition.CAMERA_POSITION_BACK // 指定使用后置摄像头
};
```

上述代码只配置了 cameraPosition，用于明确使用前置还是后置摄像头。另外，还可以指定 saveUri（指定图片或视频的 URI）、videoDuration（视频的长度）等属性。

（3）获取结果

```
let pickerResult: cameraPicker.PickerResult = await cameraPicker.pick
(getContext(),
  [cameraPicker.PickerMediaType.PHOTO], pickerProfile); // pick 方法中第二个参数
指定只需要图片
console.log("相机结果", JSON.stringify(pickerResult))
```

通过上述 3 个步骤，即可顺利获取图片的 URI。同样，使用 Image 组件可以展示 URI 对应的图片，使用前面定义的网络工具 HttpUtil 可以上传图片到服务器端。

7.6.4　个人信息的获取与更新

在完成基础知识储备后，实现个人信息的获取和更新，完善页面代码。

1. 获取个人信息

从服务器端获取个人信息，需要登录用户 ID，利用状态管理机制在个人信息页面中获取用户 ID。在页面的 aboutToAppear 方法中获取个人信息，并将其存储在状态变量 userInfo 中，该状态变量与页面元素绑定。

用户信息类 UserInfoVO 使用了@Observed 装饰器，其代码如下。在 PersonalInfoPage 页面中使用 UserInfoVO 类型变量时，配合使用@State 装饰器，可以深度观测类中字段值的变化。在构造方法中使用空值合并操作符确保每个字段都有默认值，防止页面显示 undefined 等问题。

个人信息页-个人信息的获取与更新

```
// UserInfoVO.ets
@Observed
export class UserInfoVO {
  id: number // 主键
  avatar: string // 头像
  birthday: Date // 生日
  sex: string // 性别
  maxim: string // 人生格言
  constructor(id?: number, avatar?: string, birthday?: Date, sex?: string, maxim?:
string) {
    this.id = id ?? 0
    this.avatar = avatar ?? ''
    this.birthday = birthday ?? new Date(1900)
    this.sex = sex ?? ''
    this.maxim = maxim ?? ''
  }
}
```

个人信息页面获取个人信息的代码如下。

```
// PersonalInfoPage.ets
let storage = LocalStorage.getShared()
@Entry(storage)
@Component
struct PersonalInfoPage {
  // 页面间状态共享
  @LocalStorageLink('LoginAccountVO') accountVO: AccountVO = new AccountVO()
  // 状态变量 userInfo，其与页面元素绑定。UserInfoVO 被@Observed 装饰，可实现类中字
段级别的状态关联
  @State userInfo: UserInfoVO = new UserInfoVO()
  // 初始化加载提示
  dialogController: CustomDialogController = new CustomDialogController({
    builder: LoadingDialog({ content: '正在加载中...', })
  });
  // 获取个人信息
  async getData() {
    this.dialogController.open()
    let result = await HttpUtil.get(Urls.GET_USER_INFO + this.accountVO.id)
    if (result.success) {
      this.userInfo = result.toObject<UserInfoVO>() // JSON 转对象
    } else {
      promptAction.showToast({message: '个人信息获取失败'})
    }
    this.dialogController.close()
  }

  aboutToAppear(): void {
    this.getData() // 获取个人信息
  }
  ...
}
```

上述代码中，getData 方法的开头和结尾使用了 dialogController，用于显示和关闭加载提示，以为用户提供更好的使用体验，加载提示效果如图 7.62 所示。

2. 更新个人信息

在个人信息更新中，头像的更新相对麻烦，下面以头像更新为例，通过代码来讲解个人信息更新的具体流程。

（1）获取图片

在个人信息页面的 aboutToAppear 方法中初始化媒体库选择弹窗控制器，主要代码如下。

图 7.62　加载提示效果

```
struct PersonalInfoPage {
    private mediaDialogController: CustomDialogController | null = null
    // 沙箱中目标图片路径
    @State destImgPath: string = ''
    // 图片扩展名
    imageSuffix: string = ''
    aboutToAppear(): void {
        this.mediaDialogController = new CustomDialogController({
            alignment: DialogAlignment.Bottom,
            offset: {dx: 0, dy: -20},
            builder: MediaSelectDialog({
                controller: this.mediaDialogController!,
                albumConfirm: () => {
                    this.mediaDialogController?.close()
                    const photoSelectOptions = new photoAccessHelper.
PhotoSelectOptions();
                    photoSelectOptions.MIMEType = photoAccessHelper.
PhotoViewMIMETypes.IMAGE_TYPE; // 过滤并选择媒体文件类型为 IMAGE
                    photoSelectOptions.maxSelectNumber = 1; // 选择媒体文件的
最大数目
                    const photoViewPicker = new photoAccessHelper.
PhotoViewPicker();
                    photoViewPicker.select(photoSelectOptions).then
((photoSelectResult: photoAccessHelper.PhotoSelectResult) => {
                    console.info('photoViewPicker.select 方法获取的图片 URI 数
组是: ' + photoSelectResult.photoUris)
                    if (!BaseUtils.nullUndefinedEmpty(photoSelectResult.
photoUris)) {
                        // 由于设置了最多选择一张图片,此处只需要获取索引为 0 处的图片
                        this.imageUri = photoSelectResult.photoUris[0]
                        // 读取源图片到 File 对象
                        let file = fs.openSync(this.imageUri, fs.OpenMode.
READ_ONLY);
                        // 通过上下文获取沙箱文件缓存目录
                        let cacheDir = getContext().cacheDir;
                        // 定义以当前时间的 Unix 时间戳（毫秒）为文件名
                        let fileName = new Date().getTime()
                        // 获取文件扩展名
                        this.imageSuffix = this.imageUri.substring(this.
imageUri.lastIndexOf('.') + 1)
                        // 给目标路径赋值,并加上文件扩展名
                        this.destImgPath = cacheDir + '/' + fileName +
'.' + this.imageSuffix;
                        // 文件不存在时创建并打开文件,文件存在时打开文件
                        let file2 = fs.openSync(this.destImgPath,
fs.OpenMode.READ_WRITE | fs.OpenMode.CREATE);
                        // 将源图片复制到目标路径文件中
                        fs.copyFileSync(file.fd, file2.fd);
                        // 同步关闭文件
```

```
                                  fs.closeSync(file);
                          }
                  }).catch((err: BusinessError) => {
                          console.error(`photoViewPicker.select 方法获取失败，错误
码是: ${err.code}, 错误信息是: ${err.message}`)
                  })
              }
          })
      })
    }
  }
```

鸿蒙系统的安全策略不允许直接将选中的图片进行上传，因此需要先将图片复制到应用的沙箱中，再进行上传。

沙箱提供了一种以安全防护为目的的隔离机制，避免数据受到恶意路径穿越访问。在沙箱的保护机制下，应用可见的目录范围即"应用沙箱目录"。系统为每个应用创建隔离存储空间（含专属应用目录+必要系统文件），严格限制数据可见性（仅本应用及必需系统文件可见）。

沙箱路径图如图 7.63 所示，其中，一级目录 data 代表应用文件目录；二级目录 storage 代表本应用持久化目录；三级目录 el1~el4 代表不同的文件加密区；四、五级目录是通过上下文获取的不同目录，应用的全局信息存放在四级和五级目录下。

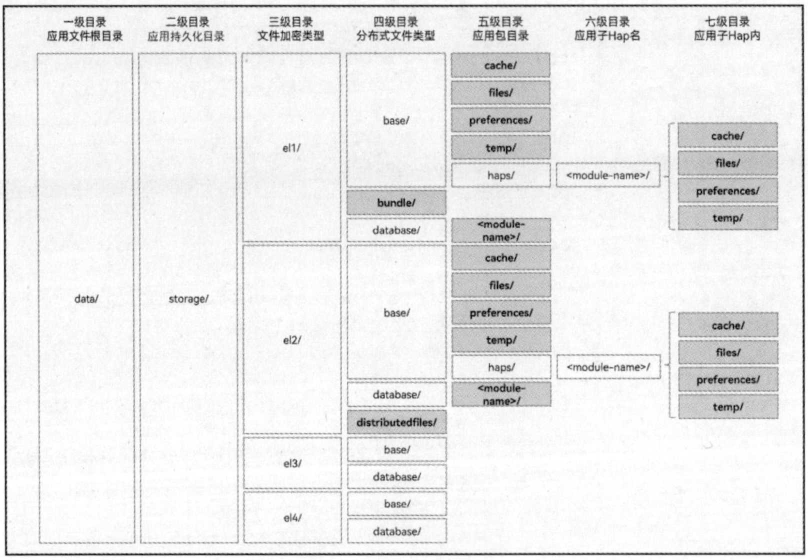

图 7.63　沙箱路径图

沙箱四、五级目录根据上下文的不同，获取的目录级别也不同。通过 ApplicationContext 的属性，可以获取 distributedfiles 目录，或 base 下的 cache、files、preferences、temp 等目录的应用文件路径，应用的全局信息可以存放在这些目录下。通过 UIAbilityContext、AbilityStageContext、ExtensionContext 的属性可以获取 HAP 级别应用文件路径，HAP 信息可以存放在这些目录下，存放在这些目录下的文件会随 HAP 的卸载而删除，不会影响应用级别目录下的文件。四、五级常用目录具体说明如表 7.9 所示。

表 7.9　四、五级常用目录具体说明

目录	属性	描述
bundle	bundleCodeDir	HAP 资源包目录，用于动态加载代码（不可拼接，需要用接口访问）
base	无	设备持久化数据根目录（含 files/cache/temp/haps 子目录）

续表

目录	属性	描述
database	databaseDir	EL2 加密的分布式数据库专用目录（仅存储数据库文件）
distributedfiles	distributedFilesDir	EL2 加密的跨设备共享文件目录（多设备场景专用）
files	filesDir	通用持久化文件目录（存储用户文件/图片/日志等长期数据）
cache	cacheDir	缓存目录（超过容量后系统自动清理，需要校验文件是否存在）
preferences	preferencesDir	首选项配置文件目录（仅存储轻量配置数据）
temp	tempDir	临时文件目录（应用退出后自动清理）

图片的复制需要用到文件管理功能，该功能属于文件基础服务（Core File Kit）。文件基础服务提供基础的文件操作能力，包括文件基本管理、文件目录管理、文件信息统计、文件读写等常用功能。

进行复制前，需要导入 fs 模块。

```
import fs from '@ohos.file.fs';
```

目标文件不存在时，创建并打开文件，准备读写；目标文件存在时，直接打开文件，准备读写。

```
let destFile = fs.openSync(this.destPath, fs.OpenMode.CREATE |
fs.OpenMode.READ_WRITE);
```

将文件内容从源文件复制至目标文件。

```
fs.copyFileSync(sourceFile.fd, destFile.fd);
```

为释放系统资源同时避免文件占用，在完成读写后需要将文件关闭。

```
fs.closeSync(file);
```

上述代码中对文件的操作方法都以"Sync"结尾，表示使用的是该方法的同步操作的版本。表 7.10 展示了 fs 常用的方法（异步版本）。

表 7.10　fs 常用的方法（异步版本）

方法	描述	方法	描述
fs.stat	获取文件/目录的状态信息	fs.copyFile	复制文件
fs.read	读取文件数据到缓冲区	fs.moveFile	移动文件
fs.write	将数据写入文件	fs.rename	重命名文件或文件夹
fs.open	打开文件	fs.mkdir	创建目录
fs.close	关闭文件	fs.rmdir	删除目录
fs.unlink	删除单个文件	fs.listFile	列出目录下的所有文件名

在执行上述沙箱文件复制代码后，利用 DevEco Studio 中的 Device File Browser 查看图片文件所在的 cache 目录，如图 7.64 所示。

（2）上传图片并更新信息

在沙箱中得到图片副本后，就可以使用上传接口对图片进行上传了。上传完毕后，后端接口会返回图片名称，利用该图片名称调用个人信息更新接口，即可把图片名称保存到数据库中，主要代码如下。

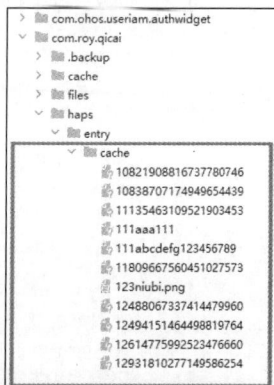

图 7.64　图片文件所在的 cache 目录

```
struct PersonalInfoPage {
    // 沙箱中的目标图片路径
    @State destImgPath: string = ''
    // 图片扩展名
    imageSuffix: string = ''
    // 个人信息
    @State userInfo: UserInfoVO = new UserInfoVO()
    // 更新数据方法
    async updateInfo() {
        if (!BaseUtils.isEmptyStr(this.destImgPath)) {
```

```
                                // 步骤1: 上传图片
                                let uploadResult = await HttpUtil.upload(Urls.UPLOAD,
this.destImgPath, `image/${this.imageSuffix}`)
                                if (uploadResult.success) {
                                    // 将返回的图片名称放入 userInfo
                                    this.userInfo.avatar = uploadResult.data as string
                                }
                        }
                        // 步骤2: 调用个人信息更新接口
                        let params: Record<string, ESObject> = {
                            'id': this.userInfo.id,
                            'avatar': this.userInfo.avatar,
                            'birthday': BaseUtils.getDateStr(this.userInfo.birthday),
                            'sex': this.userInfo.sex,
                            'maxim': this.userInfo.maxim
                        };
                        let result = await HttpUtil.put(Urls.UPDATE_USER_INFO, params)
                        if (result.success) {
                            promptAction.showToast({message: '信息更新成功^_^'})
                        } else {
                            promptAction.showToast({message: '信息更新失败(π_π)'})
                        }
                    }
                }
```

> **注意点** 该页面相对复杂，限于篇幅，本书未介绍其所有功能，请读者自行比对源代码进行深入的学习。

3. 退出登录清空信息

在应用开发中，确保用户数据安全是非常重要的一环。当用户退出应用时，及时清理敏感信息是保护用户隐私的关键措施。这有助于防止未授权访问，避免数据泄露。

在七彩天气 App 中，点击"确认"按钮后，弹出提示弹窗，"取消"按钮索引为 0，"确定"按钮索引为 1。如果索引为 1，则使用 BaseUtils.removeAccount 方法将个人信息移除，由于 accountVO 是页面间状态管理的变量，在移除个人信息后会重新获取个人信息，以使其在不同页面间同步。这样在退回上一个页面时，页面上的个人信息就会恢复成未登录时的状态。其主要代码如下。

```
Button('退出登录')
  .margin({top: 50}).width('90%')
  .onClick(async () => {
    let clickIndex = await promptAction.showDialog({
      title: '确认',
      message: '您确定要退出吗? ',
      buttons: [
        {text: '取消', color: $r('app.color.main_color'), primary: true},
        {text: '确定', color: $r('app.color.main_color'), primary: false},
      ]
    })
    // 通过索引来确认点击的是"确定"按钮
    if (clickIndex.index == 1) {
      BizUtils.removeAccount() // 移除个人信息
      this.accountVO = BizUtils.getAccountSync() // 重新获取个人信息
      this.pageStack.pop() // 页面出栈
    }
  })

// BizUtils.ets
public static removeAccount() {
```

```
dataPreferences?.deleteSync(BizUtils.SP_ACCOUNT)
dataPreferences?.flush()
}
```

运行上述代码后，在页面中点击"退出登录"按钮的效果如图 7.65 所示。

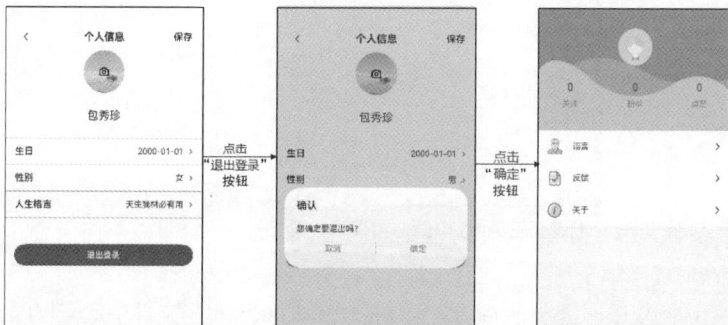

图 7.65　点击"退出登录"按钮的效果

任务 7.7　天气详情页面

在本任务中，将实现七彩天气 App 的主要页面——天气详情页面。在该页面中，主要需要实现实时定位、天气获取、语音播报、背景音乐播放和下拉刷新等功能。天气详情页面效果如图 7.66 所示。

图 7.66　天气详情页面效果

7.7.1　实时定位

随着技术的进步，移动设备的定位功能已经成为现代生活的一个重要组成部分。无论是寻找最近的餐厅、规划旅行路线，还是紧急救援，精确的定位服务都是这些应用能够提供个性化服务和增强用户体验的关键。然而，定位功能的实现并非没有挑战，它涉及用户隐私、数据安全和精确度等多个方面。本节将介绍如何在鸿蒙设备上实现实时定位，从而为获取当前地点的天气信息做数据准备。在 HarmonyOS 中，实时定位由位置服务（Location Kit）提供。

1. 权限申请

位置信息属于个人敏感数据，因此必须通过代码向用户进行位置权限申请。七彩天气 App 申请位置权限效果如图 7.67 所示。

天气详情页-实时
定位

图 7.67　七彩天气 App 申请位置权限效果

（1）配置 module.json5

前面申请网络访问权限时需要在 entry 模块的 module.json5 文件中定义权限，申请位置权限同样需要在 module.json5 文件中配置相关权限。具体配置如下。

```
{
  "module": {
    ...
    "requestPermissions": [
      ...
      {
        "name": "ohos.permission.LOCATION",
        "reason": "$string:location_permission",
        "usedScene": {
          "abilities": [
            "EntryAbility"
          ],
          "when": "inuse"
        }
      },
      {
        "name": "ohos.permission.APPROXIMATELY_LOCATION",
        "reason": "$string:fuzzy_location_permission",
        "usedScene": {
          "abilities": [
            "EntryAbility"
          ],
          "when": "inuse"
        }
      }
    ], // 标识当前应用运行时需要向系统申请的权限集合
    ...
  }
}
```

在 string.json 文件中配置下列字符串。

```
// base/element/string.json
{
  "name": "location_permission",
  "value": "允许应用在定位场景中在前台运行时获取位置信息"
},
{
  "name": "fuzzy_location_permission",
  "value": "允许应用在定位场景中获取模糊的设备位置信息"
}
// en_US/element/string.json 代码在此省略，zh_CN/element/string.json 代码在此省略
```

系统提供的位置权限有以下 3 个。

① ohos.permission.LOCATION：获取精确位置。

② ohos.permission.APPROXIMATELY_LOCATION：获取模糊位置，精确度为 5km。

③ ohos.permission.LOCATION_IN_BACKGROUND：应用切换到后台后仍然获取位置信息。

七彩天气 App 不需要持续在后台获取位置信息，因此在上面的配置文件中仅配置前两个权限。在配置中，必须提供 reason 和 usedScene 两个字段，权限申请的字段说明如表 7.11 所示。

表 7.11　权限申请的字段说明

名称	描述
name	权限名称。其取值范围为系统定义的权限列表
reason	申请权限的原因。该字段用于应用上架校验，当申请的权限为 user_grant 权限时必填，并且需要进行多语言适配。使用 string 类资源引用，格式为$string: ***
usedScene	权限使用场景。该字段用于应用上架校验，包括 abilities 和 when 两个子项。 abilities：使用权限的 UIAbility 或者 ExtensionAbility 组件的名称。 when：调用时机。只能填入固定值 inuse（使用时）或 always（始终），不能为空

（2）主动申请权限

七彩天气 App 需要在天气详情页面中马上使用定位，因此可以在其打开的一瞬间就使用代码进行位置权限的申请。在 EntryAbility.ets 文件中，修改相应代码。

```
export default class EntryAbility extends UIAbility {
  onWindowStageCreate(windowStage: window.WindowStage): void {
    let permissions: Array<Permissions> = [
      'ohos.permission.APPROXIMATELY_LOCATION',
      'ohos.permission.LOCATION',
    ];
    // 校验当前用户是否已授权
    let atManager = abilityAccessCtrl.createAtManager();
    atManager.requestPermissionsFromUser(this.context,permissions)
      .then((data) => {
        console.info('权限数据 data:' + JSON.stringify(data));
        let authResults = data.authResults
        if (authResults.indexOf(-1) >= 0) {
          // 如果结果数组中存在-1，则说明用户拒绝授权，直接关闭应用
          this.context.terminateSelf();
        } else {
          // 将加载页面方法移动至权限申请通过后
          windowStage.loadContent('pages/SplashPage', storage, (err) => {
            if (err.code) {
              return;
            }
          });
        }
      })
      .catch((err: BusinessError) => {
        console.info('data:' + JSON.stringify(err));
      })
  }
}
```

上述代码中，调用 atManager.requestPermissionsFromUser 方法后会弹出请求用户授权弹窗（见图 7.67），该过程属于异步操作，因此采用异步 then 链式调用获取授权结果。同意授权和拒绝授权时控制台输出的数据如图 7.68 所示，authResults 数组中的两个元素表示对申请的两个权限的授权结果，0 表示同意，−1 表示拒绝。根据授权结果的不同，可以确定下一步操作：若授权成功，则调用 windowStage.loadContent 方法加载开屏页，否则直接通过 UIAbilityContext 的 terminateSelf 方法关闭应用。

权限数据 data:{"permissions":["ohos.permission.APPROXIMATELY_LOCATION","ohos.perm
ission.LOCATION"],"authResults":[0,0],"dialogShownResults":[true,true]}

权限数据 data:{"permissions":["ohos.permission.APPROXIMATELY_LOCATION","ohos.perm
ission.LOCATION"],"authResults":[-1,-1],"dialogShownResults":[true,true]}

图 7.68　同意授权和拒绝授权时控制台输出的数据

2．获取位置信息

在 EntryAbility 中被授权之后，七彩天气 App 将正式加载页面。跳过开屏页后，就进入七彩天气 App 的天气详情页面（IndexWeatherPage）。天气详情基于当前的位置信息，所以需要先在页面的 aboutToAppear 方法中调用获取位置信息的方法。获取位置信息的主要代码如下。

```
// IndexWeatherPage.ets
import { geoLocationManager } from '@kit.LocationKit';
@Preview
@Component
export struct IndexWeatherPage {
  @State address: string = '定位中'

  aboutToAppear(): void {
    try {
      // 低版本模拟器无法定位，会出现错误，导致应用崩溃，所以需要使用 try...catch 语句
      this.getLocation()
    } catch (e) {
      promptAction.showToast({
        message: JSON.stringify(e),
        duration: 2000
      });
    }
  }

  getLocation() {
    let request: geoLocationManager.SingleLocationRequest = {
      locatingPriority: 0x502, // 快速获取位置优先
      locatingTimeoutMs: 1000 * 10 // 超时时间（毫秒）
    };
    geoLocationManager.getCurrentLocation(request).then((location:
geoLocationManager.Location) => {
      geoLocationManager.getAddressesFromLocation({latitude: location.latitude,
longitude: location.longitude})
        .then((addressArray: Array<geoLocationManager.GeoAddress>) => {
          this.address = addressArray[0].placeName ?? addressArray[0].locality ?? ''
          this.address = this.address.replace(addressArray[0].
administrativeArea!, "") // 将省份名替换成空字符串
        })
    }).catch((err: BusinessError) => {
      promptAction.showToast({
        message: JSON.stringify(err),
        duration: 2000
      });
    });
  }
}
```

在上述代码中，主要需要关注以下几点。

➢　创建一个 SingleLocationRequest 类型的请求，代表单次定位请求。参数 locatingPriority 表示定位优先级，可取 0x501（精度优先）、0x502（快速获取位置优先）。参数 locatingTimeoutMs 表示定位超时时间，必须大于或等于 1000，单位为毫秒。

➢　将前面创建的 request 请求传入 geoLocationManager.getCurrentLocation 方法，该方

法用来获取当前位置，使用 callback 异步回调返回 Location 类型的对象。

➢ 将 Location 对象的 latitude（纬度）和 longitude（经度）传入 geoLocationManager. getAddressesFromLocation 进行解析，异步返回 Array<GeoAddress>类型的逆地理编码结果数组。

➢ 逆地理编码结果可能会有多个，默认取第一个即可。取 placeName 字段来获取详细地址，详细地址太长会使应用的显示效果不佳，因此通过字符串的 replace 方法将其中的省份名替换成空字符串，从而得到长度合适的地址。定位获取的数据如图 7.69 所示。

定位地址 [{"latitude":29.985574355512043,"longitude":120.55532284990355,"locale":"zh","placeName":"浙江省绍兴市越城区山阴路526号","countryCode":"CN","countryName":"中国","administrativeArea":"浙江省","subAdministrativeArea":"绍兴市","locality":"绍兴市","subLocality":"越城区","roadName":"山阴路","subRoadName":"526号","premises":"526号","postalCode":"","phoneNumber":"","addressUrl":"","descriptions":["0575","330602004"],"descriptionsSize":2}]

图 7.69　定位获取的数据

同时需要注意的是，低版本模拟器没有定位模块，使用上述定位代码会产生错误，导致应用崩溃，因此在 aboutToAppear 方法中增加了 try...catch 语句。在模拟器中运行时，显示错误码 3301100，如图 7.70 所示，该错误码表示位置服务不可用。高版本模拟器可通过设置纬度模拟实际地理位置。

图 7.70　错误码 3301100

7.7.2　获取实时天气

当获取位置信息后，就需要调用接口来获取实时天气了。HarmonyOS NEXT 的天气服务（Weather Service Kit）提供了融合多家气象行业供应商的专业、精准、稳定的超本地化天气预报服务，帮助开发者为用户提供更贴心的本地生活服务。在本书编写时，华为尚未向个人开放此服务，故七彩天气 App 在后台集成了高德开放平台天气查询服务。后台相关集成步骤这里不做介绍，感兴趣的读者可自行前往高德开放平台进行查询。

天气详情页-获取
实时天气

1．获取天气详情

查看 Swagger 文档，该接口需要传入 6 位地理编码，返回相关天气情况。根据返回数据字段，创建 WeatherDetailVO 类，相关字段代码如下。

```
// WeatherDetailVO.ets
export class WeatherDetailVO {
  city: string // 城市
  daytemp: string // 最高温度
  nighttemp: string // 最低温度
  temp: string // 实时温度
  wind: string // 风向
  power: string // 风力
  weather: string // 天气描述
  ...// 构造方法不做展示
}
```

返回位置信息之后紧接着就要获取实时天气，因此将前面的 getLocation 方法名改为 getLocationAndWeather，同时利用代码 addressArray[0]?.descriptions![1].substring(0, 6)对图 7.69 中返回的地理编码进行截取，传入天气查询接口，代码如下。

```
export struct IndexWeatherPage {
    @State areaCode: string = '110000' // 地理编码
    @State weather: WeatherDetailVO = new WeatherDetailVO()// 天气详情

    aboutToAppear(): void {
        try {
            this.getLocationAndWeather()
        } catch (e) {
            ...
        }
    }

    // 获取位置和天气
    getLocationAndWeather() {
        geoLocationManager.getCurrentLocation(request).then((location:
geoLocationManager.Location) => {
            geoLocationManager.getAddressesFromLocation({latitude:
location.latitude, longitude: location.longitude})
                .then((addressArray: Array<geoLocationManager.GeoAddress>) => {
                    ...
                    // 定位返回的是 8 位编码，需要将其处理成接口需要的 6 位编码
                    let localCode = addressArray[0]?.descriptions![1].
substring(0, 6) ?? ''
                    // 获取天气
                    this.getWeather(localCode)
                })
        }).catch((err: BusinessError) => {
            ...
        });
    }

    // 根据地理编码获取天气
    async getWeather(local: string) {
        let params: Record<string, string> = { 'local': local }
        let result = await HttpUtil.get(Urls.GET_WEATHER, params)
        if (result.success) {
            this.weather = result.toObject<WeatherDetailVO>()
        } else {
            promptAction.showToast({message: '天气获取失败'})
        }
    }
}
```

将图 7.69 中的行政编码 "330602" 传入天气查询接口，获取天气详情，如图 7.71 所示。

http 返回数据：{"code":"200","msg":"成功","data":{"city":"浙江省,绍兴市,越城区","temp":"9.2","
weather":"晴","wind":"西北风","power":"1级","daytemp":"13","nighttemp":"1"}}

图 7.71　获取天气详情

2. Refresh 组件实现刷新

天气详情页面需要支持下拉定位并获取实时天气，因此需要在页面中使用 Refresh 组件。Refresh 组件用于实现页面下拉操作，并显示刷新效果。Refresh 组件按照下拉的过程分为 5 种状态，其类型为 RefreshStatus，其枚举值说明如表 7.12 所示。

表 7.12　RefreshStatus 枚举值说明

名称	值	描述
Inactive	0	未下拉状态，也是默认状态
Drag	1	下拉中，下拉距离小于刷新距离

名称	值	描述
OverDrag	2	下拉中，下拉距离超过刷新距离
Refresh	3	下拉结束，回弹至刷新距离，进入刷新中状态
Done	4	刷新结束，返回初始状态（顶部）

Refresh 组件支持下面几个重要的回调。

① onStateChanged(callback: (state: RefreshStatus) => void)：状态改变时触发的回调。

② onRefreshing(callback: () => void)：进入刷新中状态时，即状态值为 RefreshStatus. Refresh 时触发的回调。

③ onOffsetChange(callback: Callback<number>)：下拉距离发生变化时触发的回调。

此外，Refresh 组件只支持单个子组件，所以在使用该组件时，需要先把内容放到一个容器组件中，再将容器组件作为 Refresh 组件的子组件。

【案例实战 7-6】Refresh 组件使用示例。

```
// RefreshExample.ets
@Entry
@Component
struct RefreshExample {
  @State isRefreshing: boolean = false // 是否在刷新中
  @State arr: String[] = ['0', '1', '2', '3', '4', '5', '6', '7', '8', '9', '10']
  @State status: number = 0 // Refresh 的状态值
  records: Record<number, string> = {
    1: '继续下拉', 2: '松手刷新', 3: '刷新中', 4: '刷新结束'
  };

  @Builder header() {
    Column() {
      LoadingProgress().width(30)
      Text(this.records[this.status]).fontSize(20)
    }
  }

  build() {
    Column() {
      // $$this.isRefreshing 双向绑定
      Refresh({ refreshing: $$this.isRefreshing, builder: this.header }) {
        List() {
          ForEach(this.arr, (item: string) => {
            ListItem() {
              Text('' + item)
                .width('70%').height(80).fontSize(16).margin(10)
                .textAlign(TextAlign.Center)
                .borderRadius(10).backgroundColor(0xFFFFFF)
            }
          }, (item: string) => item)
        }
        .width('100%').height('100%')
        .alignListItem(ListItemAlign.Center).scrollBar(BarState.Off)
      }
      .onRefreshing(() => {
        console.log('RefreshExample', 'onRefreshing 调用')
        setTimeout(() => {
          this.isRefreshing = false
        }, 2000)
      })
      .onStateChange((status) => {
```

```
        this.status = status
        console.log('RefreshExample', '状态值: ' + status)
      })
      .onOffsetChange((offset) => {
        console.log('RefreshExample', 'offset 偏移值: ' + offset)
      })
      .backgroundColor(0x89CFF0)
      .refreshOffset(64).pullToRefresh(true) // 当下拉超过 62vp 时触发刷新
    }
  }
}
```

上述代码中，主要需要注意以下几点。

➢ 定义状态变量 isRefreshing，用于控制 Refresh 组件是否刷新，默认值为 false，表示不处于刷新中状态；数组 arr，用于循环生成列表内容；状态值 status，记录 Refresh 组件的状态值。

➢ 定义 Record<number, string>类型的变量 records，用于存储 Refresh 组件各状态对应的中文。该变量用于在下拉过程中进行实时状态展示。

➢ Refresh 组件在定义时使用了 "$$" 符号，这是一个状态变量双向绑定符。使用$$this.isRefreshing 双向绑定组件的状态，同时，使用 builder 属性自定义刷新区域的显示内容，在刷新区域中，使用了 LoadingProgress 组件来形象化刷新效果，同时使用代码 Text(this.records[this.status])来实时更新状态中文。如果不使用 builder 属性，则 Refresh 组件将会使用默认的刷新组件，该组件与 LoadingProgress 组件的显示效果类似。

➢ 在 Refresh 组件中，有唯一的子组件 List。List 组件使用数组通过 ForEach 循环生成内容。

➢ onRefreshing 方法在下拉距离超过刷新距离、松开手指的一瞬间进行回调。此时 Refresh 组件自动会将其内部的 refreshing 字段变更为 true。在定义 Refresh 组件时使用了 refreshing: $$this.isRefreshing 代码对父子组件的刷新字段进行了双向绑定，因此 RefreshExample 中的 isRefreshing 字段相应地变为了 true。在该方法中使用 setTimeout 方法模拟网络异步加载用时的过程，在倒计时之后通过代码 this.isRefreshing = false 使 Refresh 组件停止刷新。

➢ onStateChange 方法在 Refresh 组件状态发生变化时进行回调，其内部通过代码 this.status = status 将 Refresh 组件状态实时回传给状态变量 status，从而驱动头部 Text 组件中文本内容的变化。onOffsetChage 方法在组件下拉距离变化的过程中进行回调。

➢ refreshOffset 和 pullToRefresh 配合实现下拉超过指定距离触发刷新。

上述代码运行后，使用手指下拉页面，页面的状态变化过程如图 7.72 所示。在下拉过程中，控制台输出的日志如图 7.73 所示。

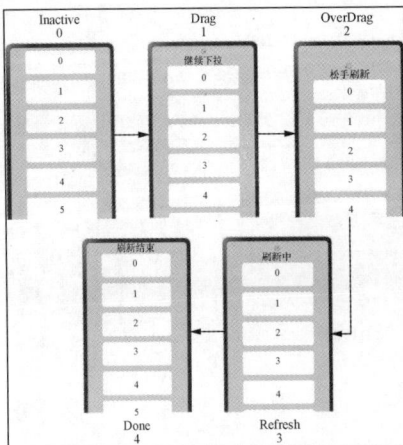

图 7.72　页面的状态变化过程

图 7.73　控制台输出的日志

> **注意点** 如果上述代码不使用双向绑定，即写成 Refresh({ refreshing: this.isRefreshing, builder: this.header})，那么就需要在 onRefreshing 方法中手动编写代码 this.isRefreshing = true，将状态变更为刷新中，使 Refresh 组件出现刷新效果；在异步操作结束后编写代码 this.isRefreshing = false，使 Refresh 组件停止刷新。

在学习完 Refresh 组件之后，只需要将获取位置和天气的方法放入 onRefreshing 回调中即可实现下拉定位并获取实时天气的功能，代码如下。

```
export struct IndexWeatherPage {
    ...
    build() {
        Column() {
            Refresh({refreshing: $$this.isRefreshing, builder:
this.customRefreshComponent()}) {
                ...
            }
            .onRefreshing(async () => {
                try {
                    this.getLocationAndWeather() // 获取位置和天气
                } catch (e) {
                    promptAction.showToast({
                        message: JSON.stringify(e),
                        duration: 2000
                    });
                }
            })
        }
    }
    ...
}
```

7.7.3 语音播报天气

目前很多天气应用已经加入了语音播报功能，这不仅方便用户使用，还增加了应用的趣味性。在当前 App 中，将从文本转语音、页面播放效果、背景音乐伴随播放 3 个方面来实现该功能。

天气详情页面-语音
播报天气

1. 文本转语音

要实现语音播报天气详情，需要借助鸿蒙框架中 AI 模块的基础语音服务（Core Speech Kit）。该服务为开发者提供了文本转语音（TextToSpeech）和语音识别（SpeechRecognizer）两大能力。基础语音服务提供的能力依赖于设备硬件，因此在模拟器上无法使用它。

文本转语音的开发主要包括以下几个步骤。

（1）引入对应模块

```
import { textToSpeech } from '@kit.CoreSpeechKit';
import { BusinessError } from '@kit.BasicServicesKit';
```

（2）创建引擎实例

```
let ttsEngine: textToSpeech.TextToSpeechEngine;
// 设置创建引擎参数
let extraParam: Record<string, Object> = {"style": 'interaction-broadcast',
"locate": 'CN', "name": 'EngineName'};
let initParamsInfo: textToSpeech.CreateEngineParams = {
    language: 'zh-CN', // 目前仅支持普通话
    person: 0, // 0 表示聆小珊（女声）
    online: 1, // 1 为离线模式，0 为在线模式。目前只支持离线模式
```

```
      extraParams: extraParam
    };
    // 调用 createEngine 方法
    textToSpeech.createEngine(initParamsInfo, (err: BusinessError,
textToSpeechEngine: textToSpeech.TextToSpeechEngine) => {
      if (!err) {
        console.info('创建语音引擎成功');
        // 接收创建引擎实例
        ttsEngine = textToSpeechEngine;
      } else {
        console.error(`创建语音引擎失败. Code: ${err.code}, message: ${err.message}.`);
      }
    });
```

（3）设置监听回调

```
    // 设置监听回调
    let speakListener: textToSpeech.SpeakListener = {
      // 开始播报回调
      onStart(requestId: string, response: textToSpeech.StartResponse) {
        console.info(`onStart, requestId: ${requestId} response:
${JSON.stringify(response)}`);
      },
      // 合成结束及播报结束回调
      onComplete(requestId: string, response: textToSpeech.CompleteResponse) {
        console.info(`onComplete, requestId: ${requestId} response:
${JSON.stringify(response)}`);
      },
      // 停止播报回调
      onStop(requestId: string, response: textToSpeech.StopResponse) {
        console.info(`onStop, requestId: ${requestId} response:
${JSON.stringify(response)}`);
      },
      // 返回音频流
      onData(requestId: string, audio: ArrayBuffer, response:
textToSpeech.SynthesisResponse) {
        console.info(`onData, requestId: ${requestId} sequence:
${JSON.stringify(response)} audio: ${JSON.stringify(audio)}`);
      },
      // 错误回调
      onError(requestId: string, errorCode: number, errorMessage: string) {
        console.error(`onError, requestId: ${requestId} errorCode: ${errorCode}
errorMessage: ${errorMessage}`);
      }
    };
    // 设置回调
    ttsEngine.setListener(speakListener);
```

在使用上述监听回调时，需要根据具体的 response 字段值进行判断。例如，在 onComplete 回调中，会出现 2 次回调，其中返回的 type 值不同，其回调时机也不一样。type 为 0 表示语音合成结束时回调，type 为 1 时表示语音播报结束时回调。

（4）设置播报参数

```
    let originalText: string = 'Hello HarmonyOS';
    // 设置播报相关参数
    let extraParam: Record<string, Object> = {"queueMode": 0, "speed": 1, "volume":
2, "pitch": 1, "languageContext": 'zh-CN',
      "audioType": "pcm", "soundChannel": 3, "playType": 1 };
    let speakParams: textToSpeech.SpeakParams = {
      requestId: '123456', // requestId 在同一实例内仅能使用一次，请勿重复设置
      extraParams: extraParam
    };
```

```
// 调用播报方法，开发者可以通过修改 speakParams 主动设置播报策略
ttsEngine.speak(originalText, speakParams);
```

引擎同时支持以下方法，可以在需要的时候进行调用。

```
ttsEngine.stop()   // 停止播报
ttsEngine.isBusy() // 是否繁忙
```

引擎还支持设置不同的播报策略。

① 单词播报策略：格式为[h*N*]（*N*取 0、1 或 2）。0 表示智能判断单词播报策略，也是默认值；1 表示逐个字母进行播报；2 表示以单词方式进行播报。例如，在"Hello [h1]HarmonyOS..."中，"Hello"以单词方式播报，"HarmonyOS"及后续单词将会以逐个字母的方式进行播报。

② 数字播报策略：格式为[n*N*]（*N*取 0、1 或 2）。0 表示智能判断数字播报策略，也是默认值；1 表示作为号码逐个数字播报；2 表示作为数值整体播报，但当数字位数超过 18 位时，整体又将逐个数字播报。例如，在"[n2]123[n1]456[n0]..."中，"123"将会按照数值播报，"456"则会按照号码播报，其后的数字均会自动判断播报策略。

③ 插入静音停顿：停顿格式为[p*N*]，*N* 为无符号整数，单位为毫秒。例如，在"你好[p500]小艺"中，"你好"之后将会插入 500 毫秒的静音停顿。

④ 指定汉字发音：格式为[=M*N*]，M 表示拼音，*N* 表示声调（*N* 取值为 1~5 的整数，分别表示第一声、第二声、第三声、第四声、轻声）。例如，"着[=zhuo2]手"表示"着"的发音为"zhuó"。

2. 页面播放效果

要在播放语音时实现良好的交互效果，不仅需要通过按钮触发播放，还需要在播放时产生动效。图 7.74 所示为语音播放的 3 种状态。在未播放时，按钮默认显示为状态 3。当播放进行时，按钮交替显示为状态 1、状态 2、状态 3。要实现上述效果，需要使用 ImageAnimator 帧动画组件来实现逐帧播放图片的能力。该组件允许配置需要播放的图片列表，并可以为每张图片配置显示时长。

图 7.74　语音播放的 3 种状态

（1）images 属性

```
.images(value: Array<ImageFrameInfo>)
```

images 属性用于设置图片帧信息集合。ImageFrameInfo 中可配置 src（图片路径）、width（宽度）、height（高度）、top（图片相对于组件左上角的纵向坐标）、left（图片相对于组件左上角的横向坐标）、duration（某一帧图片的播放时长，单位为毫秒）。

（2）state 属性

```
.state(value: AnimationStatus)
```

state 属性用于控制播放状态。AnimationStatus 的枚举值有以下几种：Initial（初始状态）、Running（播放状态）、Paused（暂停状态）、Stopped（停止状态）。

（3）duration 属性

```
.duration(value: number)
```

duration 属性用于设置每一帧图片的播放时长，单位为毫秒。如果 images 属性中任意一帧图片设置了 duration 属性，则该全局属性无效。

（4）reverse 属性

```
.reverse(value: boolean)
```

reverse 属性用于设置图片的播放方向。其值为 false 表示从第一张图片播放到最后一张图片；

为 true 表示从最后一张图片播放到第一张图片，默认值为 false。

（5）iterations 属性

```
.iterations(value: number)
```

iterations 属性用于设置播放次数。其值为-1 表示无限次播放；默认值为 1，表示播放 1 次。

（6）事件支持

ImageAnimator 组件支持 onStart（动画开始时触发）、onPause（动画暂停时触发）、onRepeat（动画重复时触发）、onCancel（动画返回最初状态时触发）、onFinish（动画完成时或停止时触发）。

【案例实战 7-7】使用 ImageAnimator 组件播放 Resource 图片资源，实现语音播放动画效果。

```
// ImageAnimatorExample.ets
@Entry
@Component
struct ImageAnimatorExample {
    @State state: AnimationStatus = AnimationStatus.Initial
    @State reverse: boolean = false
    @State iterations: number = 1

    build() {
      Column({ space: 10 }) {
        Row() {
          Image($r('app.media.ic_wave0')).width(50)
          Image($r('app.media.ic_wave1')).width(50)
          Image($r('app.media.ic_wave2')).width(50)
          Image($r('app.media.ic_wave3')).width(50)
        }
        .margin(20)

        ImageAnimator()
          .images([
            { src: $r('app.media.ic_wave3') },
            { src: $r('app.media.ic_wave0') },
            { src: $r('app.media.ic_wave1') },
            { src: $r('app.media.ic_wave2') },
          ])
          .duration(2000).state(this.state).reverse(this.reverse)
          .fillMode(FillMode.None).iterations(this.iterations).width(100).
height(100)
          .onFinish(() => {
            this.state = AnimationStatus.Stopped
          })
        Row() {
          Button('start 开始').width(100).padding(5).onClick(() => {
            this.state = AnimationStatus.Running
          }).margin(5)
          Button('pause 暂停').width(100).padding(5).onClick(() => {
            this.state = AnimationStatus.Paused      // 显示当前帧图片
          }).margin(5)
          Button('stop 停止').width(100).padding(5).onClick(() => {
            this.state = AnimationStatus.Stopped      // 显示动画的起始帧图片
          }).margin(5)
        }

        Row() {
          Button('reverse 反转').width(100).padding(5).onClick(() => {
            this.reverse = !this.reverse
          }).margin(5)
          Button('once 一次').width(100).padding(5).onClick(() => {
```

```
        this.iterations = 1
      }).margin(5)
      Button('infinite 无限次').width(100).padding(5).onClick(() => {
        this.iterations = -1 // 无限循环播放
      }).margin(5)
    }
  }.width('100%').height('100%')
  }
}
```

上述代码运行结果如图 7.75 所示。屏幕上方展示了 4 张不同状态的图片，中间部分利用 ImageAnimator 实现图片帧动画演示，下方按钮通过不同 ImageAnimator 属性来控制动画演示。

3. 背景音乐伴随播放

在 HarmonyOS 的开发中，提供音频播放的服务是媒体服务（Media Kit）。在媒体服务中，播放音频可使用 SoundPool 和 AVPlayer。SoundPool 可以实现低时延的短音播放，如相机快门音效、系统通知音效等。而若要在七彩天气 App 中播放较长时间的背景音乐，则需要使用 AVPlayer。图 7.76 展示的是 AVPlayer 播放时各个状态之间的流转情况。

图 7.75　语音播放动画效果

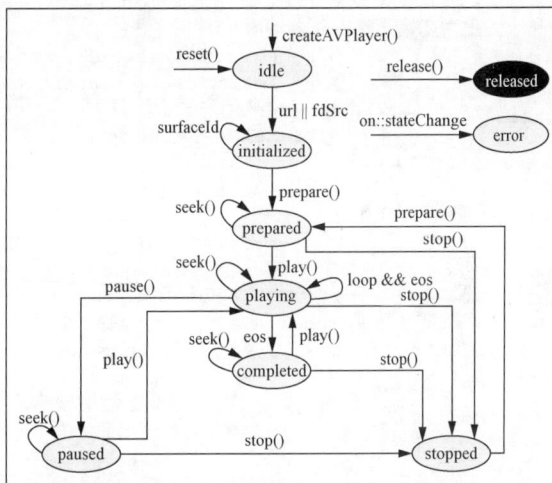

图 7.76　AVPlayer 播放时各个状态之间的流转情况

使用 AVPlayer 播放音频的开发步骤及注意事项如下。

（1）创建 AVPlayer 实例，AVPlayer 初始化为 idle 状态。

（2）设置业务需要的监听事件，搭配全流程场景使用。支持的监听事件包括 stateChange（必要事件，监听 state 属性改变）、error（必要事件，监听错误信息）、durationUpdate（刷新时长）、timeUpdate（刷新当前时间）、seekDone（监听 seek 完成情况）、volumeChange（监听音量调节）、bufferingUpdate（缓冲百分比）、audioInterrupt（如果多个音频正在播放，则焦点被切换时回调）。

（3）设置资源：设置属性 url，AVPlayer 进入 initialized 状态。

（4）准备播放：调用 prepare，AVPlayer 进入 prepared 状态，此时可以获取 duration（时长），设置音量。

（5）音频播控：调用 play、pause、seek、stop 进行播放、暂停、跳转、停止等操作。

（6）更换资源：调用 reset 重置资源，AVPlayer 重新进入 idle 状态，允许更换资源。

（7）退出播放：调用 release 销毁实例，AVPlayer 进入 released 状态，退出播放。

下面是七彩天气 App 中语音播报天气结合背景音乐播放的代码。

```
export struct IndexWeatherPage {
    @State address: string = '定位中' // 定位到的地址
    @State animationStatus: AnimationStatus = AnimationStatus.Initial
    // ImageAnimator 的播放状态
    @State weather: WeatherDetailVO = new WeatherDetailVO()// 天气详情

    build() {
        ...
        Button() {
            Row() {
                ImageAnimator()
                    .images([
                        {src: $r('app.media.ic_wave3'), duration: 500},
                        {src: $r('app.media.ic_wave1'), duration: 500},
                        {src: $r('app.media.ic_wave2'), duration: 500},
                    ])
                    .state(this.animationStatus) .iterations(-1)
                    .width(30).height(30)
            }
        }.onClick(async () => {
            if (this.animationStatus == AnimationStatus.Initial) { // 按钮状
态检测，按钮为初始化状态时才响应
                this.animationStatus = AnimationStatus.Running
                let avPlayer = await media.createAVPlayer() // 创建AVPlayer 实例
                // 用户同步获取 resources/rawfile 目录下 rawfile 文件的描述信息
                let fileDescriptor = getContext(this).resourceManager.
getRawFdSync('weather_bg_music.mp3')
                avPlayer.fdSrc = fileDescriptor; // 为 fdSrc 赋值，触发
initialized 状态机上报
                avPlayer.play()// AVPlayer 播放背景音乐
                setTimeout(() => {// 延迟 5 秒播放语音
                    BaseUtils.say(`你好，七彩天气为您播报。今天，${this.
address}，${this.weather.weather}，最高温度${this.weather.daytemp}摄氏度，最低温度
${this.weather.nighttemp}摄氏度。${this.weather.wind} ${this.weather.power}}`,
(requestId) => {
                        // 语音播放结束回调
                        setTimeout(() => { // 2 秒后停止播放背景音乐
                            avPlayer.stop()
                            this.animationStatus = AnimationStatus.Initial
                        }, 2000)
                    })
                }, 5000)
            }
        })
        ...
    }
}
```

上述代码实现了图片帧动画播放、背景音乐播放、语音播报三者的协调统一。

➢ 定义状态变量 animationStatus，用于控制 ImageAnimator 的播放状态。该变量的状态在
Initial 和 Running 之间切换。在按钮的点击事件中，通过判断 ImageAnimator 组件的当前状态来
决定是否进行播放。

➢ 在满足播放条件后，先通过代码 media.createAVPlayer()创建 AVPlayer 实例；然后通过
resourceManager 获取 resources/rawfile 目录下的音频文件描述信息，并将其赋给 AVPlayer
实例；最后通过 AVPlayer 的 play 方法播放背景音乐。

➢ AVPlayer 播放有 2～3 秒的准备时间，因此通过 setTimeout 函数来延迟 5 秒播放语音。
在播放若干秒背景音乐之后，调用 BaseUtils 中封装的语音播报方法来播报天气。该方法接收一个

语音播报结束回调,在该回调中再次使用 setTimeout 函数来延迟 2 秒结束背景音乐的播放,同时将 animationStatus 变量的状态恢复为 Initial,从而让 ImageAnimator 组件停止播放,同时让按钮恢复点击响应。

任务 7.8　新闻模块

在信息爆炸的时代,人们对于即时信息的需求日益增长。在关注天气的同时,人们对于资讯的需求同样非常迫切。因此,七彩天气 App 特别加入了新闻模块,为用户提供全方位的信息服务窗口。本任务将详细介绍如何实现新闻列表的下拉刷新、上拉加载更多内容,以及查看新闻详情的功能。

新闻模块

7.8.1　分页新闻列表

世界上每天都会产生很多新闻,这些新闻不可能被一次性加载到新闻列表页面中,并且新闻时刻都在发生,因此新闻列表页面往往会有下拉刷新最新新闻、上拉加载更多新闻的功能。

以下代码是新闻列表页面的主要代码,其中回调方法 refreshCallback 和 loadCallback 都调用了获取新闻数据的接口,该接口以分页的形式进行获取。两个回调方法的不同之处在于传递的 pageNum 参数的值。下拉刷新时 pageNum 被设置为 1,表示获取第一页数据;上拉加载更多内容时对 pageNum 进行自增 1 操作,表示获取下一页数据。

电子活页-自定义
RefreshLoadList
组件

```
// IndexNewsPage.ets
@Preview
@Component
export struct IndexNewsPage {
 @Consume('pageStack') pageStack: NavPathStack
 @State pageNum: number = 1
 @State pageSize: number = 10

 toDetailPage = (vo: NewsVO) => {
   this.pageStack.pushPathByName('NewsDetailPage', vo)
 }

 // 使用箭头函数声明会绑定 this 上下文,以防止在 RefreshLoadList 组件中找不到 pageNum 和 pageSize
 // 使用 async refreshData(): Promise<Array<ESObject>> { } 就会出错,需使用以下代码
 refreshData = async (): Promise<Array<ESObject>> => {
   let result = await HttpUtil.get(Urls.GET_NEWS_BY_PAGE, {
     'pageNum': `${this.pageNum = 1}`, // 下拉刷新时, pageNum 重置为 1
     'pageSize': `${this.pageSize}`,
   })
   if (result.success) {
     return result.toArray<NewsVO>()
   } else {
     return []
   }
 }

 loadMoreData = async (): Promise<Array<ESObject>> => {
   let result = await HttpUtil.get(Urls.GET_NEWS_BY_PAGE, {
     'pageNum': `${++this.pageNum}`, // 上拉加载更多内容时, pageNum 自增 1
     'pageSize': `${this.pageSize}`,
   })
```

```
      if (result.success) {
         return result.toArray<NewsVO>()
      } else {
         return []
      }
   }


   @Builder
   listItem(vo: ESObject, index: number) {
      Row() {
         Image(vo['img'])
            .alt($r('app.media.news_default_img'))
            .width(100).height(70).objectFit(ImageFit.Fill)
            .borderWidth(1).borderColor('#2173f1')

         Column() {
            Text(vo['title'] ?? '')
               .fontSize(20).fontWeight(500).textAlign(TextAlign.Start)
               .maxLines(1).textOverflow({overflow: TextOverflow.Ellipsis})
            Text(BaseUtils.removeHtmlTags(vo['article']))
               .fontSize(16).fontColor(Color.Gray)
               .maxLines(2).textOverflow({overflow: TextOverflow.Ellipsis})
         }
            .layoutWeight(2).height(100).margin({left: 10})
            .alignItems(HorizontalAlign.Start).justifyContent(FlexAlign.SpaceEvenly)
      }.margin({left: 15, right: 15}).height(100).width('calc(100% - 30vp)').
backgroundColor(Color.White)
   }


   build() {
      Column() {
         CenterTitle({titleStr: '新闻列表', leftShow: false})
         RefreshLoadList({
            itemView: this.listItem,  // 列表中每一个条目的 UI
            refreshCallback: this.refreshData,  // 下拉刷新请求数据方法
            loadCallback: this.loadMoreData,  // 上拉加载更多内容请求数据方法
            itemClick: this.toDetailPage  // 列表条目点击事件
         })
      }
      .backgroundColor(Color.White)
   }
}
```

上述代码运行结果如图 7.77 所示。上述代码中，需要注意以下几点。

➢ refreshData 和 loadMoreData 函数中使用 pageNum 和 pageSize 变量，在将它们传入 RefreshLoadList 组件时需要绑定 this 上下文为 IndexNewsPage，因此需要使用箭头函数来进行声明，从而自动进行绑定。

➢ 在 refreshData 函数中，将 pageNum 重置为 1，以获取第一页数据；在 loadMoreData 函数中，将 pageNum 自增 1 后，作为参数传到后台，以获取下一页数据。

➢ 新闻内容是 HTML 格式的字符串，样式较复杂，在列表中需要简化显示，因此使用代码 BaseUtils.removeHtmlTags(vo['article'])将 HTML 标签全部去除，保留纯文本内容进行显示。

➢ 标题和内容均使用代码.maxLines(xx).textOverflow({overflow: TextOverflow.Ellipsis})，从而让 Text 组件只显示特定行数，超出内容用

图 7.77　新闻列表页面效果

"…"代替。

➢ 列表项的点击事件 itemClick 绑定了 toDetailPage 方法，该方法中使用代码 this.pageStack. pushPathByName('NewsDetailPage', vo)携带参数 vo 跳转至 NewsDetailPage 新闻详情页面。

思考：当新闻列表中没有任何数据时，显示一个默认无数据的图标，这一功能该如何实现呢？

7.8.2　Web 组件展示详情

当用户在新闻列表中锁定目标后，轻触条目，系统将跳转至承载完整图文、视频及互动元素的新闻详情页面。这一功能通过 RefreshLoadList 的 itemClick 回调方法实现。

1. 新闻参数接收

在 7.8.1 节的代码中，toDetailPage 方法被传入 RefreshLoadList，该方法将使七彩天气 App 跳转到新闻详情页面，同时携带一个参数。在新闻详情页面中利用以下代码来接收前一个页面传入的参数。

```
// NewsDetail.ets
struct NewsDetailPage {
    @Consume('pageStack') pageStack: NavPathStack
    news: NewsVO = new NewsVO()

    aboutToAppear(): void {
        // 获取页面栈索引为 0 处页面的传递参数，即前一个页面：新闻列表页面
        this.news = this.pageStack.getParamByIndex(0) as NewsVO
    }
}
```

上述代码使用 getParamByIndex(index: number)来获取前一个页面传入的参数，参数 index 代表前一个页面在页面栈中的索引。

获取参数的方法还有 getParamByName(name: string)，参数 name 表示的是前一个页面的名称。

2. Web 组件显示新闻详情

面对后台管理系统产出的多样化内容，HTML 凭借天然的跨平台兼容性与结构化表达能力，成为内容传输的"标准化语言"。新闻详情正是这一标准实践的体现。

ArkWeb 作为 HarmonyOS 的"跨端 Web 引擎"，为新闻详情的显示提供了最优解。其提供的 Web 组件用于在应用中显示网页内容。该组件为开发者提供了丰富的控制 Web 页面的能力，包括 Web 页面加载、生命周期管理、常用属性与事件、JavaScript 与原生交互、安全与隐私、维测能力等。

图 7.78 展示了 Web 组件提供的生命周期回调接口，通过这些回调接口，开发者可以感知 Web 组件的生命周期状态变化，从而进行相关的业务处理。

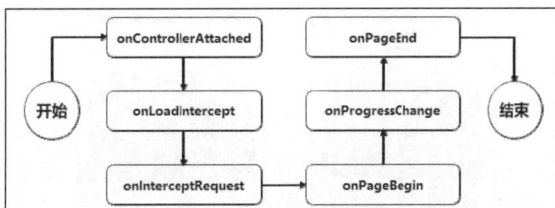

图 7.78　Web 组件提供的生命周期回调接口

onControllerAttached：当 Controller 成功绑定到 Web 组件时触发该回调。

onLoadIntercept：Web 组件加载 URL 之前触发该回调，用于判断是否阻止此次访问。

onInterceptRequest：Web 组件加载 URL 之前触发该回调，用于拦截 URL 并返回响应数据。

onPageBegin：网页开始加载时触发该回调。

onProgressChange：告知开发者当前页面加载的进度。

onPageEnd：网页加载完成时触发该回调。

NewsDetailPage 页面加载内容的主要代码如下。

```
// NewsDetail.ets
import { webview } from '@kit.ArkWeb';
@Entry
@Component
struct NewsDetailPage {
    controller: webview.WebviewController | null = new webview.WebviewController();
    ...
    build() {
      NavDestination() {
        Column() {
          CenterTitle({
            titleStr: '新闻详情',
            leftClick: () => this.pageStack.pop(),
            rightHidden: false,
            rightBtnStr: '百度',
            rightClick: () => {
              this.controller?.loadUrl('www.baidu.com')
            }
          })
          Text(this.news.title).fontSize(26).fontWeight(500)
          Scroll() {
            Column() {
              Image(this.news.img)
              // 创建 Web 组件时，加载 HTML 格式的文本内容
              Web({ src: `data:text/html; charset=UTF-8, ${this.news.article}`,
controller: this.controller })
            }
          }
          .scrollBar(BarState.Off).padding({left: 15, right: 15, bottom: 15})
        }
      }
      .hideTitleBar(true)
    }

    aboutToDisappear(): void {
      this.controller = null // 将 controller 置为 null，释放资源
    }
}
```

上述代码运行结果如图 7.79（a）所示，当点击右上角的"百度"按钮后，下方 Web 组件将加载百度首页，效果如图 7.79（b）所示。

(a) 显示新闻内容   (b) 点击"百度"按钮后
加载百度首页

图 7.79　新闻详情页面效果

➤ 上述代码定义了一个 WebviewController 对象，在定义 Web 组件时将其随 HTML 内容一同传入，在页面即将消失时需要将 WebviewController 对象置为 null。

➤ Web 组件在加载 HTML 格式的文本内容时，需要在文本内容前加上 "data:text/html; charset=UTF-8,"，否则将无法正确显示文本内容。

➤ 右上角的"百度"按钮利用 WebviewController 对象的 loadUrl 方法，触发 Web 组件加载指定 URL 的网站。

| 编程育人 |

分而治之，优化有道

厨师不会同时烹制所有食材，而是分步处理荤素配料；建筑师不会一次性浇筑整栋大楼，而是分层分段施工。这种"分而治之"的智慧，在当前新闻模块的设计中同样适用。思考如何优化当前的设计，使其既能避免网络拥堵，又能让用户快速获取核心信息，做到效率与体验的双赢。

至此，七彩天气 App 的功能已经全部开发完毕了，读者可以通过电子活页-打包发布，学习如何打包生成正式版本，并上架至华为应用市场（App Gallery）。

电子活页-打包发布

【项目小结】

本项目通过七彩天气 App 案例，详细介绍了 HarmonyOS 应用开发的全过程，从创建工程开始，逐步完成应用的配置、模块设计、UI 实现、功能开发等关键步骤。通过本项目的学习，读者应该已经为投身鸿蒙生态应用建设做好了充分的准备！

【技能提升】

一、单选题

1. 在 HarmonyOS 应用开发中，用于配置应用全局信息的文件是（　　）。
   A. module.json5　　　B. app.json5　　　C. package.json　　　D. build.json
2. 在创建 HarmonyOS 应用工程时，（　　）是应用的主模块。
   A. feature 模块　　　B. Library 模块　　　C. entry 模块　　　D. shared 模块
3. 在 UIAbility 的生命周期中，回调方法（　　）在应用加载过程中，UIAbility 实例创建完成时触发。
   A. onWindowStageCreate　　　　　　　　B. onCreate
   C. onForeground　　　　　　　　　　　　D. onBackground
4. 在 HarmonyOS 应用中，（　　）组件用于实现沉浸式用户体验。
   A. UIAbility　　　B. Navigation　　　C. WindowStage　　　D. AbilitySlice
5. 下列选项中（　　）不是 UIAbility 的启动模式。
   A. singleton　　　B. multiton　　　C. specified　　　D. unique

二、填空题

1. 在 HarmonyOS 应用中，_____文件用于配置模块的基本信息。
2. HAP 是应用安装的_____单位。

3. 在 UIAbility 的生命周期中，_____方法在 UIAbility 的 UI 可见之前触发。

4. Navigation 组件通过_____属性可以实现单栏、分栏和自适应 3 种模式。

5. 在 HarmonyOS 应用中，_____方法用于创建并显示对话框，对话框响应后异步返回结果。

三、判断题

1. Ability 类型的模块可以独立安装和运行。（　　　）

2. Library 类型的模块可以被其他的模块多次引用，用于实现代码和资源的共享。（　　　）

3. UIAbility 的 onCreate 回调方法在 UIAbility 实例销毁时触发。（　　　）

4. Navigation 组件的 toolbarConfiguration 属性用于配置标题栏、菜单栏和工具栏。（　　　）

5. 使用 Remote Communication Kit 进行网络请求比使用 Network Kit 性能更好。（　　　）

四、简答题

1. 假设新闻列表页面只传入新闻 ID 到新闻详情页面，请使用代码实现新闻详情页面。

2. 请使用 Navigation 组件编写代码，实现简单的页面跳转。

【AIGC 实验室】CodeGenie 为七彩天气 App 生成服务卡片

在万物互联时代，人均持有设备量不断攀升，设备种类和使用场景更加多样，这使得应用开发、应用入口变得更加复杂。在此背景下，应用提供方和用户迫切需要一种新的服务提供方式，使应用开发更简单、服务（如听音乐、打车等）的获取和使用更便捷。为此，HarmonyOS 除支持传统的需要安装的应用外，还支持更加方便快捷的免安装的应用，即元服务。

服务卡片作为元服务的一种形式，将应用核心信息或服务以模块化的形式展示在桌面，提升了应用的便捷性和个性化体验，同时能增加应用的用户粘性。有了 CodeGenie 的 Service Widget 加持，服务卡片的开发不再繁琐。下面以七彩天气 App 为例，通过与 CodeGenie 的对话，使用 Service Widget 添加服务卡片。在与 CodeGenie 的对话前，首先需要掌握如何描述卡片，可以从表 7.13 所示的几个维度对卡片需求进行描述。

表 7.13　卡片需求维度描述

维度	描述	举例
卡片用途	卡片的用途/业务场景，如电商购物、娱乐、生活服务类等	"电商购物卡片""娱乐类卡片"等
卡片功能	卡片包含的组件，如图标、标题、按钮等；组件的状态信息，如图标主题、标题内容、按钮显示的文字等	"新品上市主标题""商品搜索按钮""热门电影子版块入口"等
卡片尺寸	HarmonyOS 官网提供的 4 种卡片尺寸：1×2（微卡片）、2×2（小卡片）、2×4（中卡片）、4×4（大卡片）。 卡片尺寸非必选项，AI 会根据前两个维度描述的信息，智能选择效果最佳的尺寸	"2×2 尺寸的卡片""中卡片"等

具体步骤如下。

（1）在 CodeGenie 的对话区域下拉列表中选择"Service Widget"选项。

（2）输入需要生成的万能卡片需求并发送，可以根据模型的提示进行多轮交互，不断完善需求。第一轮对话效果如图 7.80 所示，第二轮对话效果如图 7.81 所示。

满足条件后输入"YES"，CodeGenie 生成了 3 张卡片，如图 7.82 所示。在每张卡片的右上角都有 3 个图标按钮，分别用来查看卡片的 UI 代码、查看卡片的配置信息以及下载静态资源文件。可以发现第一张卡片是最符合需求的，但还是需要进行微调。

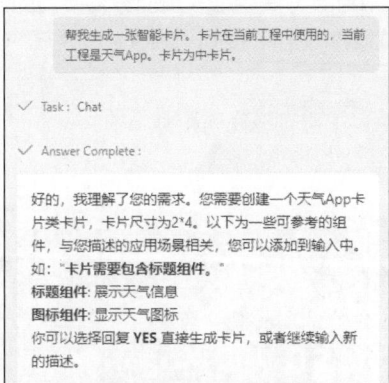

图 7.80　第一轮对话效果

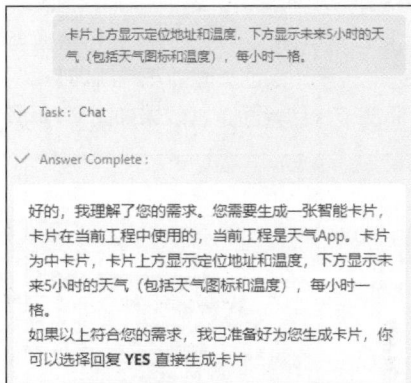

图 7.81　第二轮对话效果

（3）单击卡片下方的"Save to Project"按钮可自动保存卡片工程。卡片代码、配置、静态资源文件等会自动保存到工程对应目录中。默认勾选保存逻辑代码复选框，逻辑代码用于配置卡片事件及卡片数据等信息。卡片新增的代码、配置及资源会在图 7.83 所示的窗口中一一列出。

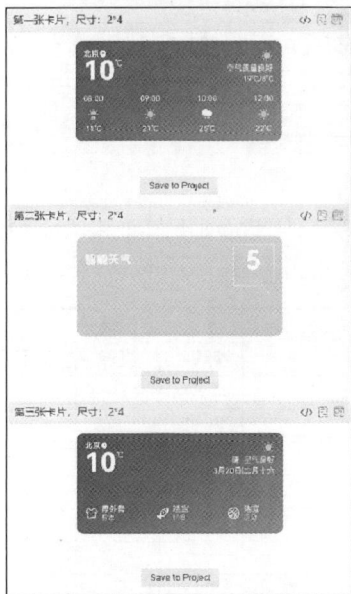

图 7.82　生成的 3 张卡片

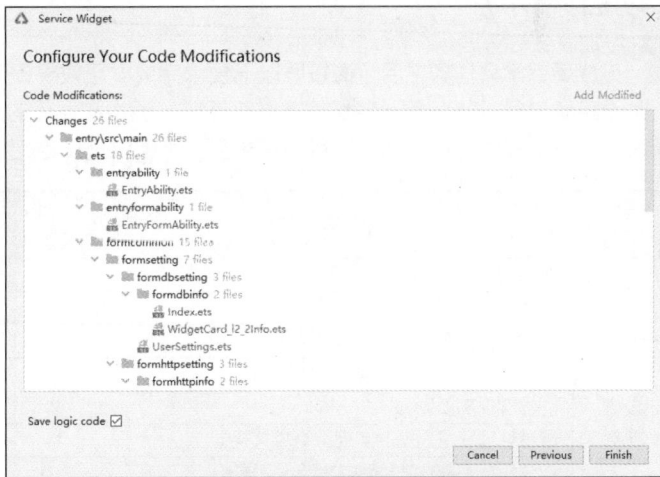

图 7.83　卡片新增的代码、配置及资源

（4）卡片新增的代码、配置及资源的目录结构如图 7.84 所示。在 module/src/main/ets 路径下，formcommon 目录用于存放生成卡片的逻辑代码。

（5）自定义配置逻辑代码。逻辑代码包含实现卡片数据交互和卡片事件两类。

① **卡片数据交互**：触发卡片页面刷新。对于应用工程生成的卡片数据交互，可通过数据库或网络请求两种方式来触发卡片页面刷新；对于元服务工程生成的卡片数据交互，可通过网络请求方式触发卡片页面刷新。

② **卡片事件**：包括使用 router 事件跳转到指定的 UIAbility、使用 call 事件拉起 UIAbility 到后

台、使用 message 事件刷新卡片内容。

（6）自定义配置卡片事件。

① 在 FormAction.ets 文件中配置触发卡片 router 事件时具体的页面分发规则。

② 在 EntryAbility.ets 文件的 onWindowStageCreate 方法中插入页面分发接口的调用。

③ 此接口默认插入到方法开头，可根据当前工程 onWindowStageCreate 的逻辑来将此接口移动至合适的位置，保证页面能正常跳转。

（7）添加卡片到桌面，其效果如图 7.85 所示。

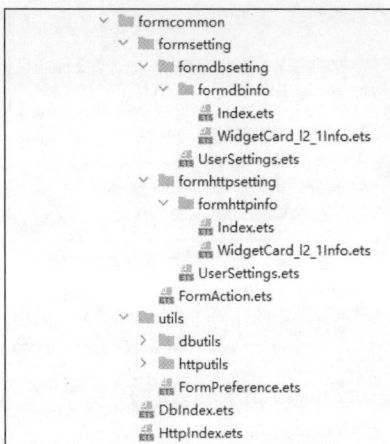

图 7.84　卡片新增的代码、配置及资源的目录结构

图 7.85　七彩天气 App 生成服务卡片的效果

【项目评价】

完成所有学习任务之后，请按照以下要求完成学习效果评价。

全班同学每 4 人一组，各组成员结合课前、课中和课后的学习情况，以及项目实训和项目考核情况，按照下表中的评价内容进行自评和互评（组内成员互相打分），并配合教师完成师评及总评。

评价类别	评价内容	分值	评价得分		
			自评	互评	师评
知识（60%）	熟悉 UI 开发与沉浸式交互实现	10			
	理解核心功能开发与数据管理	20			
	实现组件化开发与多媒体集成	30			
能力（25%）	能够搭建鸿蒙开发环境并实现模块化架构设计	5			
	能够实现高质量 UI	5			
	能够处理网络通信并实现数据持久化	5			
	能够集成多媒体功能和实时定位服务	10			
素养（15%）	培养自主学习和终身学习的能力	5			
	培养团队协作和资源整合能力	5			
	关注行业发展和市场需求	5			
合计		100			
总评	总评分=自评（20%）+互评（20%）+师评（60%）=	综合等级：	教师（签名）：		

注：综合等级可以为"优"（总评分≥90）、"良"（80≤总评分＜90）、"中"（60≤总评分＜80）、"差"（总评分＜60）。